魚《SAKANA》百《HYAKU》選《SEN》

Printing fish pictorial book

金田禎之 著

赤貝　アカガイ　12 頁

鮎魚女　アイナメ　10 頁

浅蜊　アサリ　16 頁

赤矢柄　アカヤガラ　14 頁

玉筋魚　イカナゴ　20 頁

飯蛸　イイダコ　18 頁

追河　オイカワ　24 頁

鯎　ウグイ　22 頁

桜鱒　サクラマス　28 頁

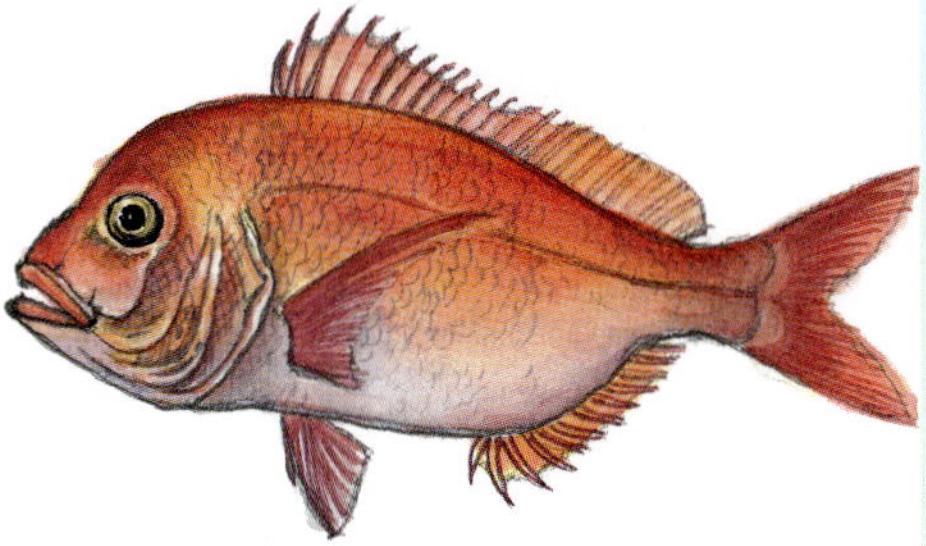

黄鯛　キダイ　26 頁

細魚　サヨリ　32 頁

栄螺　サザエ　30 頁

蜆　シジミ　36 頁

鰆　サワラ　34 頁

鰖　タカベ　40 頁

白魚　シラウオ　38 頁

血鯛　チダイ　44頁

鱮　タナゴ　42頁

馬鹿貝　バカガイ　48頁

鰊　ニシン　46頁

鮒　フナ　52頁

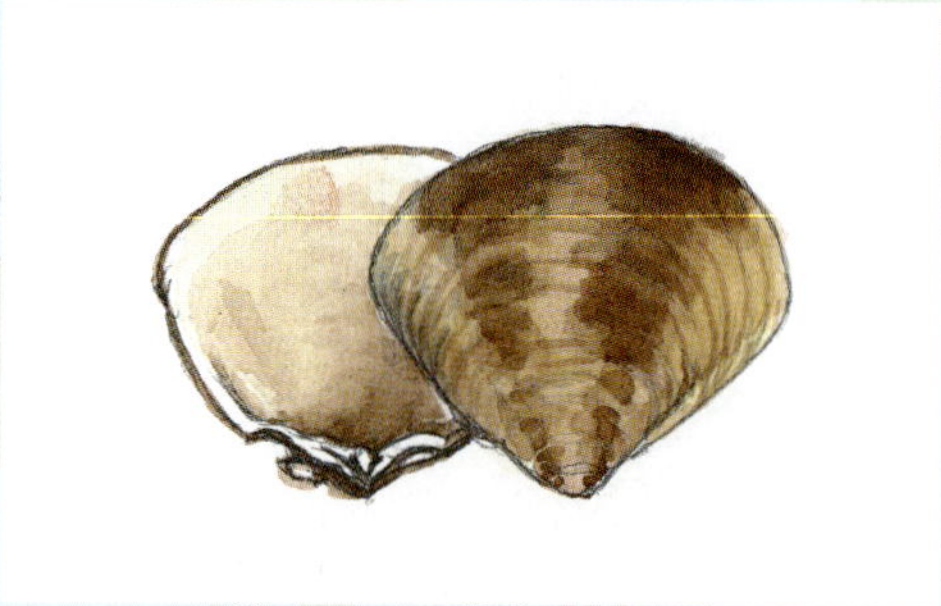

蛤　ハマグリ　50頁

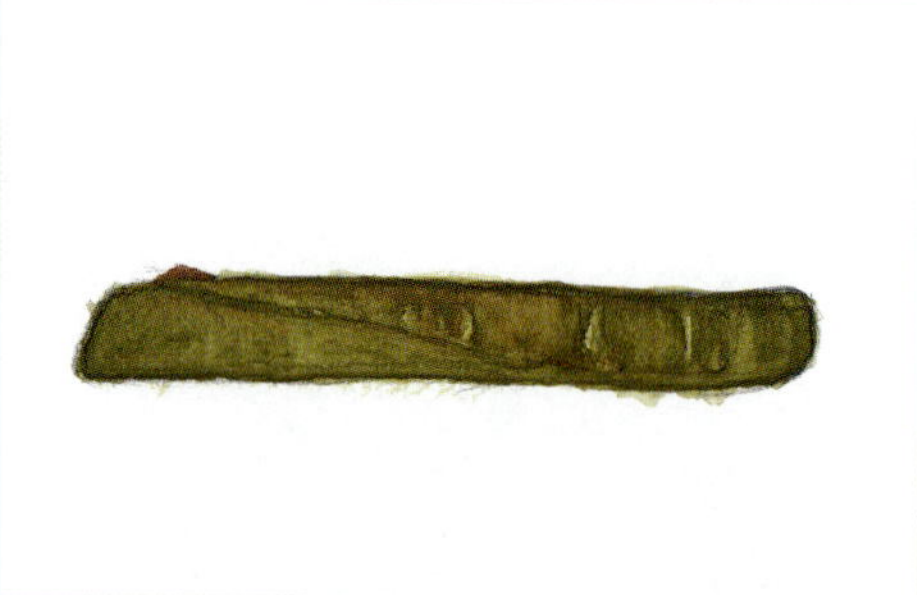

馬刀貝　マテガイ　56頁

真鯛　マダイ　54頁

目張　　メバル　　60頁

睦五郎　　ムツゴロウ　　58頁

公魚　　ワカサギ　　62頁

鮎　アユ　68頁

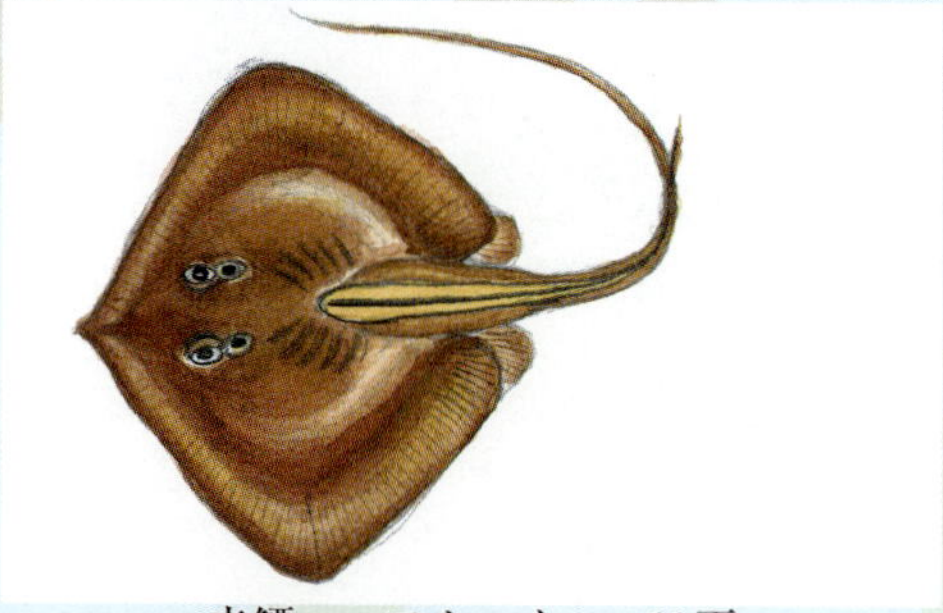

赤鱏　アカエイ　66頁

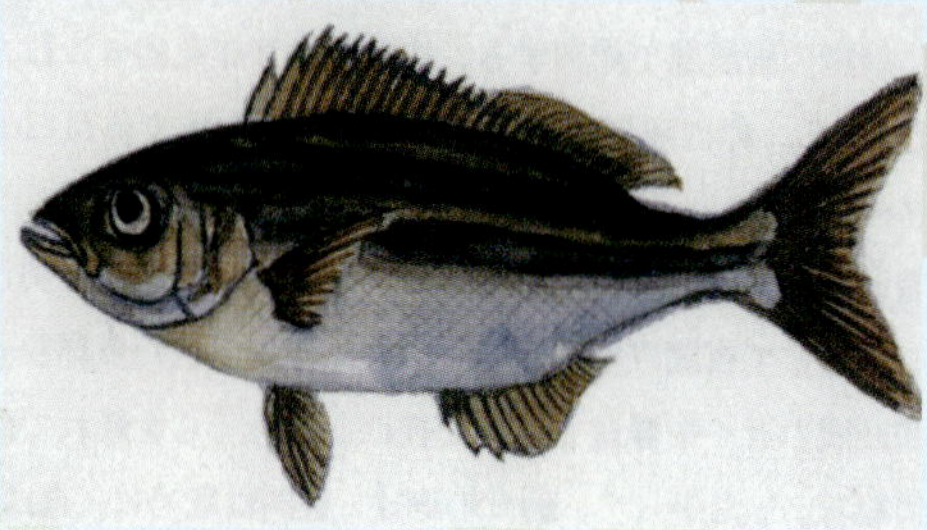

鶏魚　イサキ　72頁

鮑　アワビ　70頁

岩魚　イワナ　76頁

石鯛　イシダイ　74頁

海胆　ウニ　80頁

鰻　ウナギ　78頁

笠子　　カサゴ　　84 頁

鬼虎魚　　オニオコゼ　　82 頁

鰹　　カツオ　　88 頁

がざみ　　ガザミ　　86 頁

黒鯛　　クロダイ　　92 頁

間八　　カンパチ　　90 頁

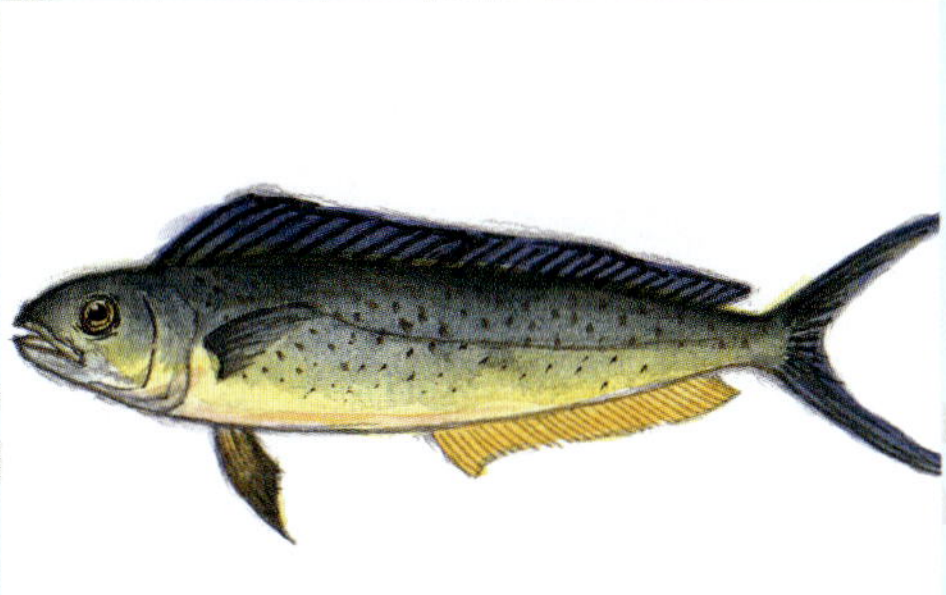

鱰　　シイラ　　96 頁

胡麻鯖　　ゴマサバ　　94 頁

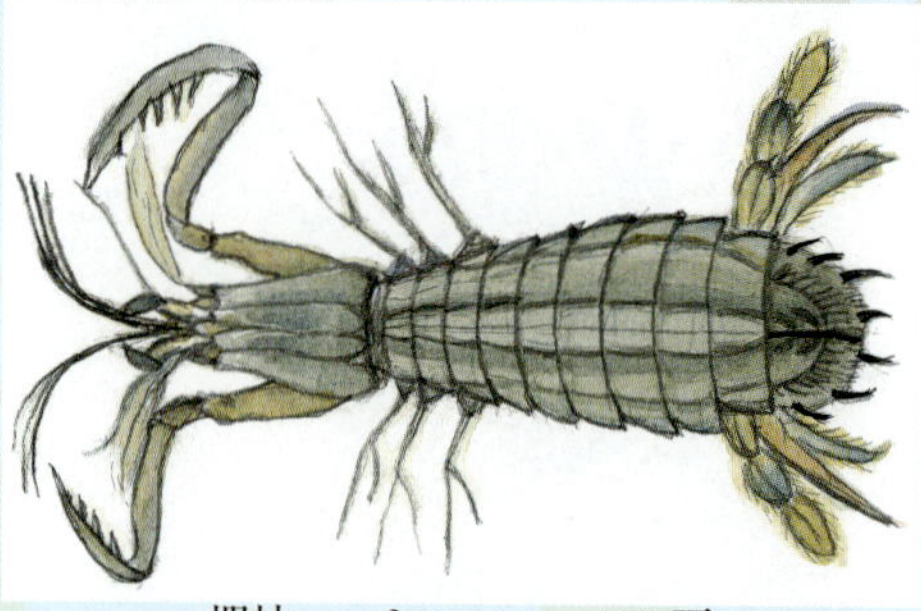

蝦蛄　シャコ　100 頁

白鱚　シロギス　98 頁

太刀魚　タチウオ　104 頁

鯣烏賊　スルメイカ　102 頁

飛魚　トビウオ　108 頁

泥鰌　ドジョウ　106 頁

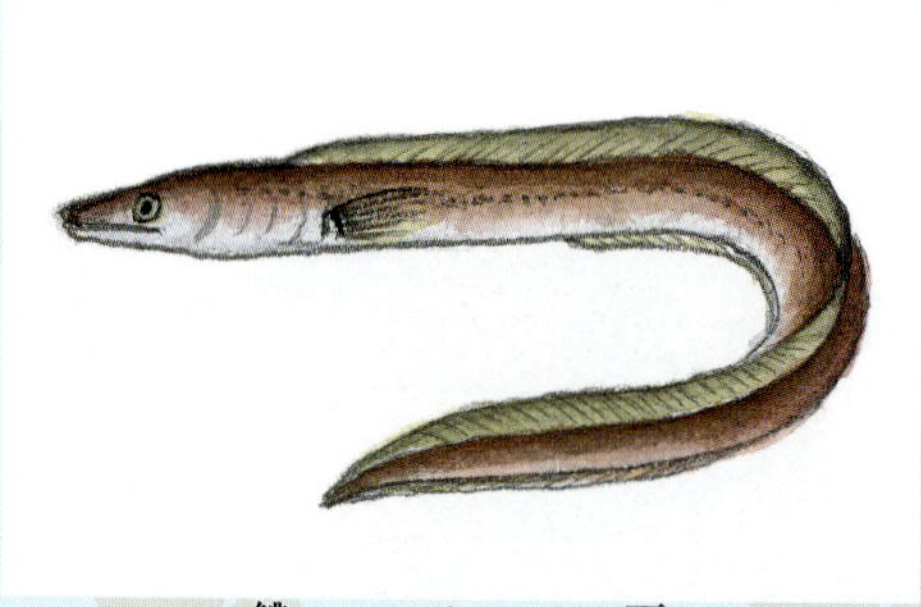

鱧　ハモ　112 頁

鯰　ナマズ　110 頁

真穴子　マアナゴ　116 頁

真鰺　マアジ　114 頁

真鯒　マゴチ　120 頁

真梶木　マカジキ　118 頁

真鮹　マダコ　124 頁

真鯖　マサバ　122 頁

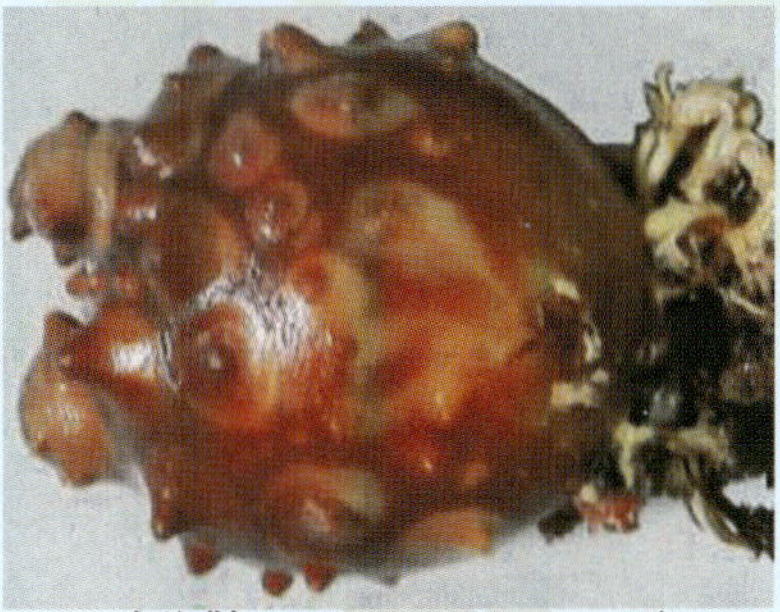

真海鞘　マボヤ　126 頁

鰍　カジカ　132 頁

赤魳　アカカマス　130 頁

皮剥　カワハギ　136 頁

片口鰯　カタクチイワシ　134 頁

鮭　サケ　140 頁

鰶　コノシロ　138 頁

秋刀魚　サンマ　144 頁

鮫　サメ　142 頁

鱸　スズキ　148 頁

柳葉魚　シシャモ　146 頁

真鰯　マイワシ　152 頁

平政　ヒラマサ　150 頁

𩸽　ホッケ　156 頁

真鯊　マハゼ　154 頁

鯔　ボラ　158 頁

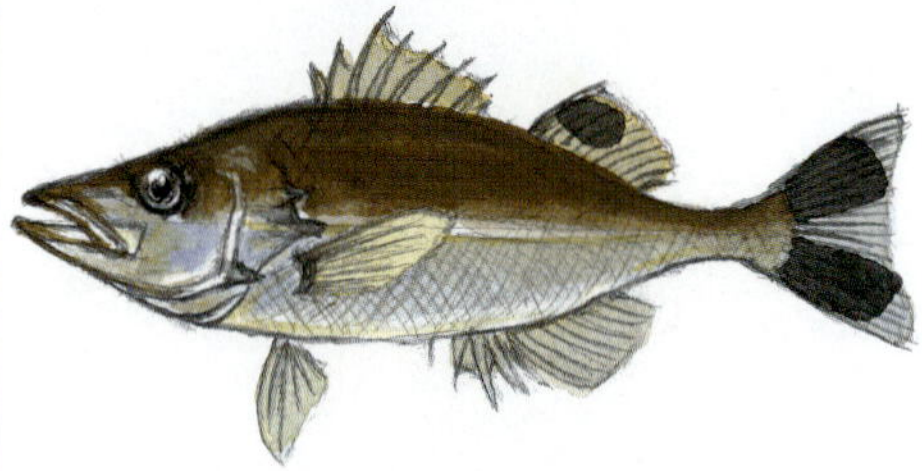

鯇　アラ　164頁

赤甘鯛　アカアマダイ　162頁

石鰈　イシガレイ　168頁

鮟鱇　アンコウ　166頁

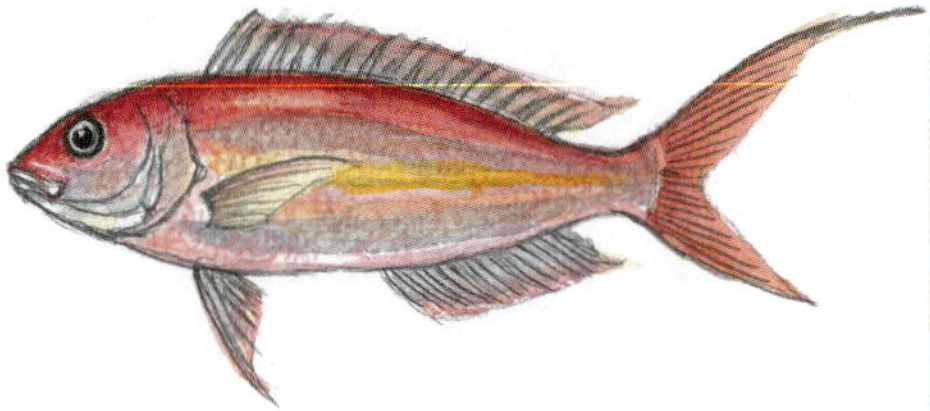

糸撚鯛　イトヨリダイ　172頁

伊勢海老　イセエビ　170頁

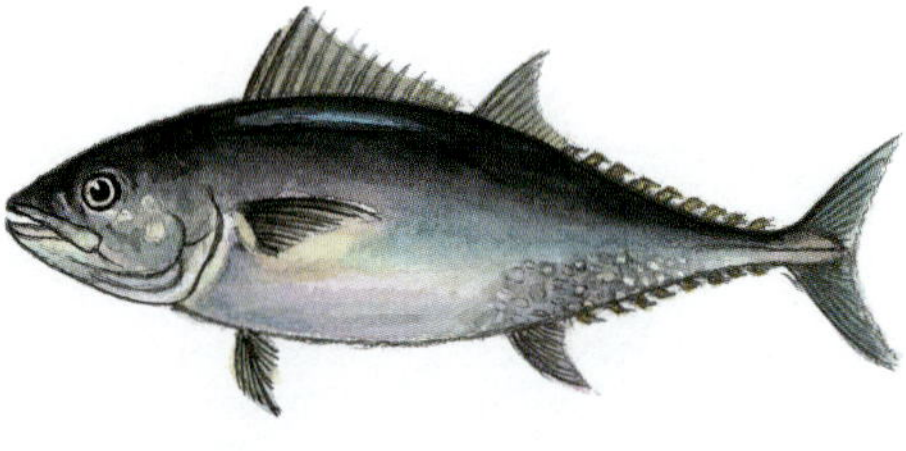

黒鮪　クロマグロ　176頁

潤目鰯　ウルメイワシ　174頁

氷下魚　コマイ　180 頁

鯉　コイ　178 頁

ずわい蟹　ズワイガニ　184 頁

介党鱈　スケトウダラ　182 頁

槌鯨　ツチクジラ　188 頁

鱈場蟹　タラバガニ　186 頁

長須鯨　ナガスクジラ　192 頁

虎河豚　トラフグ　190 頁

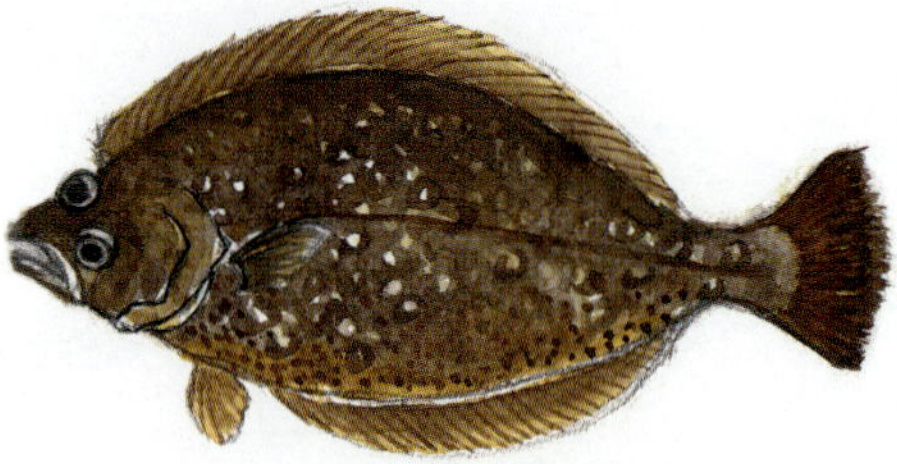

鮃　ヒラメ　196 頁

鰰　ハタハタ　194 頁

真牡蠣　マガキ　200 頁

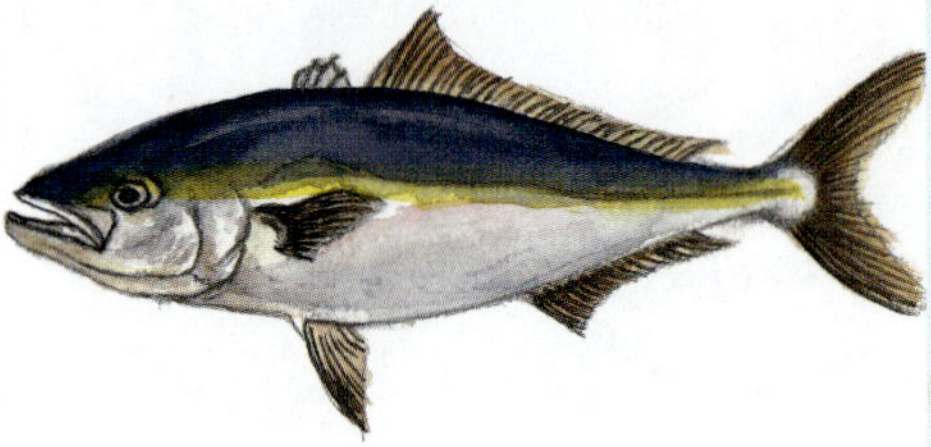

鰤　ブリ　198 頁

真鱈　マダラ　204 頁

真子鰈　マコガレイ　202 頁

真海鼠　マナマコ　208 頁

抹香鯨　マッコウクジラ　206 頁

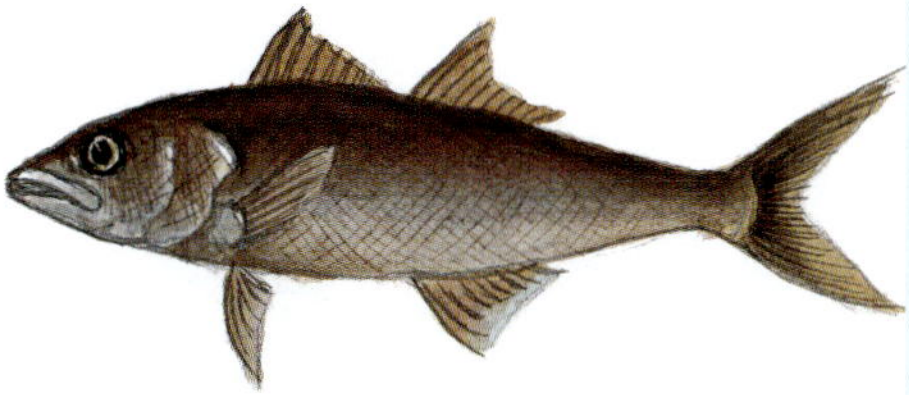

睦　　ムツ　　212頁

みんく鯨　　ミンククジラ　　210頁

八目鰻　　ヤツメウナギ　　214頁

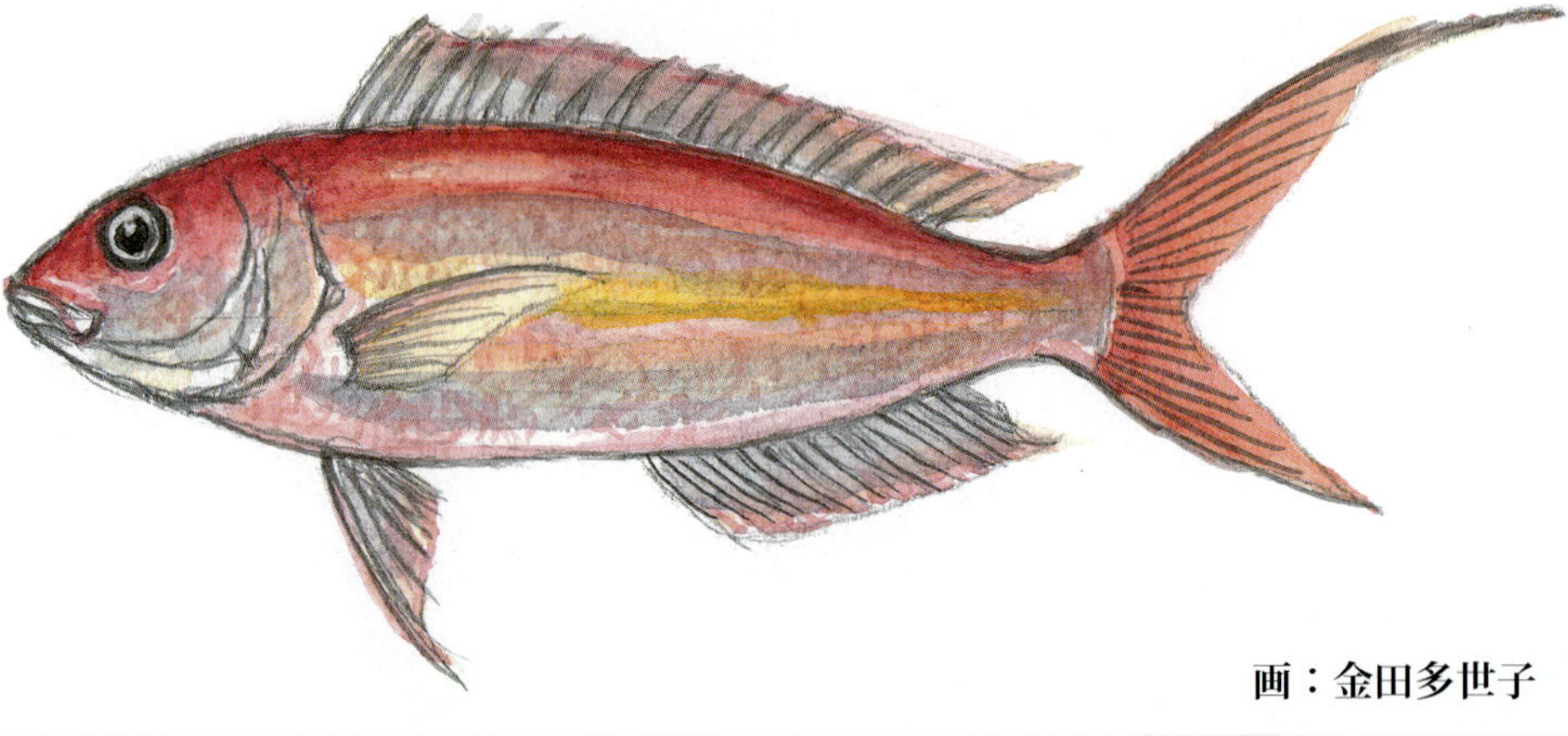

画：金田多世子

SAKANA HYAKU SEN

魚百選

名の由来から漁法、食べ方まで魚文化を語る

金田禎之著

本の泉社

はじめに

わが国は海に囲まれた島国である一方、河川湖沼も多いので、日本人ほど古くから魚介類との関わりの深い国民はない。日本では南から北まで、魚介類の種類に恵まれているだけでなく、魚類はもちろん貝類、藻類、軟体類（イカ、タコなど）、甲殻類（エビ、カニ、シャコなど）、棘皮類（ウニ、ナマコなど）海獣類（クジラなど）の広範囲な水産動植物の旬を大切にし、好んで食べる特有の食性がある。

漁撈技術も創意工夫され多種多様で、零細・単純のものから大規模・複雑巧緻を極めたものまですこぶる変化に富んでいる。魚介類などの名称も多種多様で、土地ごとの呼び方も少なくない。また、これらを題材とした多くの和歌、俳句、川柳など、あるいは伝説など多くの文化が今に残されている。さらに、食材を無駄にしないための日本人独特の保存加工の技術や、調理法・料理法についても目覚ましいものがある。

本書の『魚百選』は、古くから国民に親しまれてきた魚介類について、これらの視点から、近年の研究成果も含めてわかりやすく記述したものである。多くの方々のご参考として頂ければ幸いである。なお、本書に掲載の魚介類の画は妻の金田多世子が描いたものである。

平成二六年一二月

金田禎之

目次

春の魚

鮎魚女　アイナメ……10
赤貝　アカガイ……12
赤矢柄　アカヤガラ……14
浅蜊　アサリ……16
飯蛸　イイダコ……18
玉筋魚　イカナゴ……20
鯎　ウグイ……22
追河　オイカワ……24
黄鯛　キダイ……26
桜鱒　サクラマス……28
栄螺　サザエ……30
細魚　サヨリ……32
鰆　サワラ……34
蜆　シジミ……36
白魚　シラウオ……38
鮪　タカベ……40
鱮　タナゴ……42
血鯛　チダイ……44
鰊　ニシン……46
馬鹿貝　バカガイ……48
蛤　ハマグリ……50
鮒　フナ……52
真鯛　マダイ……54
馬刀貝　マテガイ……56
睦五郎　ムツゴロウ……58
目張　メバル……60
公魚　ワカサギ……62

夏の魚

赤鱏　アカエイ……66

鮎　アユ……68
鮑　アワビ……70
鶏魚　イサキ……72
石鯛　イシダイ……74
岩魚　イワナ……76
鰻　ウナギ……78
海胆　ウニ……80
鬼虎魚　オニオコゼ……82
笠子　カサゴ……84
がざみ　ガザミ……86
鰹　カツオ……88
間八　カンパチ……90
黒鯛　クロダイ……92
胡麻鯖　ゴマサバ……94
鰡　シイラ……96
白鱚　シロギス……98
蝦蛄　シャコ……100
鯣烏賊　スルメイカ……102
太刀魚　タチウオ……104
泥鰌　ドジョウ……106
飛魚　トビウオ……108
鯰　ナマズ……110
鱧　ハモ……112
真鰺　マアジ……114
真穴子　マアナゴ……116
真梶木　マカジキ……118
真鯒　マゴチ……120
真鯖　マサバ……122
真蛸　マダコ……124
真海鞘　マボヤ……126

秋の魚

赤魳　アカカマス……130
鰍　カジカ……132

片口鰯　カタクチイワシ……134
皮剥　カワハギ……136
鰶　コノシロ……138
鮭　サケ……140
鮫　サメ……142
秋刀魚　サンマ……144
柳葉魚　シシャモ……146
鱸　スズキ……148
平政　ヒラマサ……150
真鰯　マイワシ……152
真鯊　マハゼ……154
𩸽　ホッケ……156
鯔　ボラ……158

冬の魚

赤甘鯛　アカアマダイ……162
𩸕　アラ……164
鮟鱇　アンコウ……166
石鰈　イシガレイ……168
伊勢海老　イセエビ……170
糸撚鯛　イトヨリダイ……172
潤目鰯　ウルメイワシ……174
黒鮪　クロマグロ……176
鯉　コイ……178
氷下魚　コマイ……180
介党鱈　スケトウダラ……182
ずわい蟹　ズワイガニ……184
鱈場蟹　タラバガニ……186
槌鯨　ツチクジラ……188
虎河豚　トラフグ……190
長須鯨　ナガスクジラ……192
鰰　ハタハタ……194
鮃　ヒラメ……196
鰤　ブリ……198

真牡蠣　マガキ……200
真子鰈　マコガレイ……202
真鱈　マダラ……204
抹香鯨　マッコウクジラ……206
真海鼠　マナマコ……208
みんく鯨　ミンククジラ……210
睦　ムツ……212
八目鰻　ヤツメウナギ……214

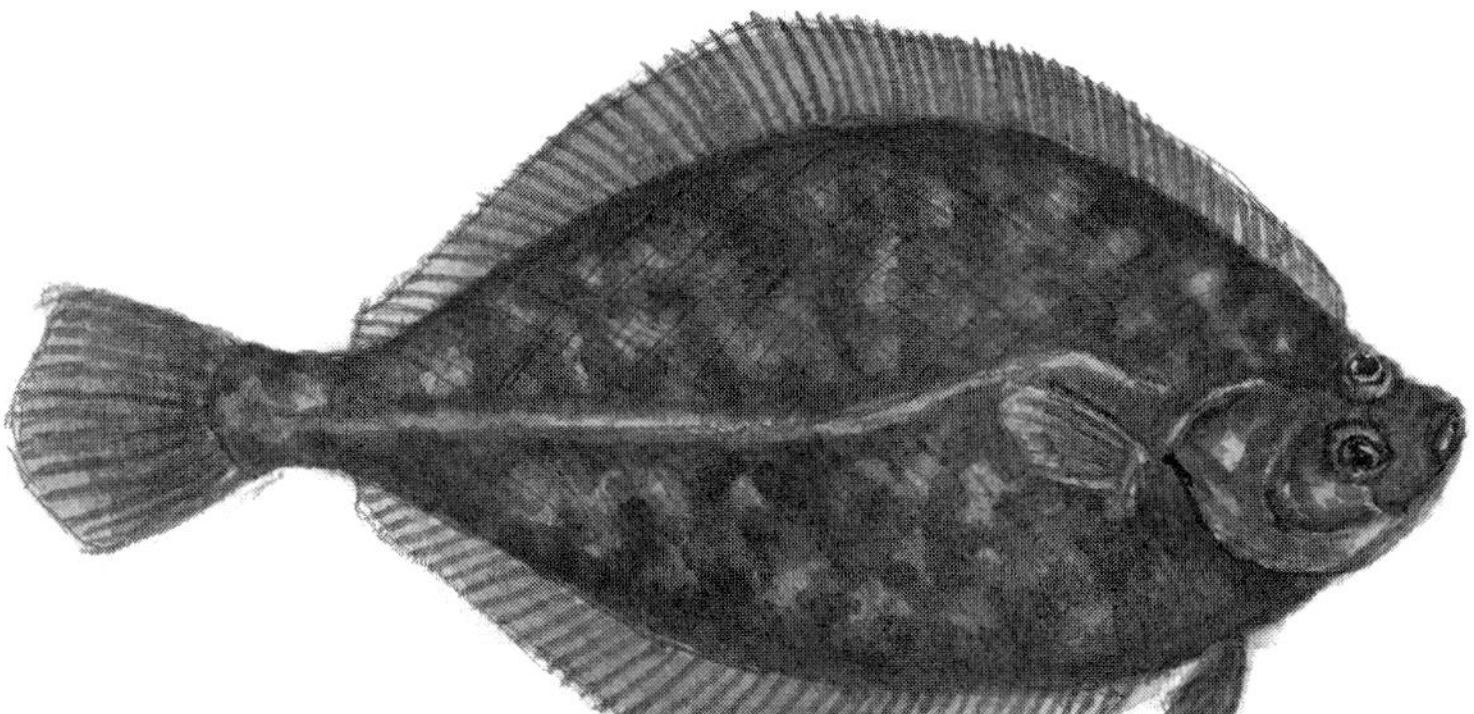

春の魚

Spring

鮎魚女（アイナメ）

名の由来は、アユのような縄張りをもっていることから「鮎並み」から転訛したという。地方名称では、アイメ（横浜）、アブラコ（北海道）、アブラメ（関西、東北）、エイナ（水戸）、カクゾウ（淡路）、コックリ（摂津）、シンジョ（福井）、ネウオ（宮城）などがある。『物類称呼』（越谷吾山、安永四年〈一七七五〉）には「奥州にてねうおといひ又しんじょと云。同国南部にてはあぶらめと云。佐渡にてしじうと云」とある。

産卵期は冬場の一〇～一一月であるが、雄は婚姻色の黄橙色が強くなり雌と区別されるようになる。美しい婚姻色の雄は雌に近づいてカップルができあがり、沿岸の浅いところの小石や海藻の茎などに雌雄が集まって団子状の卵塊を産み付ける。アイナメの産卵後の子育ては変わっており、雌は産卵が終わると直ちに深みに去ってしまうが、雄は卵が孵化するまで卵の側に残って尾鰭を絶えず振って新鮮な水を送り込むと同時にその見張りをする。ア

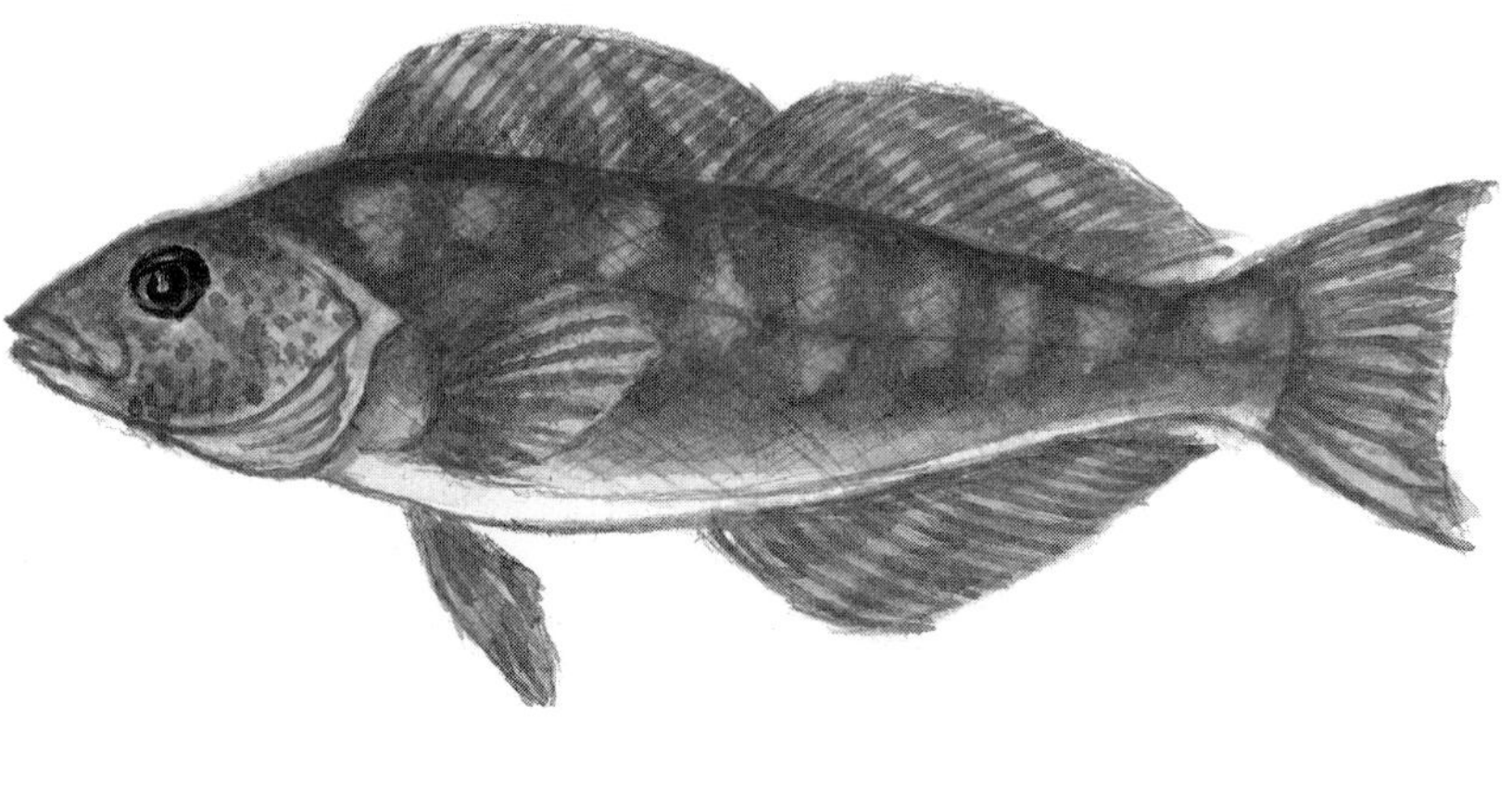

イナメは仲間の卵を好んで食べる困った習性があり、卵を保護する雄と争うことがしばしばある。このように雄親の懸命な見張りがなければ卵は仲間や他の魚に食べられてしまう。

漁法は、一本釣り、刺網、かご漁業などで採捕する。かご漁業（図面参照）は、餌は用いないで、かごの上部を杉などの木の枝でおって、魚が集まる漁礁的な漁具として用いる。かごの枠は鉄棒で作られ、下部に径一・二センチのものを直径一・二メートルの鉄輪として使用する。その他の枠は径九ミリのものを使用する。

アイナメの旬は春から初夏である。鮮度がよいほどぬめりが強く透明感がある。白身で淡泊に見えるが脂肪も意外に多く大変美味い魚である。広島や山口では「籾種失《もみだね》い」という。これは、アイナメのあまりのうまさに百姓がモミダネを売り払ってしまった故事によるものである。大型のアイナメの生きているものを野じめにした味は格別であるという。鮮度のよいものは、洗いや刺身にむき、照焼、木の芽焼、煮つけ、唐揚げ、南蛮漬などにする。

あいなめは息吐く焼いてしまふべし　　新谷ひろし

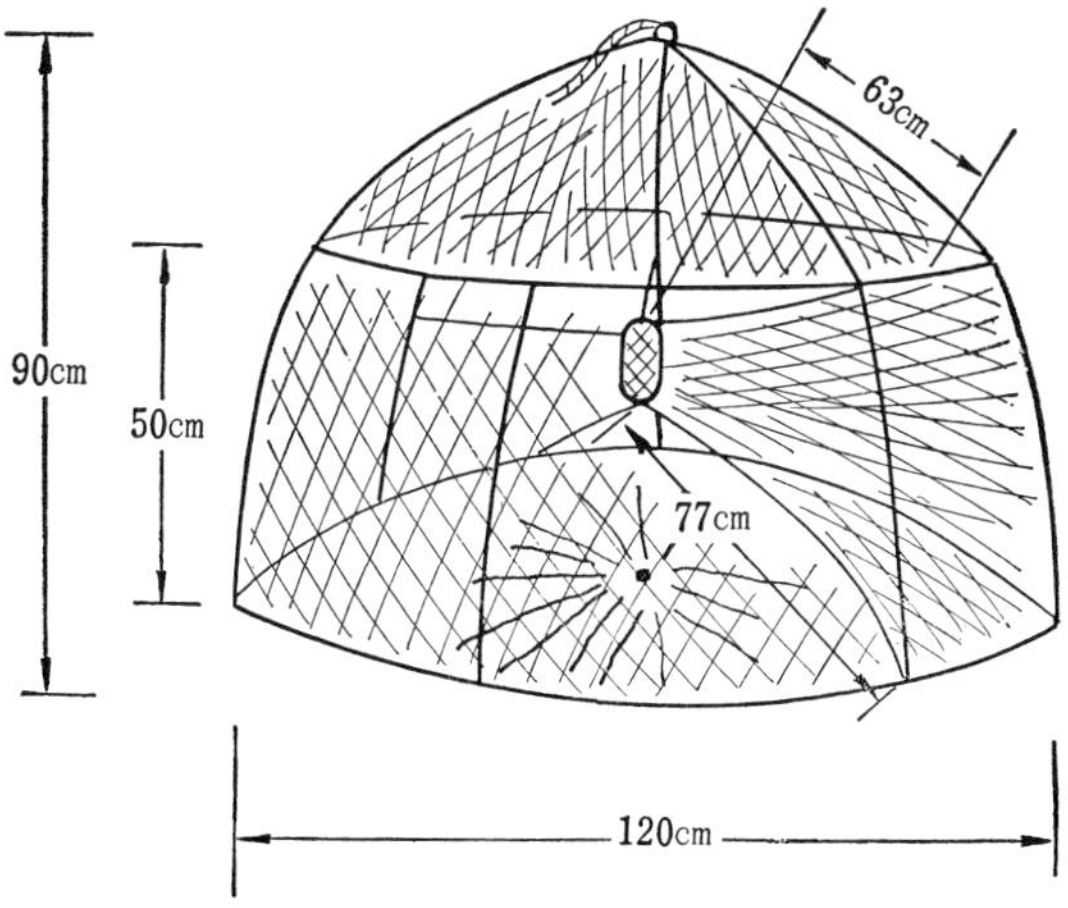

赤貝（アカガイ）

貝類としては珍しく、血色素にヘモクロビンをもち赤橙色で、名の由来は字のごとく色が赤いのでアカガイと呼ばれた。漢字では、赤貝と書くが、英名では bloody clam という。赤貝に似た貝に「猿頬（サルボウ）」と「灰貝（ハイガイ）」があるが、サルボウは殻にある放射状の筋が、アカガイは三五～四二本あるが、サルボウは三〇本、ハイガイは二〇本しかなくて、アカガイより小ぶりである。

アカガイは、北海道南部から九州に分布し、陸奥湾、仙台湾、東京湾、瀬戸内海、博多湾、有明海、大村湾などの内湾、内海が主産地である。水深一〇～五〇メートルの砂泥底に生息し、海中の懸濁有機物やプランクトンを食べる。産卵期は、夏で水温摂氏二〇度前後で産卵する。稚貝は海藻や貝殻などに足から糸を出して付着するが、約五ミリに成長すると海底に落ちて潜ってすむ。アカガイの特徴は他の貝、たとえばハマグリやホタテガイのように水中を移動ができない。入水・出水管がないのでひたすら砂泥

底に潜って生息している。

アカガイは、主として貝桁《けた》網で採捕する。貝桁網（図面参照）とは底曳網の一種で、桁を有する網具で、桁とは、ロの字型またはコの字型をした鉄製の枠をいい、海底を掻きながら底棲の貝類等を採捕する目的のもので、多くの場合爪を有している。

貝桁網は地方によって幾分その構造、操業方法が異なるが、桁は鉄製で、一般には長さは一五〇センチ、爪の長さは四〇センチである。海底の底質は砂泥質なので、漁具の中に入る泥を除くために船を左右に動揺する必要があり、乗組員によってその操作を行う。漁期は一〇月から翌年六月である。

アカガイは、産卵期（七〜八月）前の春が旬である。肉は刺身、酢の物、和え物など生食に向く。とくに鮨だねとして人気がある。刺身や鮨だねとして使う際、板前がまな板に叩きつけたりするのは身を締めコリコリした食感をよくするためであるためである。

赤貝を家づとにせむ鳥羽の海　　志摩芳次郎

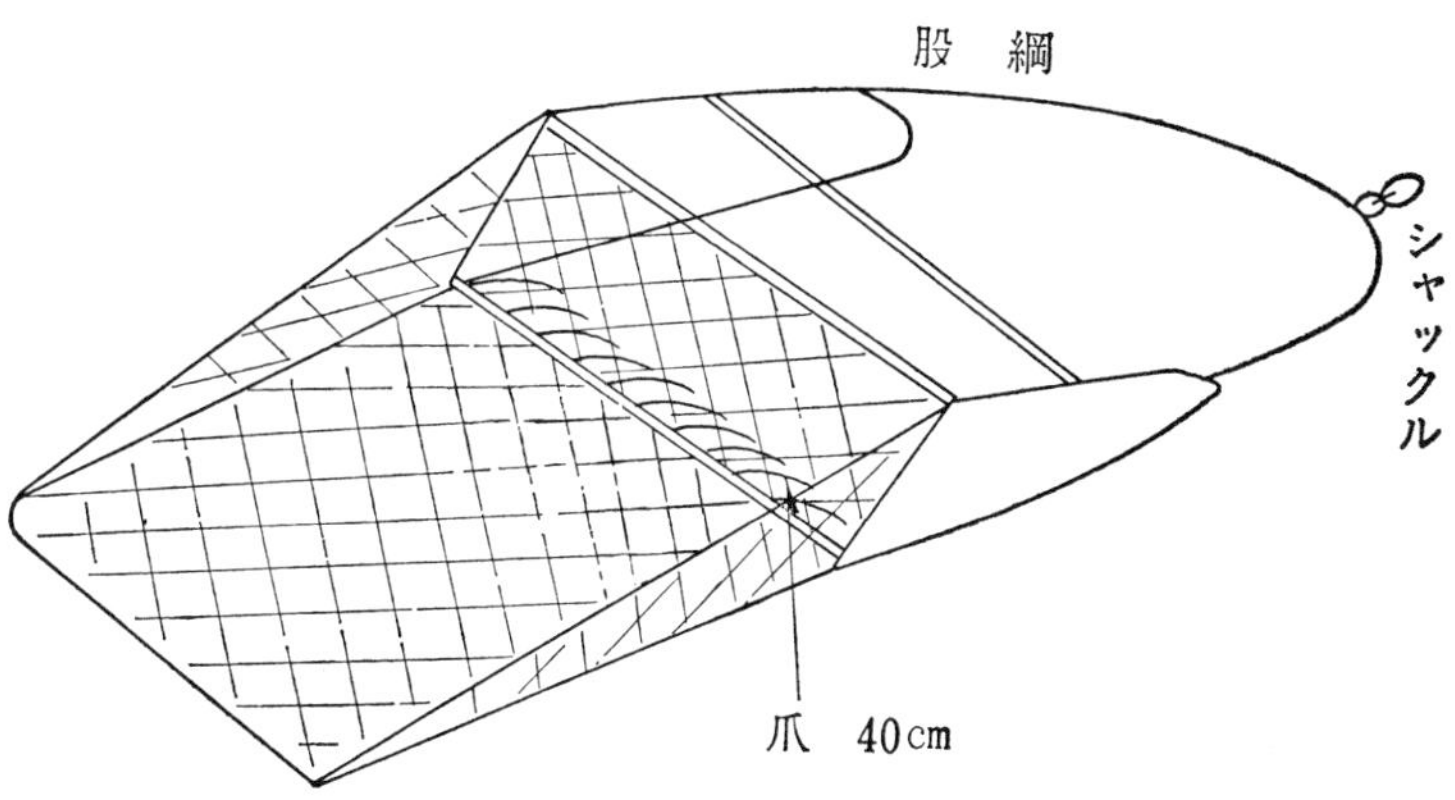

赤矢柄（アカヤガラ）

名の由来は、細長い棒状の体が矢柄（矢の幹）に似ることからヤガラの名ある。『本朝食鑑』（人見必大、元禄八年〈一六九五〉）には、「箭竹（矢の幹）のことである。アカは腹部を除いて全体に薄赤い色をしているからである。魚の形が箭のようで、嘴髭が羽筈《やはず》のようでこう名づける」とある。地方名称はタイホウ（高知）、ヤカラ（高知）、アモ（鹿児島）ヒフチャー（沖縄）などがある。

体長が約一・五メートルで、体は細長く円筒形で、火吹竹に似た長い筒状のくちばしをもち、餌を吸い込んで捕食する。その捕食法は他の魚とは相当変わっている。ヤガラは、普通は海底近くを静に泳ぎ、その筒状のくちばしを一旦すぼめて、次にこれを膨らませることによって、海水と一緒に細かい餌動物を吸い込んで食べる。また、小魚などが近づくと、体の後半をムチ状に振って矢のように突進して口にくわえて食べる。

漁法は、定置網、底曳網（図面参照）、一本釣りで採捕される。

アカヤガラは美味な魚で刺身やわん種にされる。刺身はマダイをさらに美味くしたような味が楽しめる。また、吸物も絶品である。漁獲量が少ないので、料亭などで高級魚として取り扱われる。腎臓病、咽頭炎、眼病に効能があり漢方薬とされる。

阿漕塚伝説は、謡曲の「阿漕」や浄瑠璃の「勢州阿漕浦鈴鹿合戦」でもうたわれるヤガラに関連する有名な伝説である。江戸時代にはヤガラが胃病の特効薬であるとされていた。三重県津市の贄崎という場所の対岸に伝説の阿漕がある。この阿漕は、当時伊勢神宮の神饌場所で一般の漁師は立入を禁止されていた。ここに平治という若い漁師が住んでいた。母親が胃癌を患っていたので治したいとの一念で、その特効薬のヤガラを密漁し、平治は捕らえられて簀巻きにして海に投げ込まれてしまった。村民はこれを悲しんで、この阿漕浦に「阿漕塚」という碑が建てられた。この碑にはつぎの芭蕉の句が刻まれている。

月の夜のなにを阿漕に啼く千鳥　　松尾芭蕉

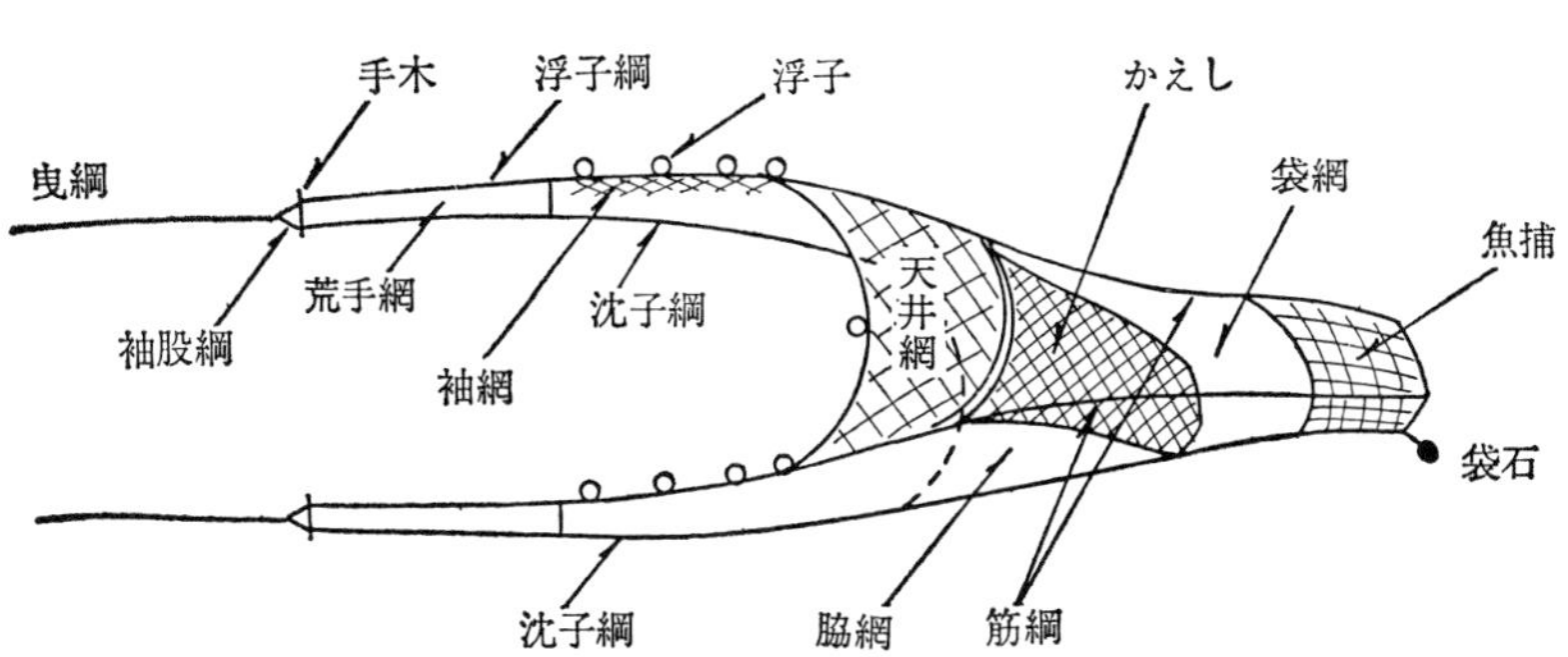

浅蜊（アサリ）

名の由来は、浅海にすむ貝を「漁って」採ることから転訛したという。アサリは縄文時代の貝塚から魚貝類の中で最も多く発見されており、日本人にとって一番貴重な食糧であったことがわかる。アサリは、北海道から九州までの内湾の潮間帯から水深数メートルくらいの砂泥底に生息している。

アサリは、植物プランクトンやデトロイタス（有機残渣）を鰓で濾過して食べる二枚貝である。このために一般に濾過食者（filter feeder）と呼ばれ、富栄養化した海域環境の浄化にも役立つ重要な底生生物である。成貝の濾水量はおおよそ、一個体で一日当たり一〇リットルと多く、水質浄化と漁獲回復の双方を狙った干潟再生事業として稚貝の放流が盛に行われている。

漁法は、「腰巻き」（図面参照、小型の大巻漁具のかごの下部の先端にひもを付け、腰に巻いて海底を掻いて採る）、「大巻」（棒の先端に口に爪の付いたかごを取り付け、船に乗って海底を掻いて

採る)、「じょれん曳き」(かごの先端に爪をつけた「じょれん」を船に乗って手で海底を掻いて採る)などの古くからの伝統漁法がある。陰暦三月三日、四月四日頃は一年中で最も潮の干満の差が大きい。その頃貝類などを採りにゆく潮干狩は古くから季節の風物詩となっている。かつては、大阪住吉の浜、東京の品川沖、神奈川の六浦などは潮干狩の名所であった。

アサリの旬は春で、冬は身が痩せて不味い。和風洋風を問わず広く一般家庭に利用されている。殻付きのものは、味噌汁、すましのほか酒蒸しなどにする。むき身は、ぬた、かき揚げ、佃煮などにする。東京深川の深川丼(むき身、ネギ、揚げ玉を醤油または味噌で煮たものを飯にかけたもの)や深川飯(アサリの煮汁で炊いた飯にむき身を混ぜたもの)は江戸庶民の味として江戸時代から親しまれている。江戸時代末期に江戸深川の漁師が食べたのが由来で、漁獲が豊富で単価が安く、調理が簡単なため素早くでき、素早くかき込むことができることが好まれた。

陽炎にばつかり口を浅蜊かな　小林一茶

飯蛸（イイダコ）

名の由来は、抱卵中のものを煮ると、胴の中に飯粒が詰まっているように見えるところからこの名が付けられたといわれている。地方によって、イシダコ、モモチダコ、カイダコなどという。

イイダコは、北海道南部以南の内湾の水深一〇メートルほどの砂底に生息する。マダコとほぼ同じ体型であるが、小型で全長約三〇センチで、胴は卵形で黄褐色から黒褐色、表面は小顆粒で覆われ、断続する黒い縦線がある。

産卵期は冬で、二〇〇〇～六〇〇〇個の卵を海底に落ちている貝殻、あるいは瓶や空き缶に産卵し、母ダコが保護する。

『和漢三才図会』（寺島良安、正徳三年〈一七六三〉）には「大阪岸和田に蛸地蔵というものがあり、本尊の

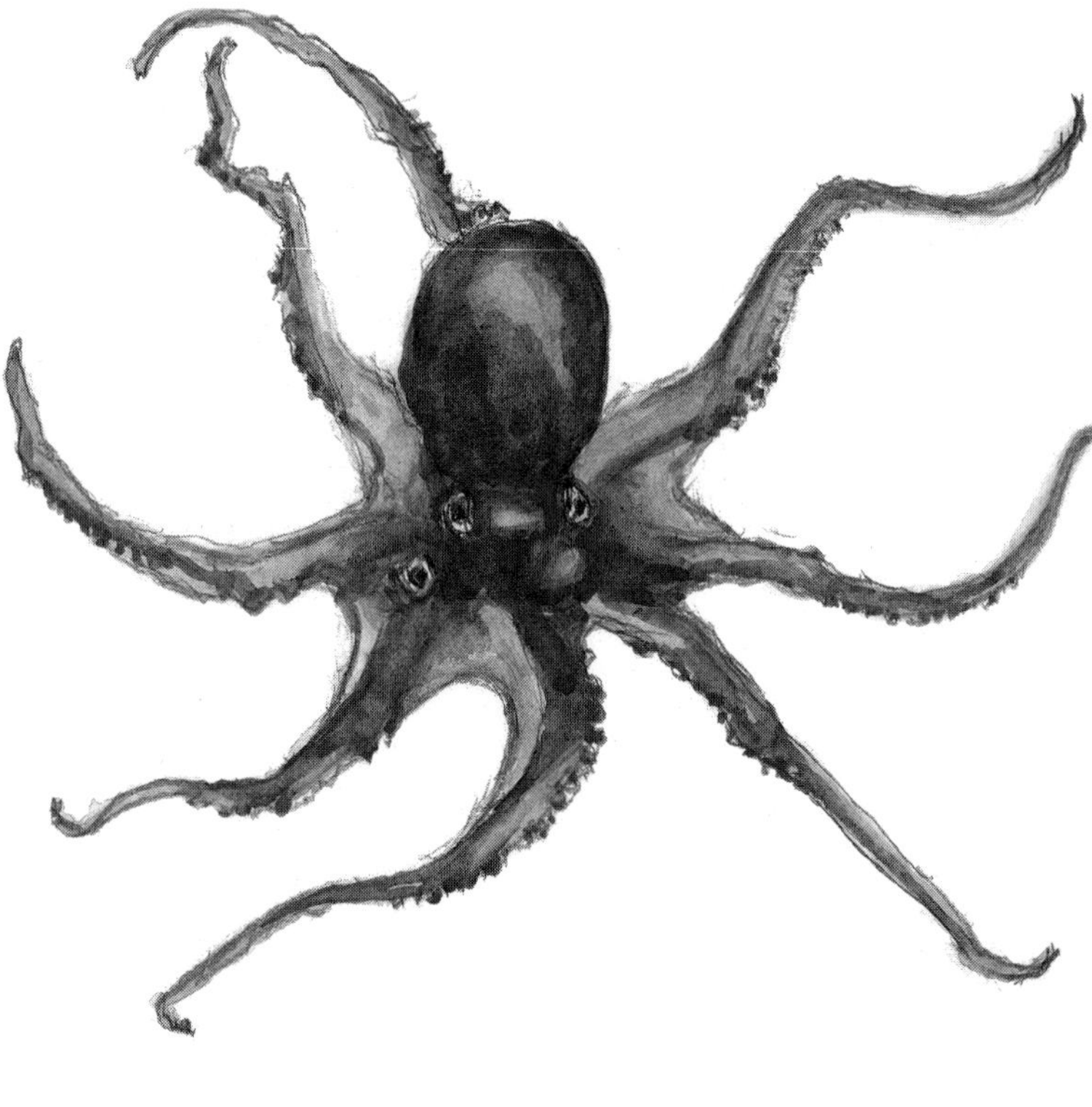

地蔵菩薩はタコに乗って渡ってきたと伝えられ、この海でとれるタコには杖の金の輪がついているという」とある。

イイダコの漁法は、一本釣りによる漁法とつぼ漁法がある。一本釣りは、ラッキョウや白い陶器のかけらなどを掛け、針につけて海底をひきずり、これを好物の貝と思って抱きついたところを引き上げる釣りがある。つぼ漁法は、径一〇センチ、高さ一五センチ内外の徳利型のつぼや大型のナガニシ、アカニシ、サルボウなどの貝殻（図面参照）を利用したつぼ漁法が行われている。これらは、ほとんど江戸時代から変わっていない。『日本山海名物図会』（平瀬徹齋、宝暦四年〈一七五五〉）には「漁捕は長七八間のふとき縄に細き縄の一尋許なるをいくらもならび附て、其端に赤螺の売《から》を括りつけて水中に投《なげ》、潮のさしひきに浪動く時は海底に住みて穴を求むるが故に、かの赤螺に隠る。これをひきあぐるに、貝の動けば尚底深く入れて引取に用捨《ようしゃ》なし」とある。

イイダコの料理は、鮮度のよいものを選ぶ必要があり、胴が張ってまだ体に褐色が残っているものがよい。塩をつけてよくもみ洗いして、ぬめりを取ってから、ゆでて酢味噌和えなどにする。

飯蛸の一かたまりや皿の藍　　夏目漱石

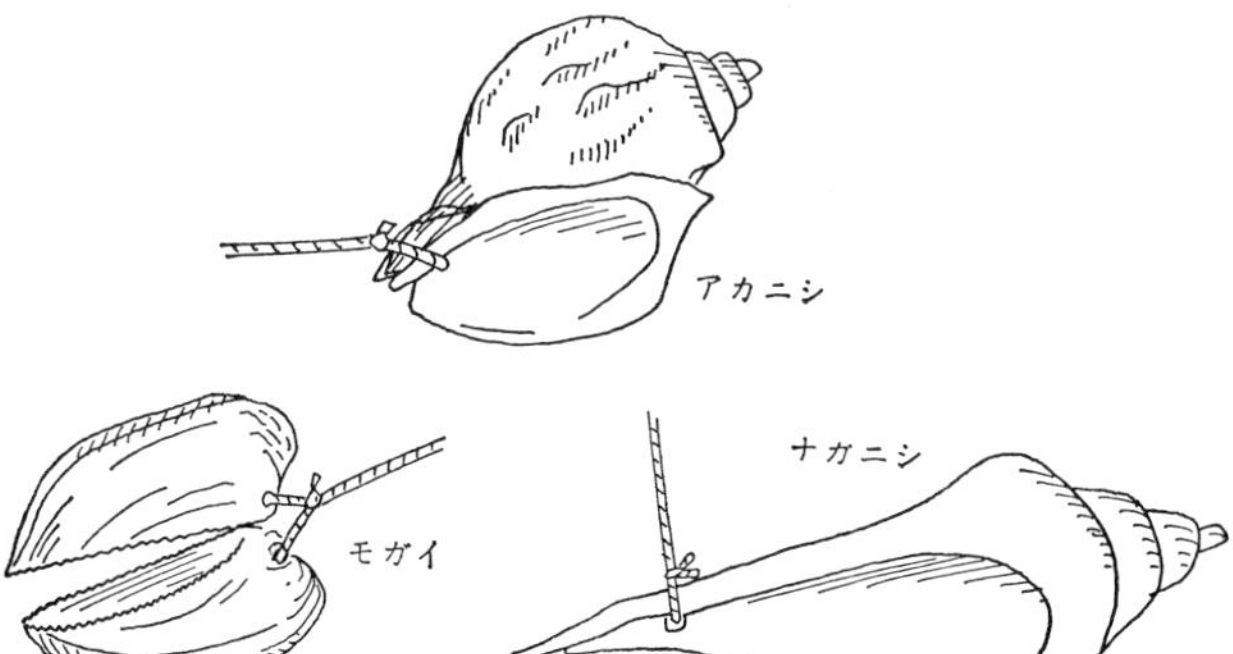

玉筋魚（イカナゴ）

名の由来は「いかなるさかな」から転訛して、「如何魚子《いかなご》」になったとの説がある。地方によって小型のものをコウナゴ（小女子）、大型のものをオオナゴという。その他メロオド（仙台）、カナギ（山口県）、カマスゴ（兵庫県）、ウラカナギ（唐津）などという。

イカナゴは、北海道から九州沖の沿岸に分布する。昼は遊泳生活をするが、夜は沿岸の砂底で海底生活をする。敵に襲われたり体を休める時には、砂の中にすっぽりと入り込むか、頭だけ出して身をかくす。夏の高水温期には砂中に潜って冬眠ならぬ夏眠をする。水温が下がる秋になると起き出して活動を開始する。

イカナゴは、バッチ網（船曳網）、棒受網、込瀬網、こぎ刺網、すくい網などで獲る。「バッチ網」（図面参照）は網の構造が大人がズボンの下にはくバッチ（股引《ももひき》）に似ているのでこの名があり、この漁業は伊勢湾・瀬戸内海・遠州灘などで行われておる。

バッチ網漁は、一般には網船二隻、漁場を探索する漁探船二隻、

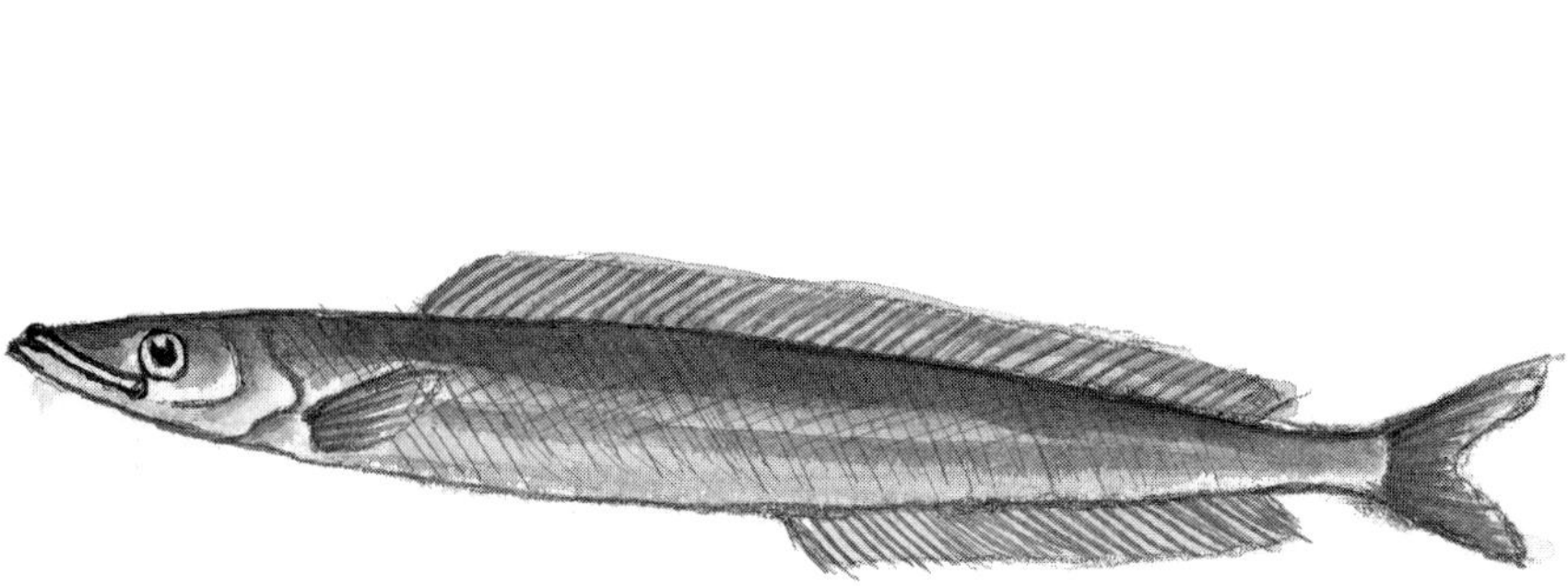

漁獲物を運搬する運搬船一隻で構成されている。

イカナゴは晩秋から冬にかけて生まれた三～四月の稚魚を新子という。瀬戸内海では二月から五月頃までの、体長が三センチ前後が最も美味である。この頃獲れた鮮度のよい新子を明石や神戸では「釘煮」という佃煮にする習慣があり、春の風物詩となっている。釘煮は、水揚げされたイカナゴを平釜で醤油やみりん、砂糖、おろし生姜などで水分がなくなるまで煮込む。炊き上がったイカナゴは茶色く曲がっており、その姿が錆びた釘に見えることから「釘煮」と呼ばれるようになった。

イカナゴの料理は、釘煮のほか、酢の物、釜揚、唐揚、付け焼、天ぷらなどにする。香川県の江戸時代以来の特産である「イカナゴ醤油」は、イカナゴを三か月以上塩蔵してつくられる。鍋物などに利用される。

いかなごにまづ箸おろし母恋し　高浜虚子

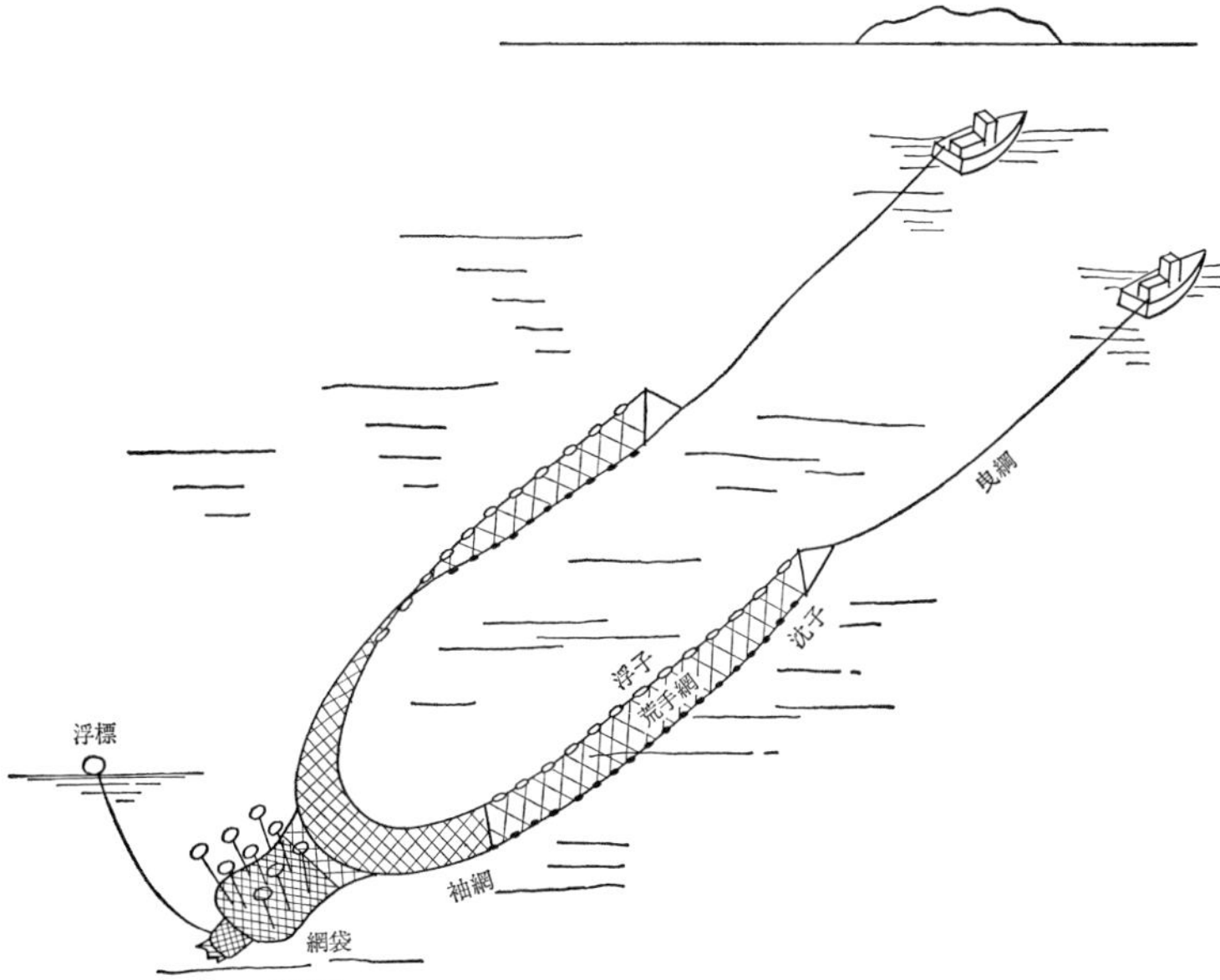

鯎（ウグイ）

名前の由来は、鳥の鵜に食べられる魚からの転訛したという説がある。また、常に水底を離れて水面近くを泳いでいることから「浮いている魚」の意で「浮魚（ウグイ）」に転訛されたともいわれている。地方名称は多いが、アカハラ（北海道、東北、関東）、イダ（関西、四国、九州）、アカウオ（長野）、ハヤ（関東）などがある。

春の産卵期になると体は黒ずみ、銀白色の腹部に三列の朱色の線が出現し、日増しに色濃いくなる。そして、花の盛りの春に群れをなして川を上り始める。この頃のウグイを「花鯎」とか「桜鯎」という。ウグイは北海道から九州の南端まで分布し、純淡水型と降海型とがある。繁殖力の強い魚で、また河川の汚染にも強く生息環境も広い。淡水型の特異な例としては、酸性の強い青森県の恐山の宇曽利湖や秋田県の田沢湖にも生息している。

ウグイの産卵期は三月から五月で、産卵に先立って雄がまず興

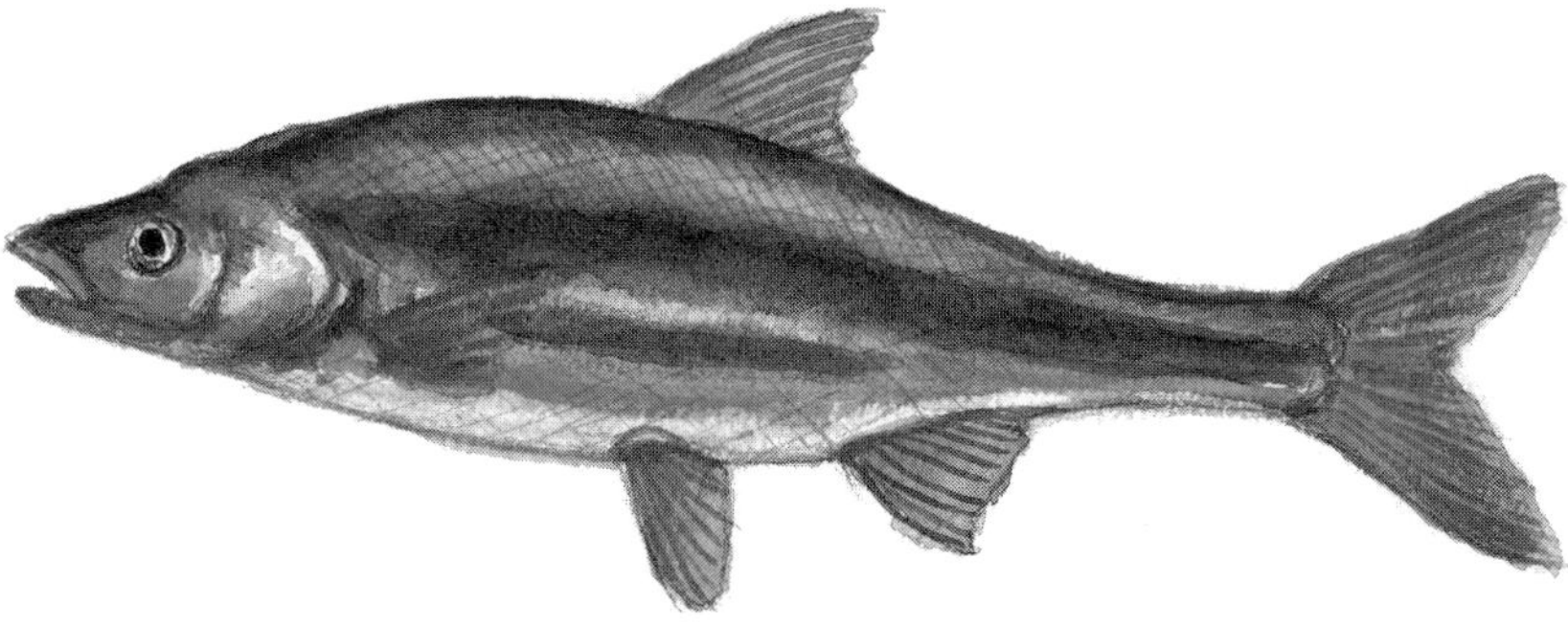

奮して雌を追って飛び跳ね、やがて砂礫や小石の産卵床で雌一匹に雄数匹が頭を突っ込むようにして抱卵放精して産卵する。ウグイの最大の特徴の一つは、このように美しく婚姻色で色づいた魚が集まって行うすさまじい光景の集団産卵である。ウグイの産卵の習性を利用して行う漁法に「瀬付漁法」（図面参照）というのがある。産卵期に河川内に石、礫などにより、産卵床となる瀬を人工的に設け、集まったウグイを投網、釣り、引っかけなどによって採捕する。

産卵期には、長野、栃木、群馬などの各県で食用として珍重される。冬場食べると生臭みは少ない。魚田、塩焼、甘露煮、フライなどいろいろある。魚田は、ウグイを素焼きにしてから、山椒を入れた練り味噌を塗り、さらに乾かす程度に焼く。また、地方によって、石川のひねずし（塩漬けにしたウグイでつくる慣れずし）、徳島のウグイの酢びて（ウグイを三枚におろして酢味噌で和えたもの）、鳥取のウグイのじゃぶ（ウグイを入れた汁）などがある。

うぐひあり渋鮎ありともてなさる　　高浜虚子

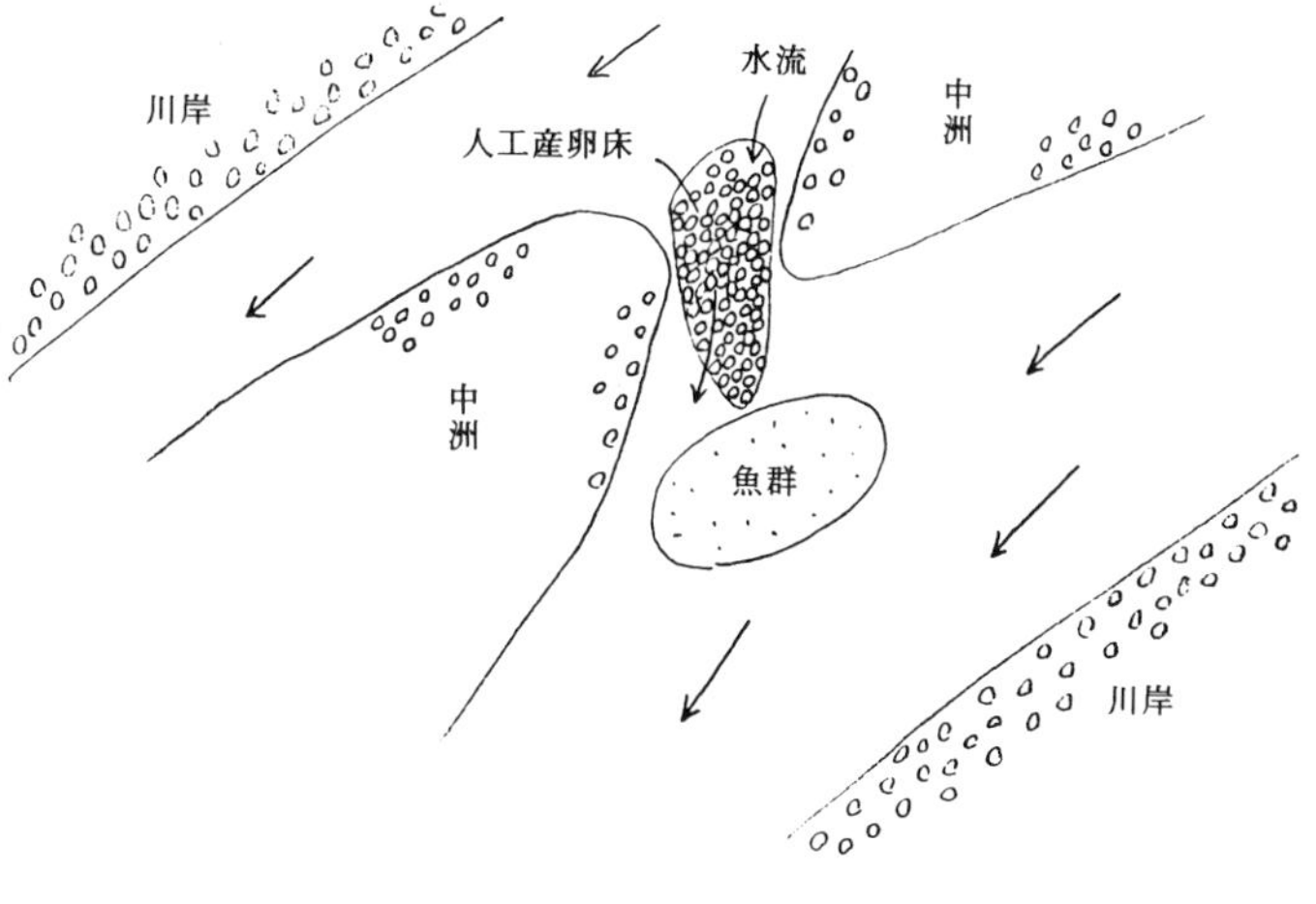

追河（オイカワ）

名の由来は、川の中をお互いに追いつ追われつ泳いでいる様子からで名付けられた。また、京洛の大井川（大堰川《おおいかわ》）に多くみられた魚であるから大井川の転訛したとする説などがある。地方名称は多く、アイソ（群馬）アカギ（栃木）、ヤマベ（東京）、ビワコ（神奈川）、アカジ（奈良・長野・兵庫）、アカツバエ（広島）、アカハヤ（静岡）、アカヒラ（鹿児島）、シラフナ（大分）ロッカン（兵庫）などがある。

従来は関東以南に生息していたが、琵琶湖のコアユの移植に混じって現在は東北地方をはじめ各地に繁殖している。川の中流域や湖の沿岸部に主としてすんでいる。形態はウグイに似ているが、ウグイより体が左右に平たいこと臀鰭がやや長いこと、ウロコが大きいことなどが異なる。春から夏にかけては川の瀬に多く、冬は水深のやや深いよどみに集まる。雑食性であるが、水辺の小昆虫やその幼虫を捕食する。体長は雄が約一五センチ、雌が約一〇

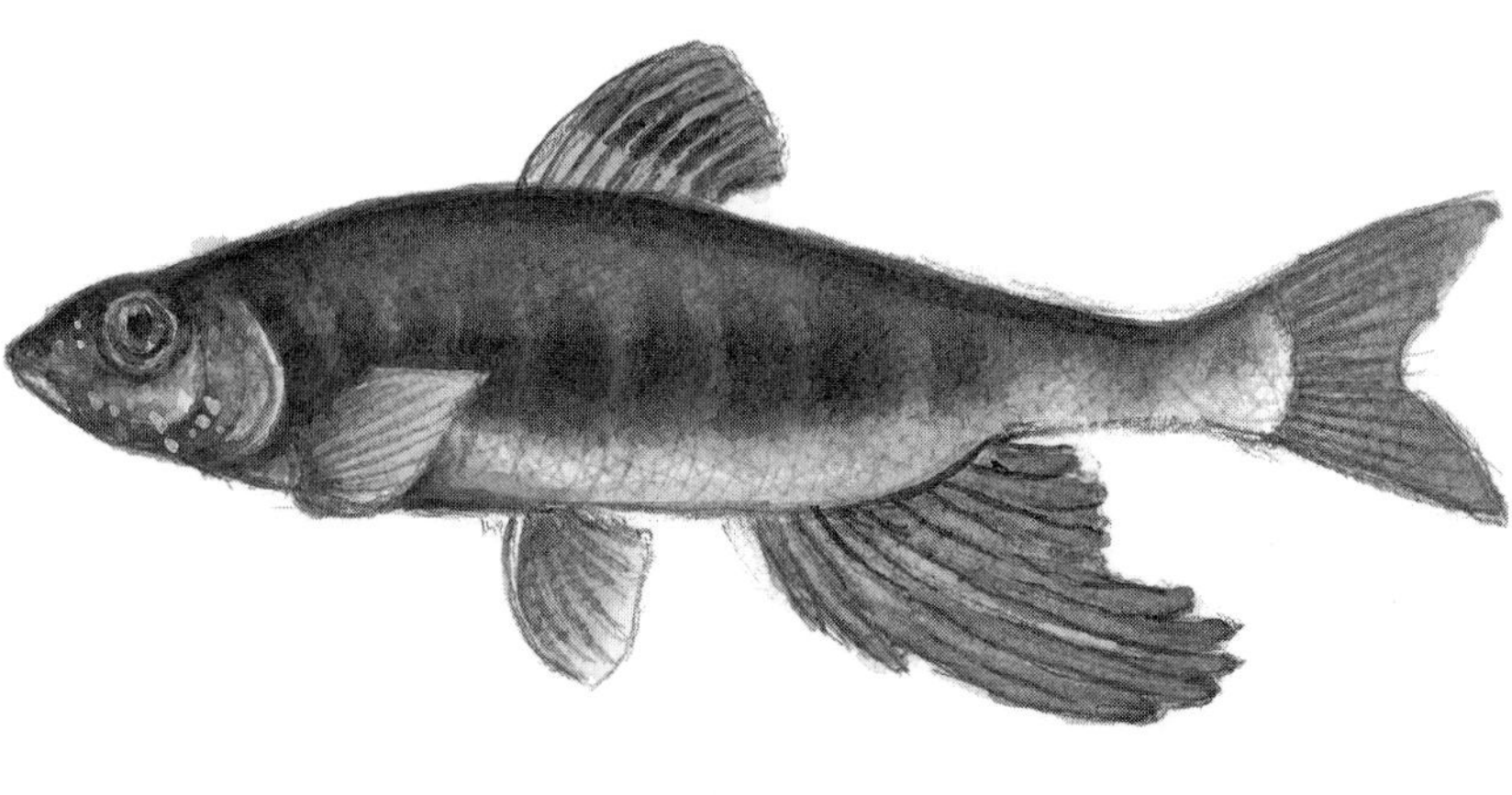

センチで、雄と雌とで体形や体色が著しく異なる。繁殖期の雄は赤色、桃色、青色などの婚姻色と頭部などに白色の斑点「追星」が現れる。産卵行動は雄雌一対で行われる。

餌釣り、毛針釣りの対象魚として人気がある。餌としてはサシまたはモエビを使う。神経質な魚であるので、物音を立てないよう注意することが必要である。釣りの季節は春から夏までで、もっともよく釣れるのは関東では四月から七月までである。変わった獲り方としては、イシカチ漁（図面参照）というのがある。この漁は厳冬期に石の裏で越冬するオイカワ、ウグイ、カジカなどを対象とする。ハンマーで石を強打して魚に脳震盪を起こさせ、石をはがして仮死状態の魚を手網で捕獲する。

オイカワの料理としては、フライ、天ぷら甘露煮などがある。滋賀県には、塩漬けのオイカワを使ってつくる「はいずし」という馴れすしがある。季題は春で、オイカワ、モロコ、ウグイなどを総じて鮠《はや》、柳鮠《やなぎはえ》と称している。

水底の一枚岩や柳鮠　　高浜虚子

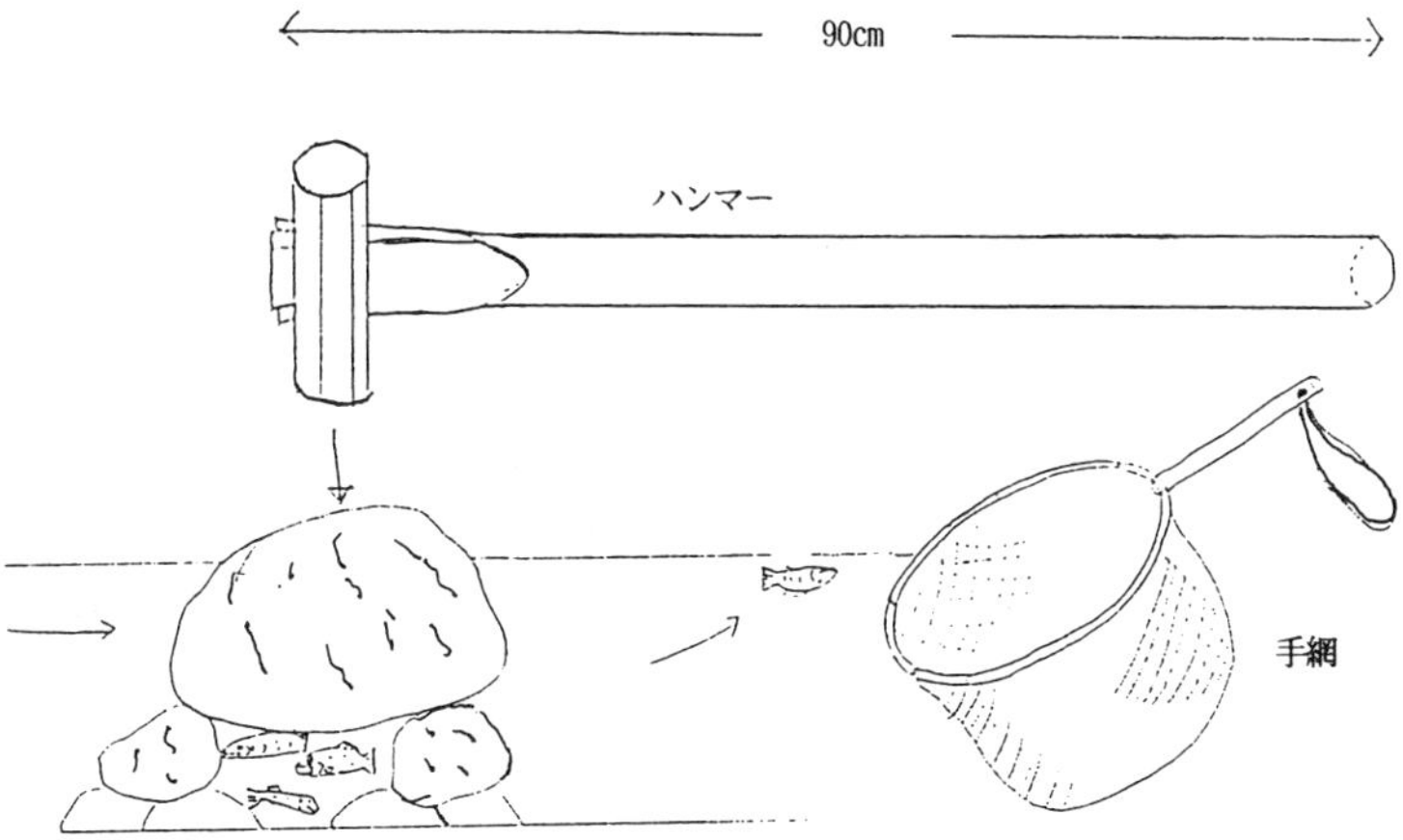

黄鯛（キダイ）

名の由来は、黄色を帯びたタイの意である。別名をレンコダイという。小さいものから順に芝レン、小レン、中レン、大レンと呼ぶこともある。地方名称ではアカメ（舞鶴）、オオバナコダイ（長崎）、カズコ（東京市場）、コダイ（東京、宮崎）、ハナオレダイ（東京、長崎）、ベンダイ（富山）、ベンコ（広島）などがある。

日本の中部以南、南シナ海などに分布する。主に水深一五〇～二〇〇メートルの大陸棚縁辺部に生息する底魚類で、エビ・カニ類、イカ類、小魚などを食べている。体形はマダイによく似るが、体色は黄赤色を帯びて、他のタイ類に多く見られる鮮青色の点がない。眼の前方がくぼむのが特徴である。また、雄は頭とその後の背が丸みを帯び、雄は頭が大きく、ゴツゴツしている。

漁法は、トロール網漁業で漁獲される代表的な魚で、東シナ海などで大量に漁獲されて全国の市場に出回る。一例をあげれば「二そう曳機船底曳網漁業」（図面参照）である。網部のうち、袖網は

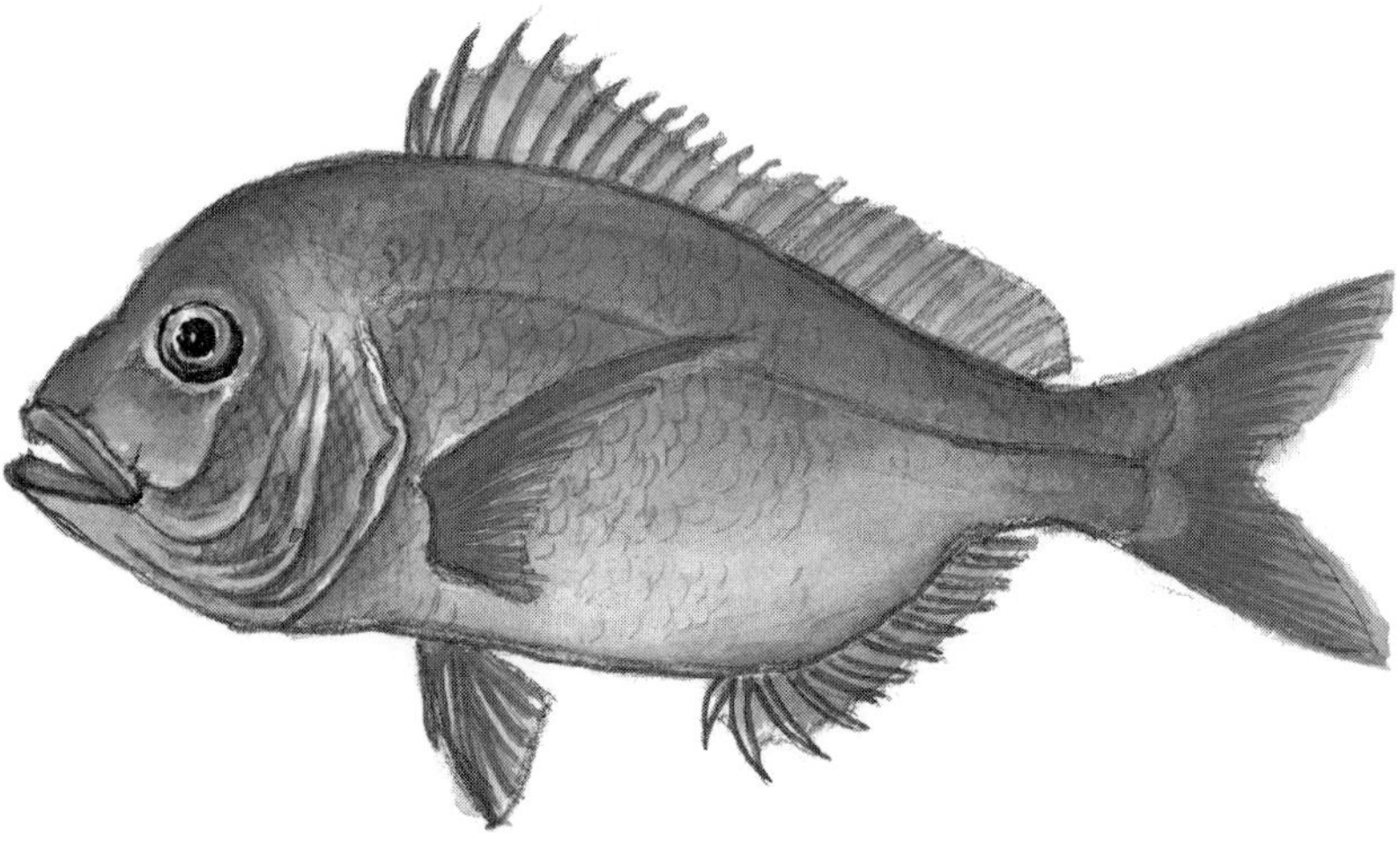

袋網部に魚を導入するものである。ベーチング（袋背網）は袋網の上部にあたり、スクウエアー（天井網）側に目合が大きく、袋網に近づくほど小さくなっている。ベレー（袋腹網）は泥を掻き込むことが多いので、みと口には特に目合の大きい泥ハキを付け、コット、エンドまで泥が入らないように設計されている。コットエンド（袋尻網）は上網と下網と右脇と左脇とがそれぞれ対象となっている。網地は袋網では最も太い糸を使用している。フラッパー（漏斗網）は一度コットエンドに落ちた魚が逆出するのを防止するための網で、フラッパーの取り付けは、前縁をベーチングに、両縁は脇網とベレーに縫い付け、フラッパーの末端とベレーの一部とで漏斗のしぼり口を形成し、曳網中は開くが停止すると閉じるようになっている。

　新鮮なものは黄色が濃いく味もよく、刺身、煮物、唐揚げなどに用いられる。元日にマダイの代わりに「掛鯛」として小鯛二匹を縛り、神棚や竈の上に供える。

神棚の燈に掛鯛を降ろしけり　　炭　太祇

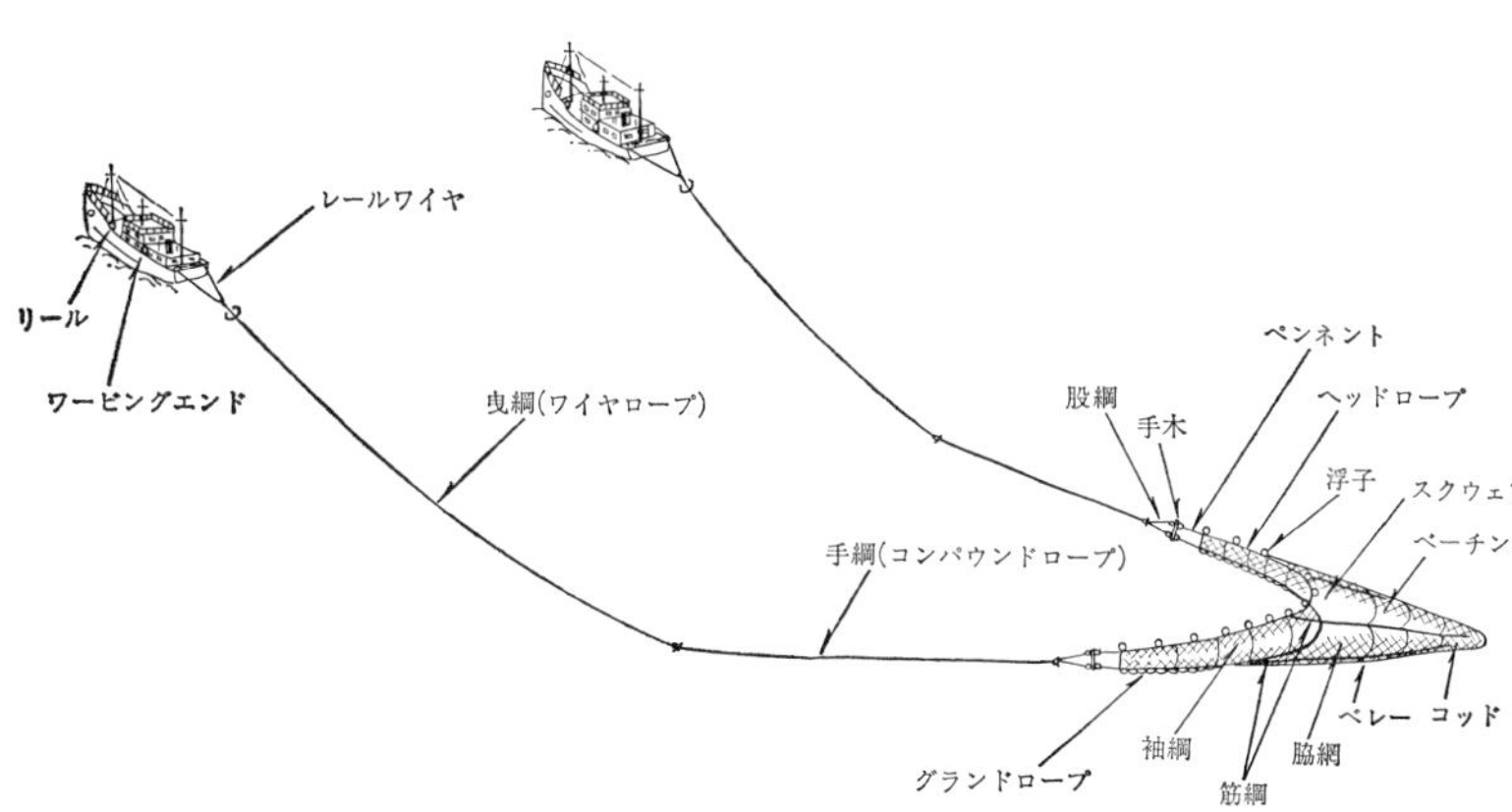

桜鱒（サクラマス）

マスの名の由来は、味が勝っていることから「勝る」から転訛したとする説、繁殖力が旺盛なことから「増す」から転訛したとする説などある。サクラマスの「サクラ」は産卵期に桜色になることからいうという説、桜の咲く頃に川を遡ることからいうとの説などがある。別名マスといい、地方名称では、アマゴ、アメゴ（関西）、ホンマス（東京、北海道）、イタマス、イチャニマス（北海道）、ママス（宮城）などという。

サクラマスはサケ科の遡河性魚で、本亜種のうちの降海型を指す名称で、陸封型をヤマメと呼ぶ。サクラマスは、大平洋は利根川以北、日本海側では九州以北に分布する。生後三〜四年で成熟し、サケと同じように産卵のために母川へ回帰遡上する。遡上は水温が摂氏一五〜一八度になる五月頃に始まる。サケと異なり、ふ化後すぐには降海しないで、そのまま河川または湖沼にとどまり、七〜八月頃には体長が八〜九センチになる。

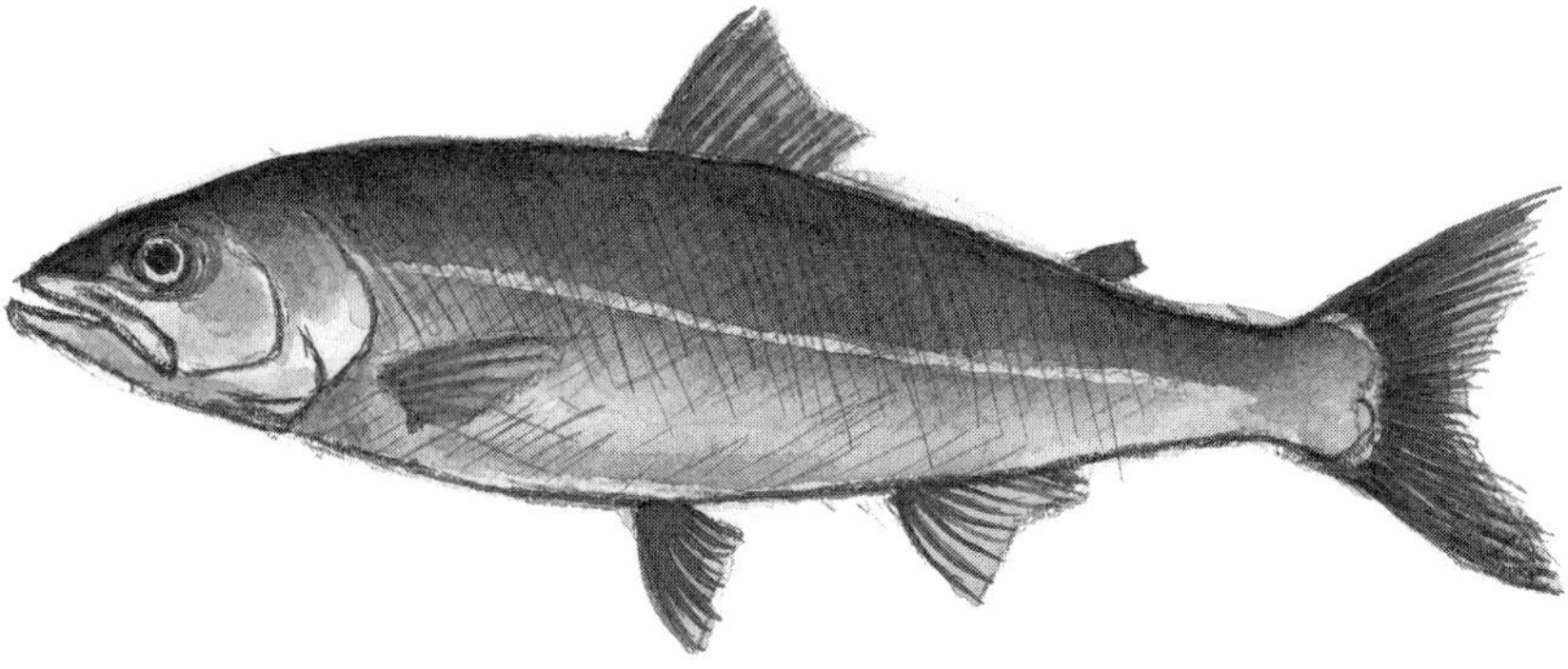

冬には湧水域や深所に移動し越冬する。ふ化後一年経過した翌春の三～六月に降海する。しかし、なかには、さらに一年留まって降海するもの、産卵するまでそのまま湖沼に残るものがある。また、豊富な餌に恵まれた場合には、降海型と同様に成長し、いわゆる湖沼型となる。

漁法は、日本海では刺網や延縄、曳縄、手釣りによって、太平洋岸では定置網によって春から初夏にかけて漁獲される。河川では、釣り、梁、流し網、居繰網（船曳網）などが用いられる。このうち海での曳縄（図面参照）は、餌はコウナゴが最良でヤリイカの切り身、マスの皮の塩漬けなどを用いる。漁場に着いたら潮目をさがしてその周辺を曳航して釣獲する。

サクラマスはマス類の中では最も美味で、海から川へ産卵のために遡上し始める初夏のものが最上とされる。料理法としては、塩焼、フライ、押すし、粕漬、燻製などがある。富山、神通川の「ます寿し」は有名である。

鱒閑に空しき岸を泳ぎけり　　松瀬青々

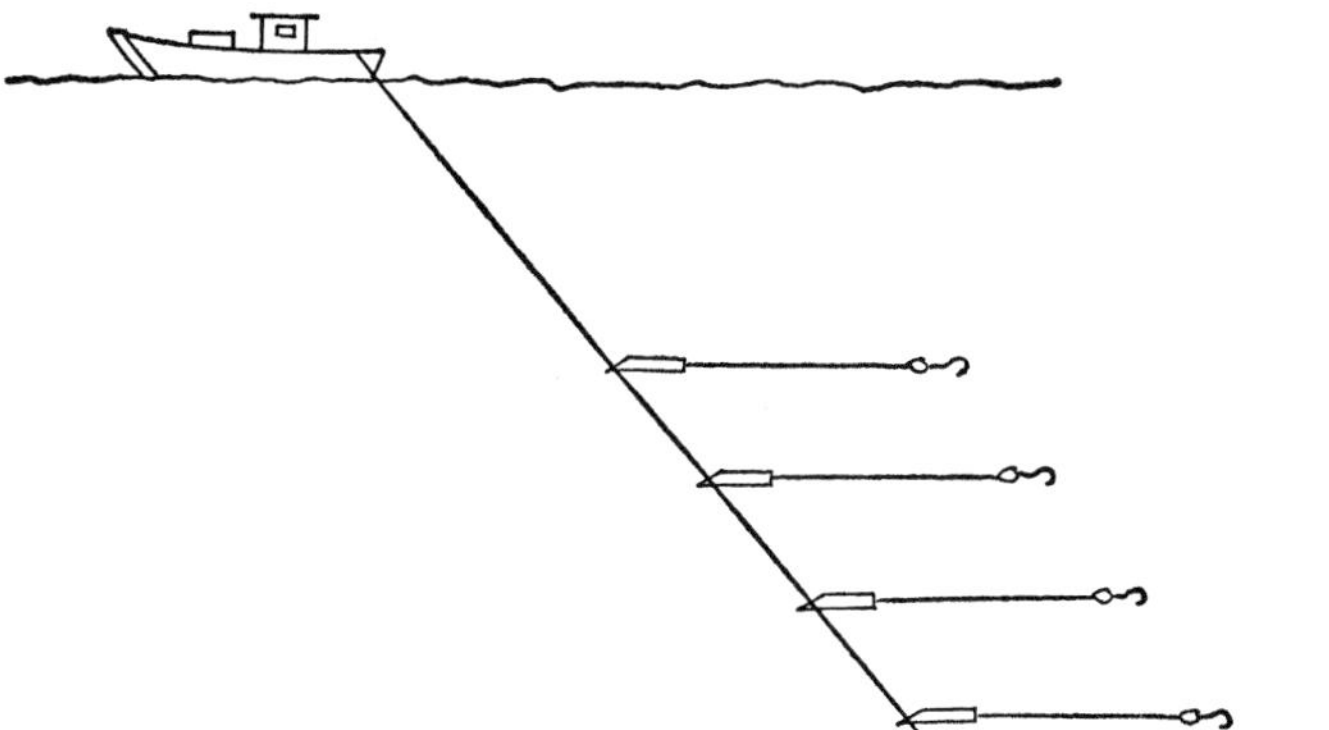

栄螺（サザエ）

名の由来については、『日本釈明』（貝原篤信、元禄三年〈一七〇〇〉）によると「「ささ」は小さいこと、「え」は家のこと」とあり、「小家《ささえ》」が転訛してサザエになったという。

サザエの角《つの》は波の荒い外洋で育ったものの特徴で、瀬戸内海、伊勢湾など穏やかな海のものは角がないか短いものが多く、「角なし」「丸腰」とよばれる。殻の色は通常は緑褐色であるが、付着物で汚れていることが多い。殻の色は、餌によって変わり、ワカメ、アラメなどの褐藻類だけ食べたものは黄色、石灰藻や紅藻を食べたものは緑褐色となる。殻口は丸く、内側は強い真珠光沢がある。雌雄の区別は外観ではできないが、生殖腺は雌が暗緑色、雄が白色をしている。この生殖腺のことを俗に「ふんどし」、「サザエのしっぽ」という。

サザエは、潮間帯から水深約二〇メートルまでの岩礁地

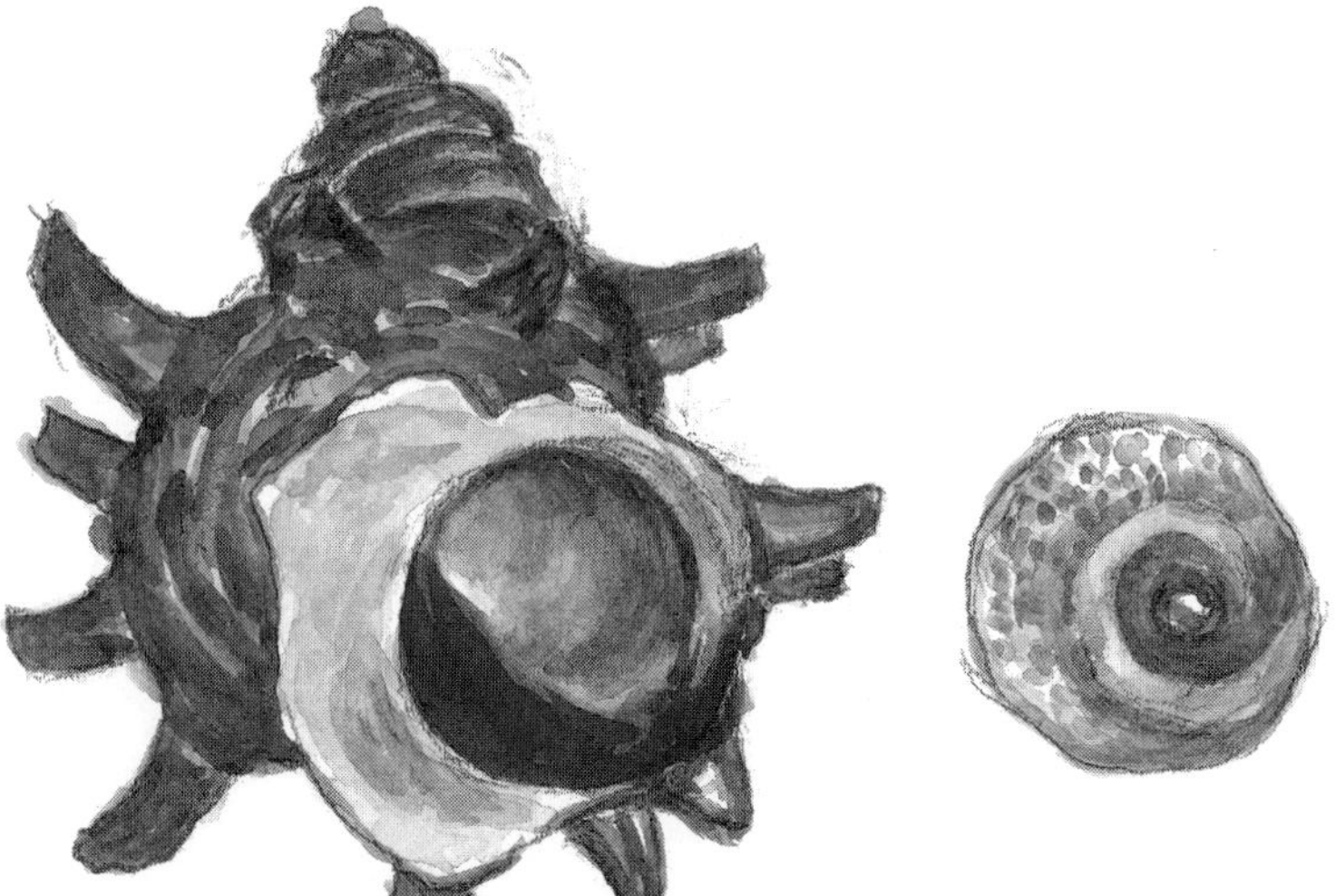

帯に生息し、夜間はよく活動して褐藻類を好んで食べる。サザエは、海女の潜水漁、サザエ籠漁、貝挟み等のほか底刺網漁によっても捕る。底刺網漁（図面参照）は、サザエの生息場所に錨を投入後、船を走らせつつ投網する。潮流の影響により網を海底に寝るような形になり、これにサザエが絡らんだものを採捕するものである。漁期は六月上旬から八月下旬で、水深一七から二五メートルのサザエの棲息する漁場が選ばれる。

サザエの壺焼の方法には二種類あって、素朴な方法はそのまま加熱して最後に醤油をたらして食べるものがある。「壺焼のコツ」は煮たってから、身がかたくなるので、一〇〜三〇秒ほどで火を止める。独特のほろ苦さ、歯ごたえが好まれる。凝ったものでは、身と内臓を取り出し、一口切りにして、三つ葉、椎茸、筍等を入れて殻にもどし、出汁を加えて焼くものがある。旬は産卵期前の冬から春にかけてが最高である。関東の江の島、山陰の日御碕神社前の壺焼は有名である。

壺焼を運び来島の名を教ゆ　高浜虚子

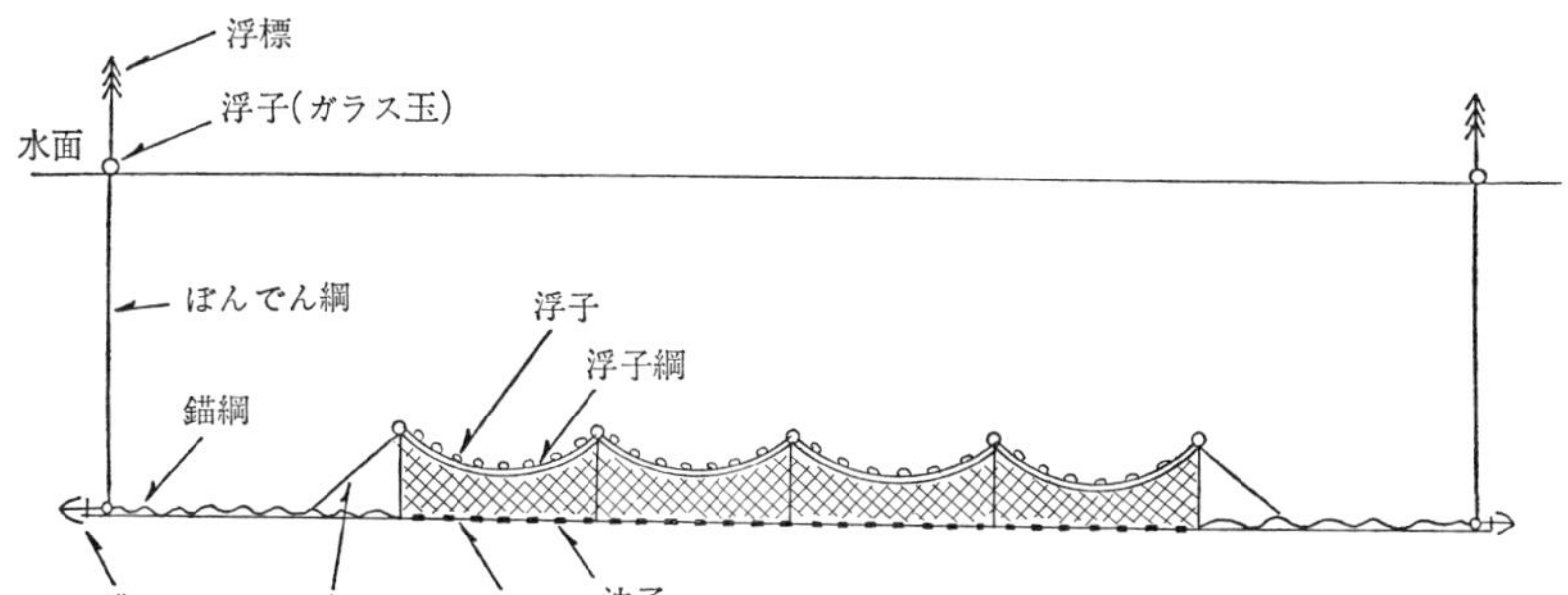

細魚（サヨリ）

名の由来は、『大言海』によると「サヨリのサは狭長なるをいう。ヨリはこの魚の古名ヨリトのトの略である」と記されている。また、「沢（岸辺）寄り」に多く集まる魚という意味だとする説、鱗が体側に縦列に一〇六枚もあるので、細鱗《サイリ》の訛語だとする説もある。地方名称は、クチナガ（岩手県）、スズ（和歌山県）クスビ（山陰）、サエロ（堺）、ハリウオ（新潟県）などという。東京では、大きいのを「カンヌキ」という。これは、昔の雨戸に用いたカンヌキと太さが同じで、長くて力があるという意味合いがある。

サヨリは体が細長く、下顎がくちばしとなって細長く伸びている。体の背部は青緑色、腹部は白色、下顎の先端は赤い。ほっそりとした銀色の姿が美しく「海の貴婦人」といわれる。しかし、サヨリの腹腔内の腹腔膜は黒くて苦い。このために外見に似合わず、腹黒い女性のことを「サヨリのような女性」とも形容されている。

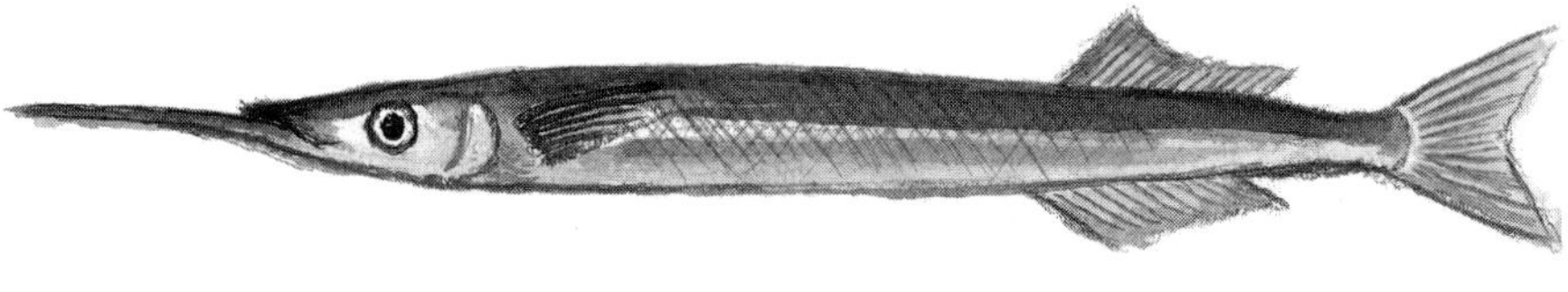

漁法は、機船船曳網のほか刺網、地曳網、延縄、まき網などで採捕する。機船船曳網漁（図面参照）は、サヨリは海面近くを遊泳しているので、夜間に出漁しサーチライトを照らし、魚群を確認して網を投網する。二隻の漁船で網を引き廻して漁獲する。曳網時間は三〇～六〇分で揚網は交互に行う。

江戸時代から「結びサヨリ」（細めに切って結んだサヨリ）を吸い物や膾の種にした。見た目にも美しく、独特の香りが楽しめる料理である。古川柳に「結び細魚は御守殿の帯のよう」というのがあり、結ぶサヨリの形が大奥の女中が締めている帯の形に似ていると詠んでいる。「御守殿」は、正確にいえば江戸時代における三位以上の大名に嫁いだ徳川将軍家の娘の敬称のことである。サヨリは早春の産卵前と晩秋が旬の魚で、脂がのって最高に美味い。「結びサヨリ」は椀だねによく、大型のサヨリは糸造りにしても美味いし、にぎり寿しのネタにも使われる。その他、酢の物、昆布締め、天ぷらなどにもする。産地では、活け魚が最良とされる。

進みくる針魚の波も入江なれ　井上白文地

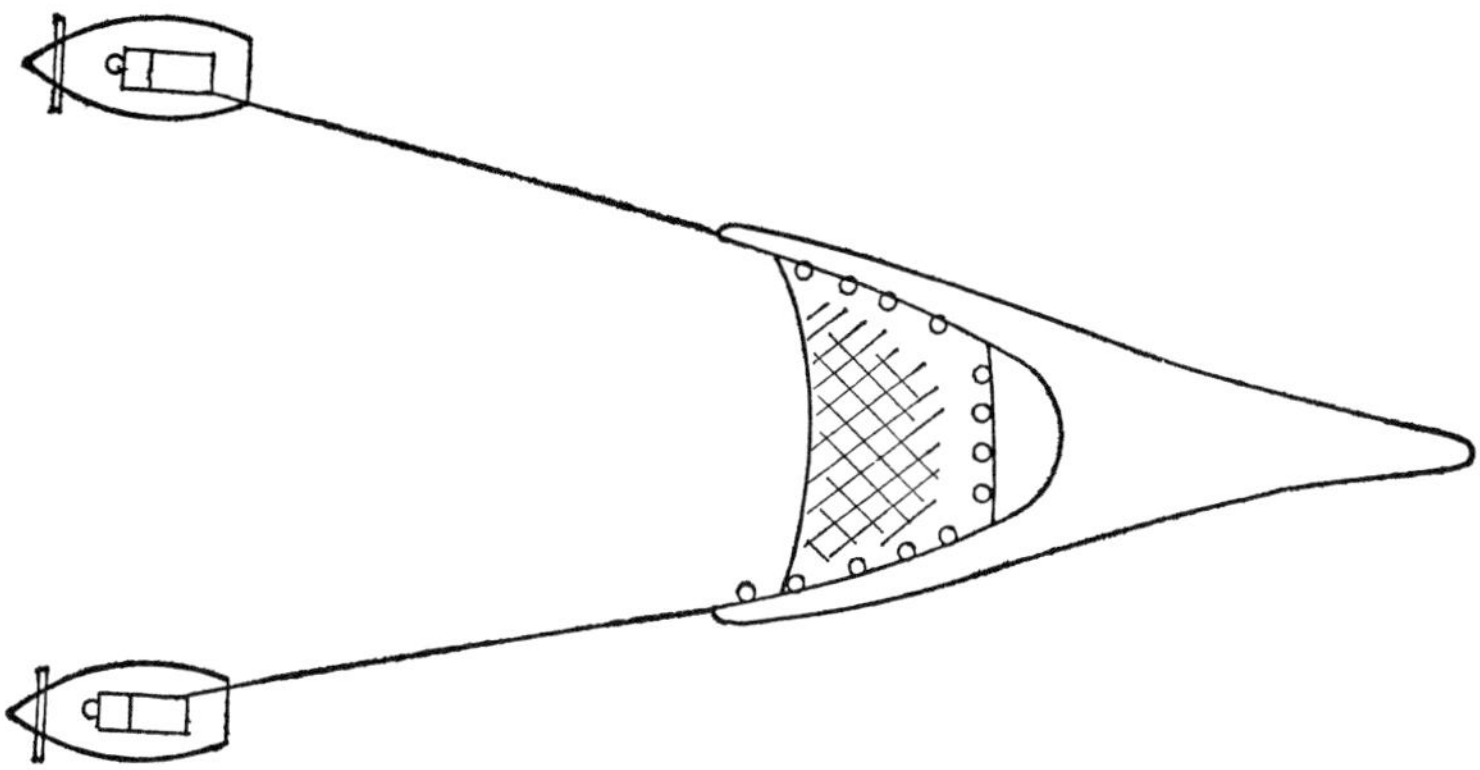

鰆（サワラ）

サワラは頭が小さく薄く細長い体型で、銀白色の斑点列があるのが特徴である。名の由来は、腹部が白く幅が狭いことから「狭腹《サハラ》」といい、これが転訛したといわれている。また、斑点や筋のある植物の葉を「イサハ」といったことから、サワラの斑点を「イサハダ」といい、これがサワラに転訛したという説もある。

サワラは出世魚として、成長するに従って名前が異なる。関西では、サゴシ（五〇センチ程度まで）→ヤナギ（七〇センチ程度まで）→サワラ（七〇センチを超えたもの）といい、特に東京では若魚をサゴチという。成魚の雄は約八〇センチ、雌は約一メートルにもなる。

サワラは春に北上回遊し、産卵期は四月から七月頃で、瀬戸内海のような内海や内湾部に入る。この時期のサワラは旬で、この頃の吹く風を「鰆東風《さわらごち》」という。瀬戸内海ではマダイとともに高級魚として重要である。鰆東風はサワラの旬の知らせであるとい

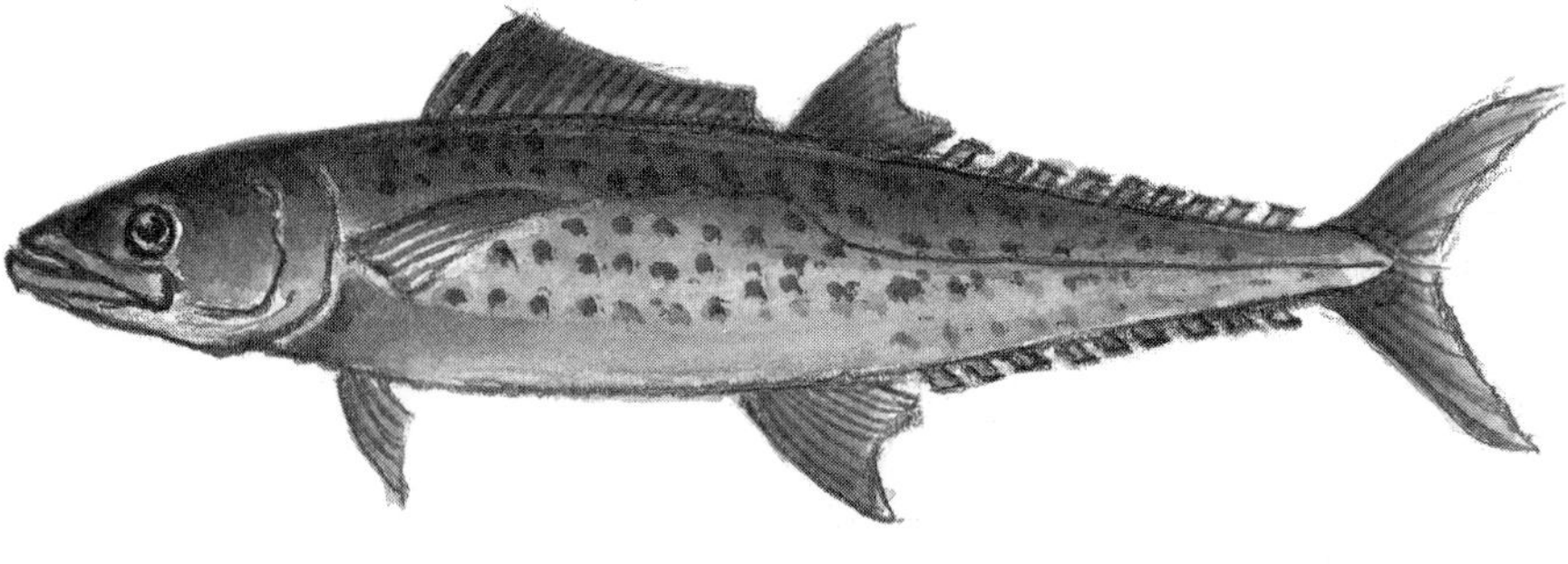

う。「東風」とは、春になると西高東低の冬型の気圧配置が崩れて、太平洋から大陸の方へと吹く風のことをいう。

漁法は一本釣り、浮流し釣り、底こぎ釣り、曳縄などの各種の釣りのほか、瀬曳網、流し網、まき刺網で採捕する。まき刺網（図面参照）は、二隻の小型船を使用し、潮流に対して直角より下流、浅瀬の方向に左右に別れ円形に投網し魚を包囲する。網の中央に浮標樽を付け、網は潮流のまま流す。網が浅瀬の上に流れ着くので網中のサワラがおそれ走り網目に刺さる。

瀬戸内海ではサワラの旬は春とされ、マダイとともに高級魚として重要である。和歌山地方では桜の時期に捕れるサワラを「桜鰆」と呼んで賞味される。関東での本来の旬は一月から二月の寒い時期で「寒鰆」という。「鰆の刺身で皿なめた」というほど味がよいといわれる。関西の人は瀬戸内海のサワラ漁の盛な季節の春鰆を好み、関東の人は脂ののった寒鰆を好む。関西では刺身、照焼、塩焼、西京漬、かぶら蒸し、押し寿司、ばら寿司など食べ方も多いが、関東では塩焼と西京漬が中心である。

一匹の鰆を以つてもてなさん　　高浜虚子

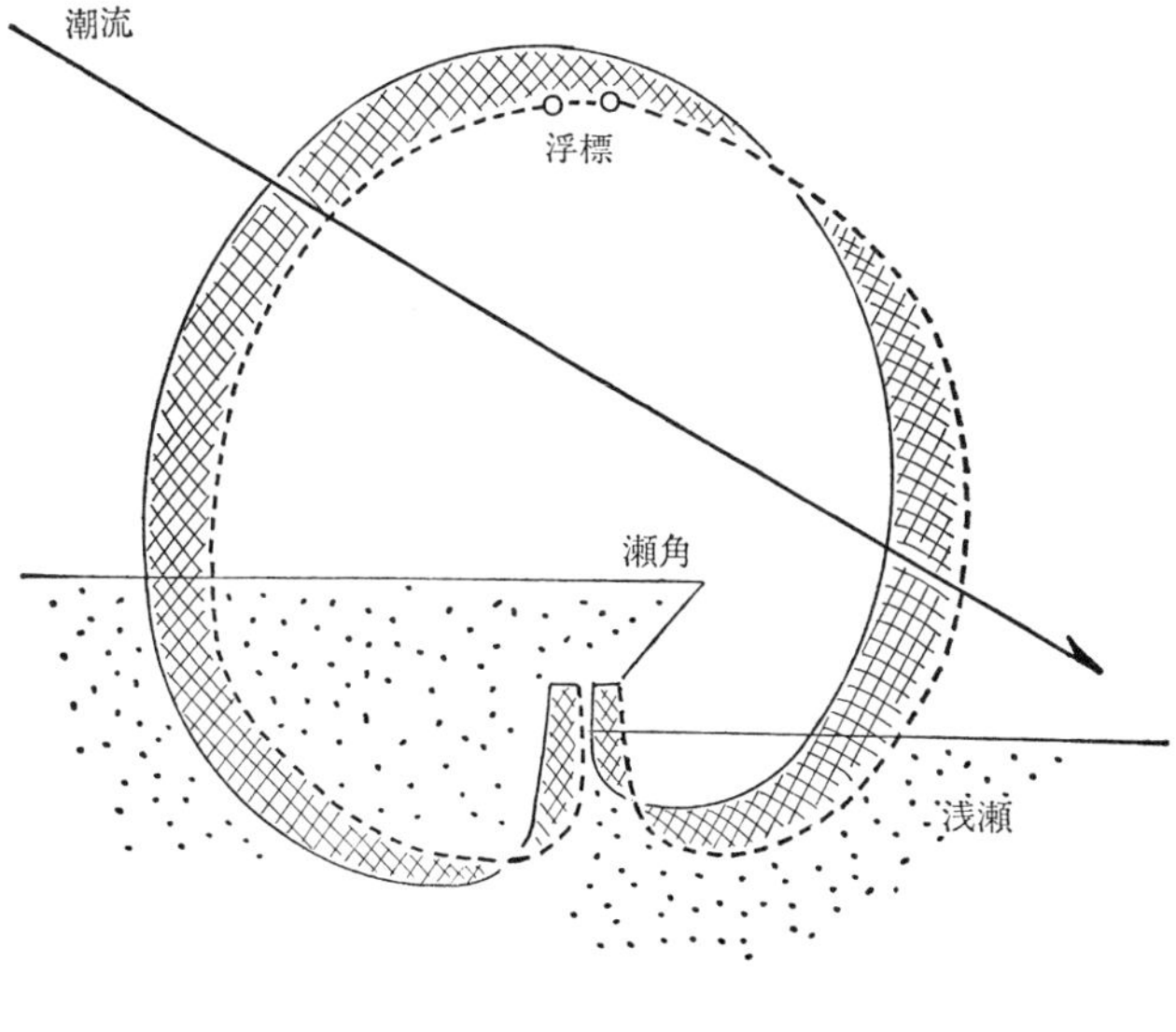

蜆（シジミ）

名の由来は、殻が縮んで見えることから「チジミ」が「シジミ」に転訛したとの説がある。シジミにはヤマトシジミ、マシジミ、セタシジミの三種類がある。セタシジミの季語は春である。これはシジミの中で最も美味とされているセタシジミの旬である春をとって定められた。因みに、ヤマトシジミは「土用シジミ」といって夏が旬である。また、マシジミは「寒シジミ」といって冬が旬である。

マシジミは純淡水性で川の上流の砂礫底を好んで生息し、河口域には生息しない。本州以南、九州、朝鮮に分布する。セタシジミは、淡水、汽水域性で、北海道から九州に至る比較的大きな川の河口や宍道湖のような汽水湖に分布している。関西以外ではほとんどヤマトシジミが地方の市場に出ている。主産地は、島根県の宍道湖、青森県の小川原湖・十三湖と利根川河口などである。

シジミを採るには、漁師は昔も今も鋤簾《ジョレン》によって採っている。袋状の網篭の口に爪を鋸歯状につけ、柄を結びつけて水底を掻いてシ

ジミを採捕する漁具である。『日本山海名物図会』（平瀬徹齋、宝暦四年〈一七五五〉）には鋤簾（図面参照）について「海と河との潮境に多く生ず。又湖水にもあり。小蜆を取て泥池の中にやしないおけば年をへて甚おおきくなりて味よしといえり。蜆を取るには竹籠をこしらえ、底に袋網を附て水中をかきて取也。土砂は袋あみよりもれてのく也」とある。

シジミは、一般には殻付きのまま売られ、味噌汁とされることが多い。シジミを真水に半日以上つけて砂を十分に出す。次にシジミの殻と殻とをこすりつけるように洗い、汚れを落とす。これを水から煮て旨味を引き出し、味噌汁にしたてる。この場合にあまり火を通し過ぎると身肉が硬くなるので、貝の口が開いたら早く火を止める。

古くからシジミは黄疸に薬効があるといわれ、また、肝臓のために酒肴のあとや二日酔いの朝などにも愛用される。これは、脂肪分が少なく、メチオニンやグリコーゲンが多いためである。

若草や水の滴る蜆籠　　夏目漱石

白魚（シラウオ）

名の由来は、シラウオは生ているときは飴色で半透明であるが、死ぬと白く不透明になるのでこの名がある。北海道以南九州、韓国に分布している。シラウオには、霞ヶ浦の陸封型（全長六・五〜七センチ）と成長期に海に下る降海型（全長九〜一〇センチ）がある。地方名称でシラオ（厚岸）、シレヨ（秋田）、アマサギ（富山）などという。

シラウオ・シロウオ・シラスは、いずれも白くて半透明の小形の魚でよく似ているが、全く異種類の魚である。シラウオはサケ目シラウオ科の魚でサケ・マスの仲間である。シロウオはスズキ目ハゼ科に属し、ハゼ類独特の吸盤状の腹びれがあるのが特徴である。シラスは、シラス干しやタタミイワシ（畳鰯）として知られているが、九九％の殆どがニシン目ニシン科のカタクチイワシであるが、マイワシやウルメイワシなど数十種類の稚魚が混ざったものである。

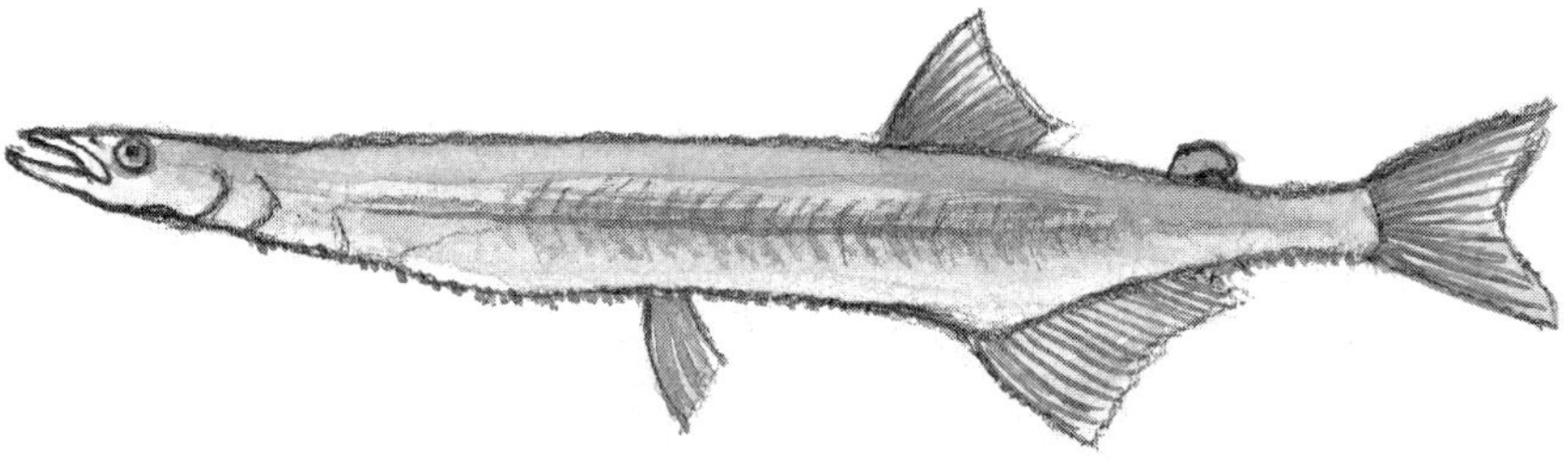

「月も朧に白魚の、篝も霞む春の宵」は、江戸末期から明治にかけて活躍した歌舞伎作者の河竹黙阿弥の「三人三吉」の名セリフで、初代名優「吉右衛門」の名演技で有名である。江戸時代には隅田川にも多く、篝火を焚いての白魚漁がはじまると、江戸にも春が訪れるといわれた。このように、かつては日本各地の内湾や河口で古くから多く生息して、白魚漁が盛んであったが水質汚染で激減した。産卵期に遡上してくるシラウオを、刺網、張り網、船曳網、四つ手網などで漁獲する。シラウオの船曳網（図面参照）は普通の船曳網漁法によるもので、漁場に到着したら、シラウオの魚群を包囲した後に船上に揚網して漁獲する。

料理は、生食、すし種、天ぷら、吸物、白魚飯などにする。早春にかけて、生きたものを二杯酢で「おどり食い」にするのが、春の風物詩の一つである。透明感や弾力があり、形くずれのないものがよい。白魚飯は、米を少々の塩、醤油、酒で味付けして炊き、最後に薄味した白魚を載せて蒸らす。

白魚をふるひ寄せたる四つ手かな　宝井其角

（投網）

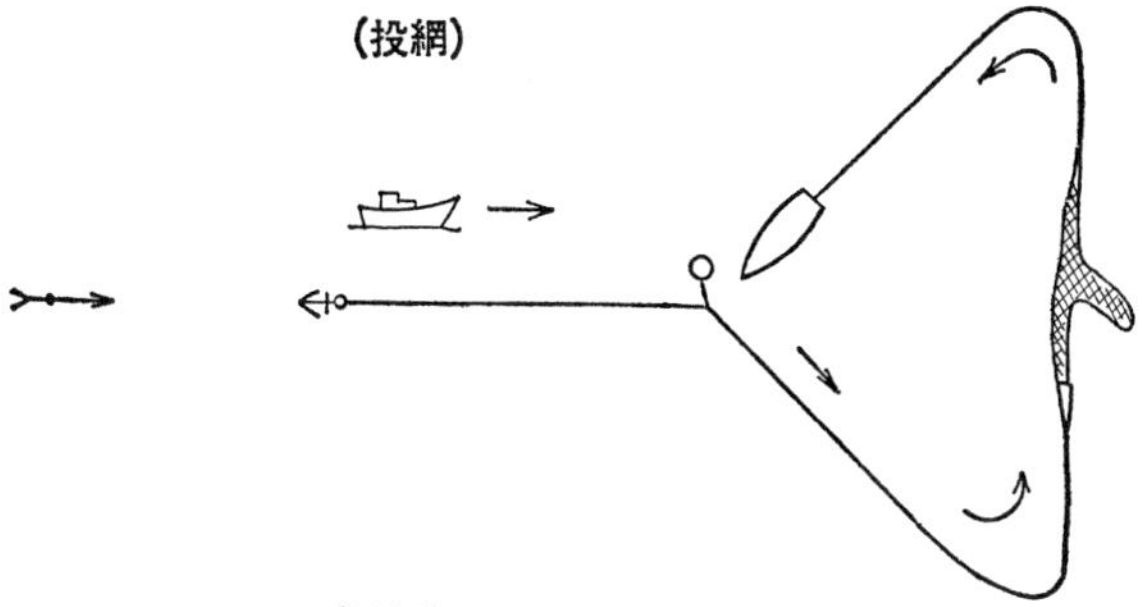

（揚網）

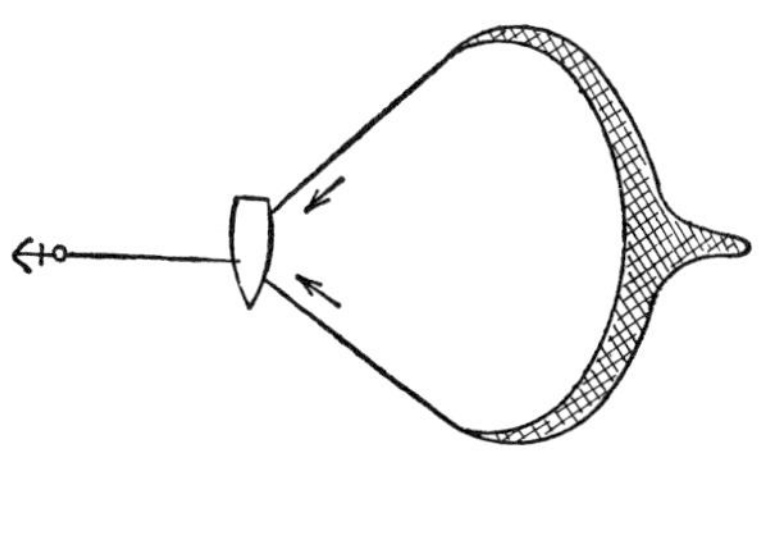

鰖（タカベ）

名の由来は、「岩礁域の魚」の意で、漁村用語では海中の岩礁のことをタカといい、べは魚名の語尾である。地方名称ではシマウオ（熊本）、シャカ（紀州）、ホタ（鹿児島）、ベント（高知県柏島）などがある。

鮮やかな青緑色の体に、眼の後方から尾びれに走る鮮やかな黄色縦帯のある美しい魚である。体長は一五～二〇センチでイサキに似ている。『魚鑑』（竹井周作、天保二年〈一八三一〉）には「俗に鰖の字を用ゆ、状いさきに似て、頭縮り口小く、繊細に青白微く灰黒を帯び」とあり、『大和本草』（貝原益軒、宝永六年〈一七〇九〉）には、「形あぢに似又このしろに似たり関東にあり味淡し」とある。

本州の中部以南に分布し、特に伊豆七島などでは漁獲量が多い。潮通しのよい沿岸の岩礁域に群棲し、動物プランクトンを食べる。

漁法は刺網、追込網、定置網、釣りなどがある。刺網には二つの方法があって、一般には一〇トン未満の小型船で操業する。

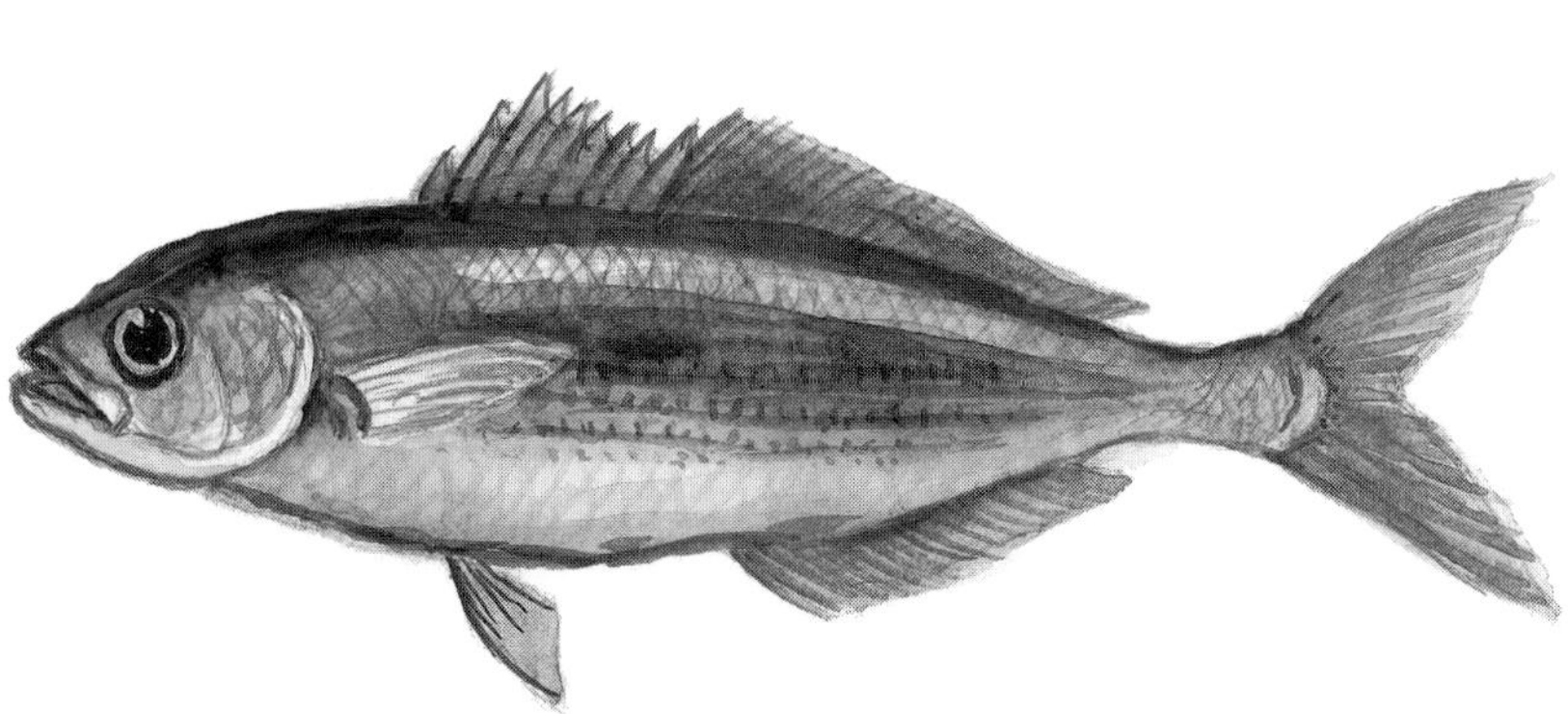

①夕方漁場に到着すると海岸の地形、海底の状態、潮の方向等を見極め夜間湾内に入った魚群が明け方出ると思われるところを選定し、投網した後錨で固定したら、そのまま帰り翌朝揚網に行く。
②夜間漁場に到着したら静かに船を移動させながら魚群の白見を見つける。白見を発見したら、この群を包囲するように投網し、あらかじめ用意した威嚇用の石及び竹竿でおどし、網に刺させた後揚網する。一晩に三〜四回操業する（図面参照）。

旬は産卵期を前にした夏で、身はやや柔らかであるが、夏には脂肪ものり、とくに美味である。鮮度の目安は背部の黄色帯で、時間が経つと消える。腹が張り、眼が澄み、鮮やかな青みがかったものを選ぶようにするとよい。春先から夏にかけては刺身、秋口からは塩焼きや煮付け、照り焼きなどにする。加工品としては伊豆諸島では、くさやの原料にされる。

磯の香をまとふたかべの化粧塩

大野　泰

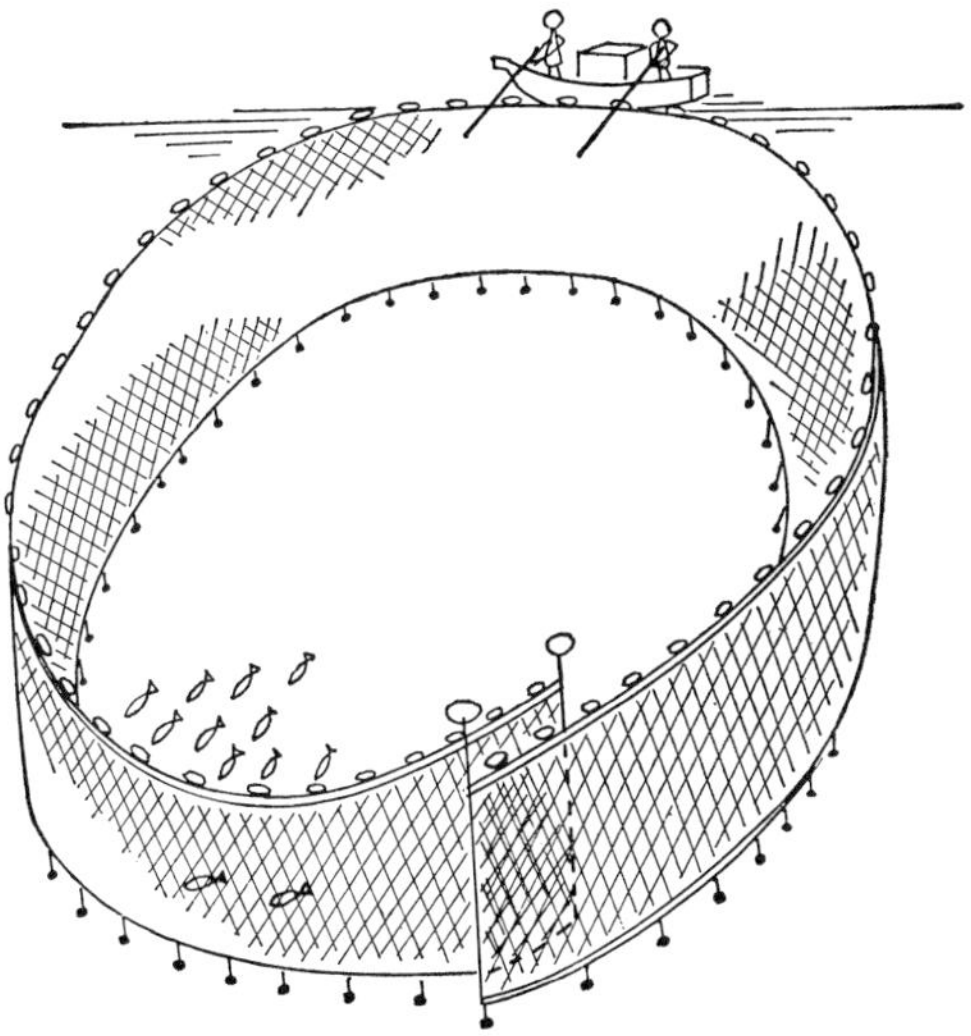

鱮（タナゴ）

名の由来は、水田にすむ魚なので「田の魚」から転訛したという。地方名称は多いが、たとえばエタシラ（前橋）、カメンタイ（岡山）、シラタ（群馬）、ドコマ（福井）、ニガブナ（広島）、ムシブナ（京都）などである。『和漢三才図会』（寺島良安、正徳三年〈一七一三〉）には「池を掘ったところに雨水がたまり、春夏の陽気を感じると、この魚が自然発生する」とある。

体側の暗緑色縦帯は背鰭起点より前方に達しその前端は細く尖る。産卵期の雄には緑青色、淡紅色、黒色、白色の婚姻色と頭部の追星とがあらわれる。雌の産卵管は淡灰色である。関東地方と東北地方の太平洋側に分布する。

春から夏には活発に泳ぎ廻る。晩秋から冬には深場で越冬し、暖かいと浅場に集まるので冬期が釣りのシーズンである。うき釣り、みゃく釣りなどがある。『嬉遊笑覧』（喜多村節信、天保元年〈一八三〇〉）には「深川木場の鱮釣は有名で、旗本や豪商の隠居

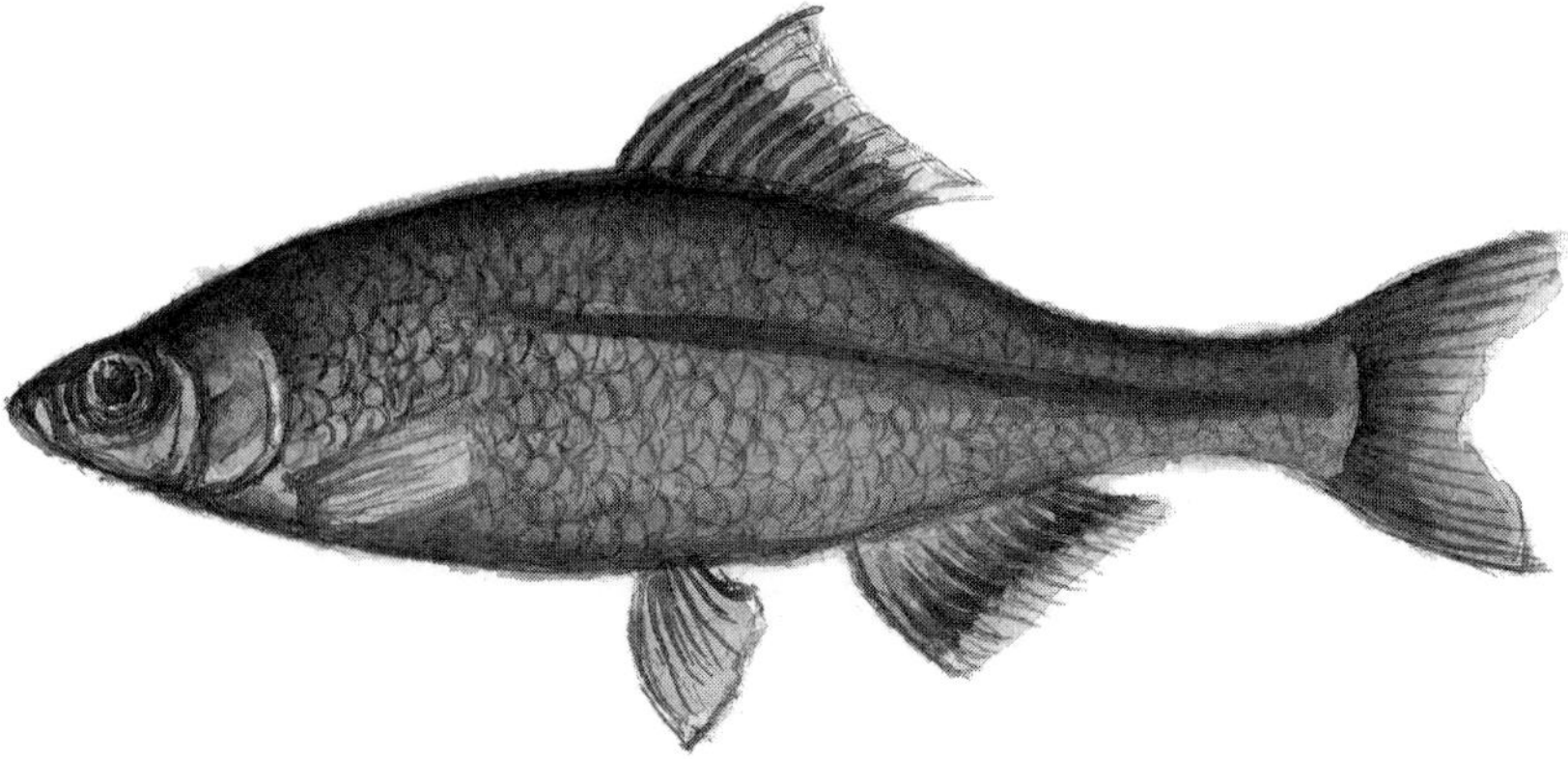

が金屏風を背に美女の髪の毛を道糸にして楽しんだ」という記録がある。

『日本水産捕採誌』（農商務省、明治四三年〈一九一〇〉）には「東京市に於ける鱮釣（図面参照）は専ら遊漁に属し、其釣場は本所深川の両区又は近在の溝渠或は川中に在る。竿は僅か一尺余にして其末端は鯨鬚にて細く作り其元は竹を用い小さき糸巻を此に附く。中には手元を金銀を以て装飾せしものあり。斯くの如きは一竿の値五六円に上る。是遊漁具たるの故にして、もとより実用上に得失なし。又昔時文政の頃初めて十七八才なる女子の髪毛を用いし者ありしより、好事者今猶之に倣うもの往々あり。鉤も亦最細小なるものを用いるもの多しとすれども時に或は丸形の大輪を用いることあり。縎糸の鉤際より二三寸の処は絹糸を用いる。亦其処に鉛紙の類を巻き付けて沈子となす」とある。

タナゴは、甘露煮、雀焼きなどにする。雀焼は、背開きにしてわたを除いてから串刺しにして、たれを付けて焼く。

湖澄むや水草に遊ぶ鱮影　　松本美代

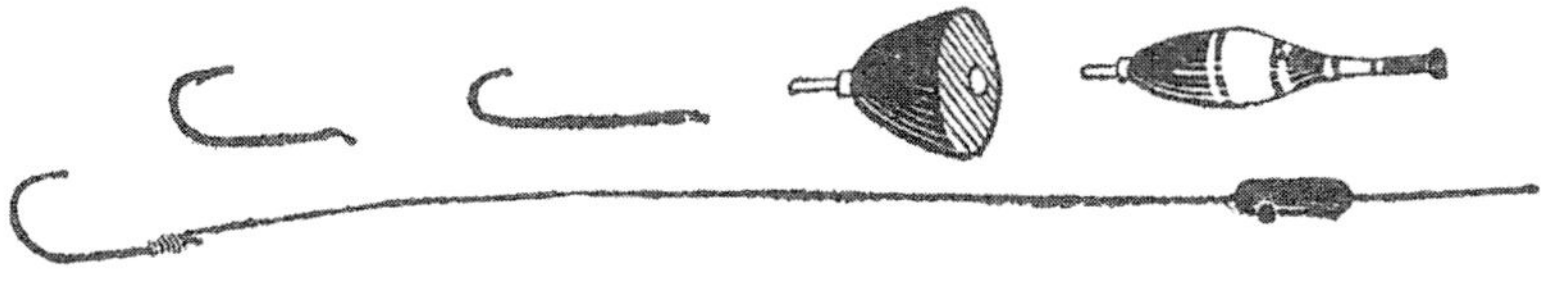

血鯛（チダイ）

名の由来は、鰓蓋の後縁が赤く、血色をしていることから名づけられたという。また一説には、「小さい鯛」の意であるともいわれている。

地方名称では、エビスダイ（大阪・京都・広島）、カスコ（高知）、クニダイ（松江）、クンダイ（山陰）、コダイ（越後・富山）、シャコダイ（石川）、チコダイ（高知・熊本）、ハナダイ（東京・千葉）などがある。

チダイはマダイによく似ているために、マダイの代用品にされるが、尾鰭の後縁が黒く縁取られていないことで区別される。鰓蓋の縁が血がついたように赤くなっている。幼魚は内湾の藻場などに棲むが、成魚はやや沖合の岩礁域の底近くに住む。肉食性で、甲殻類、多毛類、イカ類を食べる。産卵期は九〜一二月で、直径一ミリほどの分離浮遊卵を産む。孵化後三年で体長二一センチ、五年で二七センチに達する。

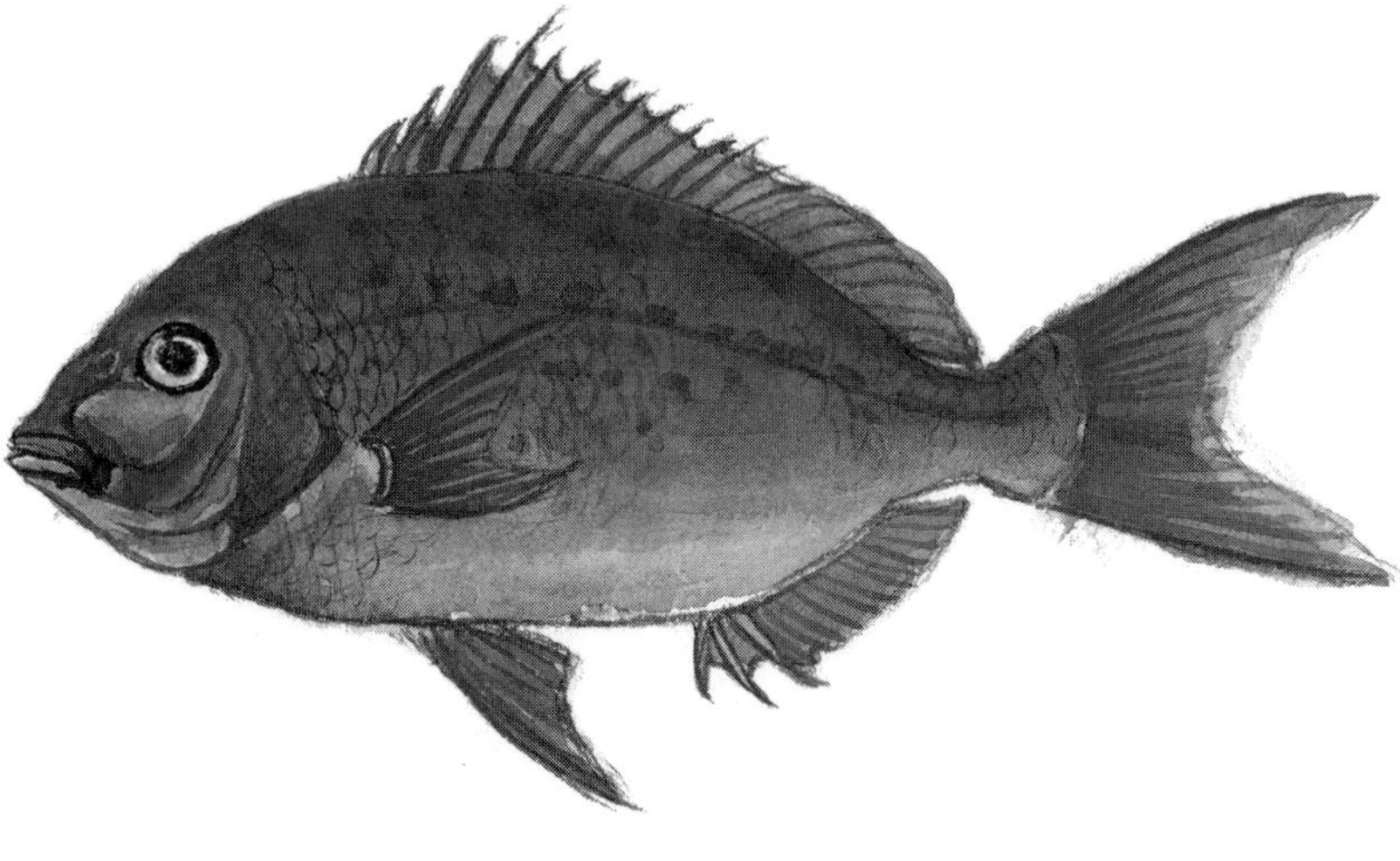

漁法は一本釣り、延縄、曳縄、定置網などで採捕される。チダイの延縄（図面参照）は、餌料にシバエビを使用する。装餌は尾節を切断して尻がけとする。尾節を取るのは、揚縄の際に枝が幹縄にまきつくのを防ぐためである。投縄は、潮にのって船尾で装餌しながら投縄を行うが、等深線に沿って投入する場合とジグザグはえにする場合がある。漁場は水深二〇～四〇メートル付近の岩、石など礁付近である。

チダイの旬は初夏で、とくにマダイは夏に味が落ちるのでマダイの代用品として流通される。新潟、富山などではマダイの代用品として流通される。特に夏は美味で、このときはマダイよりも美味といわれる。刺身、塩焼き、けんちん蒸し、から蒸し、吸物などにされる。

関東地方では、チダイのことをハナダイと呼ばれ、正月の尾頭付きとして珍重され、外房、銚子方面ではハナダイ釣り専門の船が出ていた。

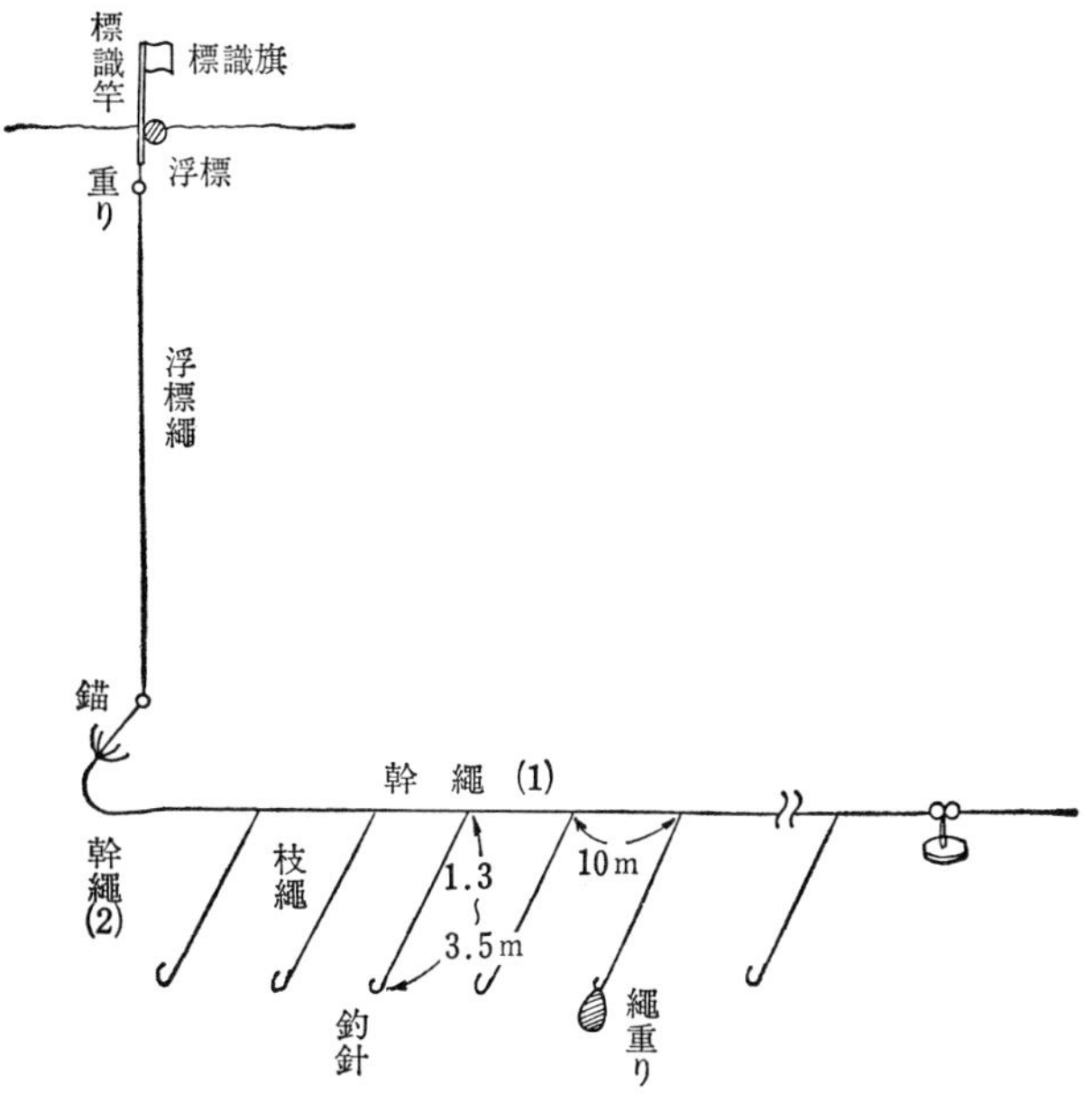

尾頭のめでたかりけう塩小鯛　　松尾芭蕉

鰊（ニシン）

名の由来は、身欠きニシンを作る際に身を二つに裂くことから「二身」の転語とする説や両親の揃っている者が、両親の長寿を祈って食べる魚「二親魚」の訛語とする説がある。また、アイヌ語の「ヌーシー」からの転訛したとする説もある。旬が春であるので、「春告魚」の異名もある。また、ニシンは頭が角張っているので、各地で「カド」あるいは「カドイワシ」と呼ばれている。その「カドの子」が、いつのまにか数の子になったという説がある。ニシンの子は数が多いので「数の多い子」から数の子になったという。

ニシンが獲れる三月から五月頃の曇ってどんよりとした天候のことを「鰊曇」という。北海道の日本海側へニシンの群れが押し寄せて来る頃は、南よりの風が吹き、空がどんよりと曇る。これがニシン船を出漁させる一つの目安ともなった。ニシンの漁法は、建網（定置網）や刺網である。建網の代表的なものは、大謀網に

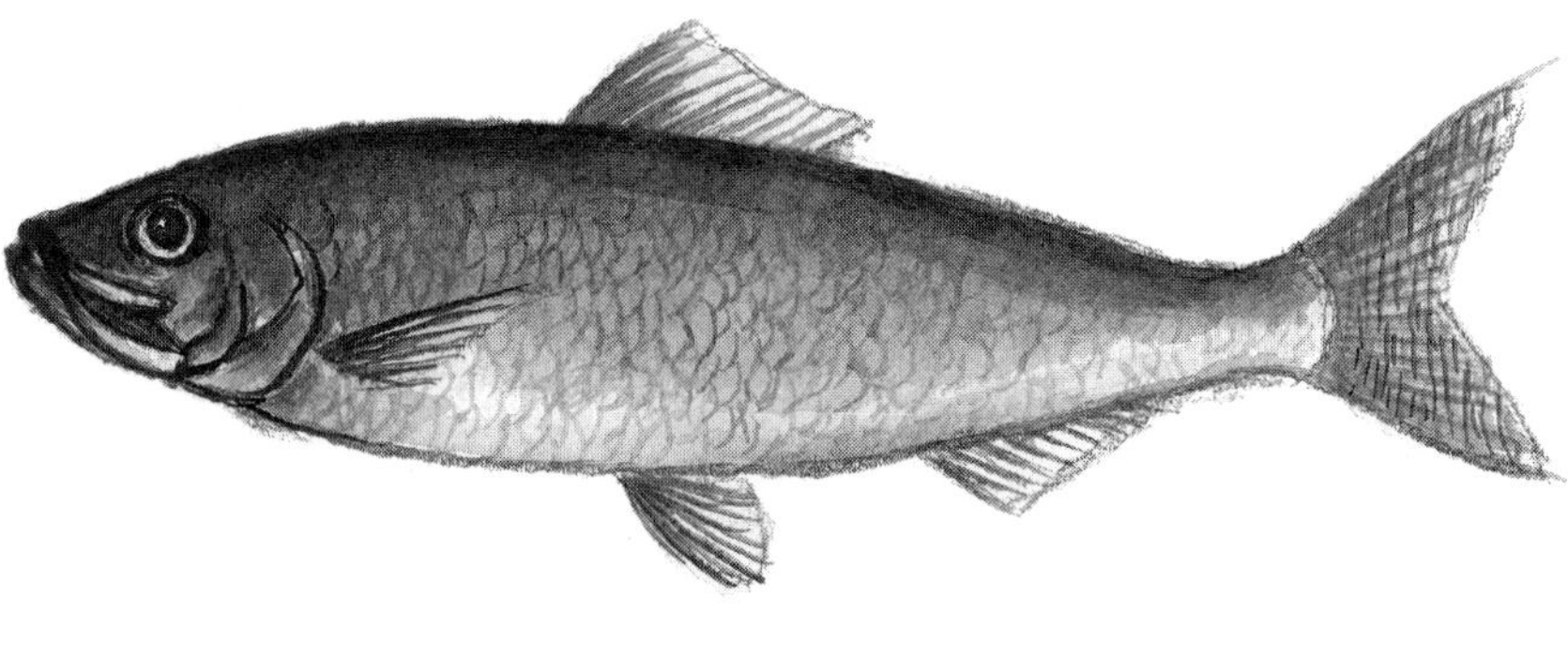

類似した鰊網である。刺網（図面参照）は、漁場を選定し、投網後三～四時間網待ちをして、直ちに揚網作業を始め、魚をはずした網は網たきして次の敷設に備える。一日中これを繰り返して夕方には留め置きして帰港する。翌日早朝に出港して、引き揚げ前記のように投網と揚網を反復する。

明治から昭和初期頃迄は毎年の漁獲量は四〇万から一〇〇万トンもの大量であったが、昭和三〇年以降急激に減少した。江戸時代に発達した北前船によって、北海道で獲れたニシンが各地に運ばれ、それぞれの土地で独特な鰊料理が生まれた。松前から運ばれたニシンは、たとえば津軽・秋田・山形では、「生かど・塩かど」、加賀では身欠ニシンによる「ニシン寿司」、京都では甘辛く煮た身欠ニシンの入った「ニシン蕎麦」、大阪では「こぶ巻き」などの多彩な料理がそれぞれ生まれた。生ものは塩焼、酢漬など、塩蔵ものは焼魚、三平汁、鰊すしなどにする。ニシンの加工品の代表は数の子と身欠鰊である。数の子は、「子孫繁栄の象徴」として正月には欠かせないものである。

妻も吾もみちのくびとや鯡食ふ　　山口青邨

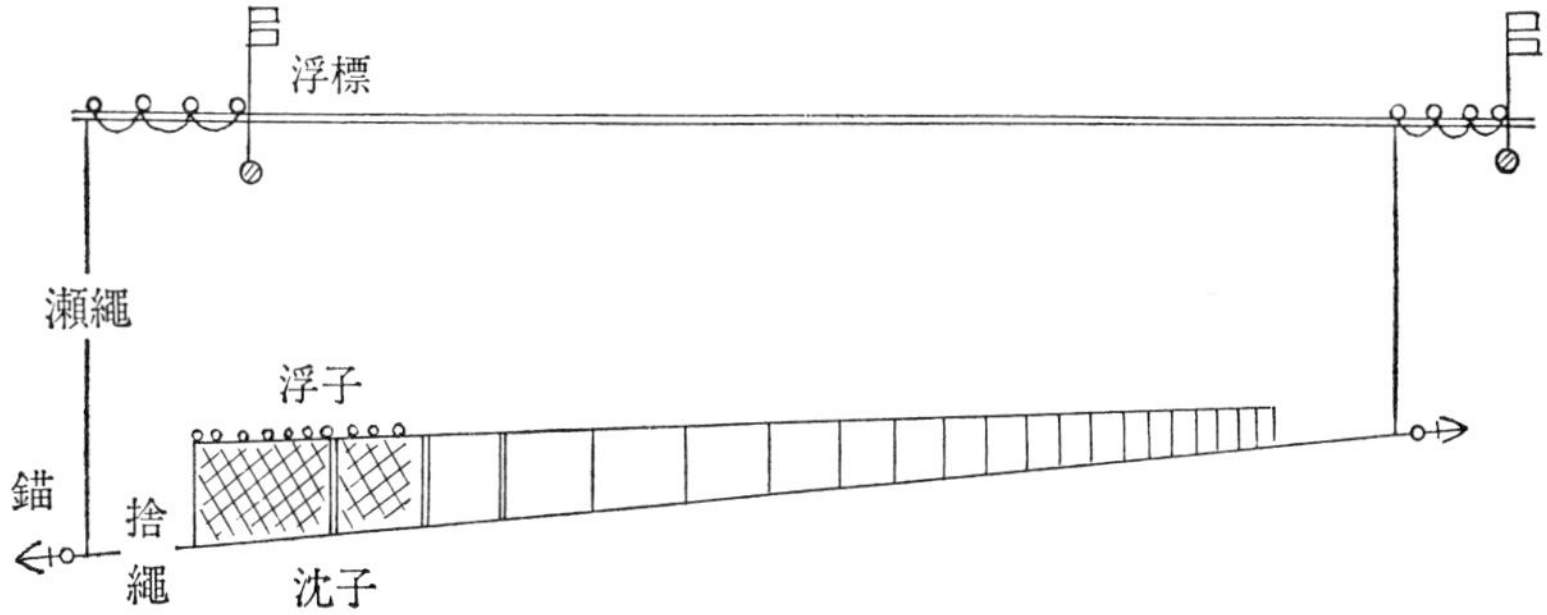

馬鹿貝（バカガイ）

名の由来は、軟体は朱色で足は斧形で、獲ると死にやすく、殻をあけて足をだらりとだす様子が馬鹿者が舌を出しているのに見立ててバカガイと名付けられた。『和漢三才図会』（寺島良安、正徳三年〈一七一三〉）には「利用価値のない人のことを馬鹿といい、この肉もそれと同じであることから、こう名付けられた」とある。成貝はハマグリに似てまるみのある三角形で、殻は灰白色である。幼貝は放射状の淡褐色の色帯があるが、成貝になると消える。

また、バカガイは潮の満ち引きや砂地の変化に敏感で一夜にして棲む場所を替えてしまうので「場替貝」が転訛したともいわれている。別名をアオヤギ、ミナトガイという。アオヤギはさらに、貝殻を取り除いた剥き身もアオヤギという。名の由来は、かつて上総国青柳村（現千葉県市原市）で量産されたため、これが江戸の鮨屋に鮨種として出荷された。江戸の鮨職人が、青柳でとれた最上の貝だと自慢したのがアオヤギになったという。

漁法は、かごの付いた「大巻」や噴射装置の付いた「ポンプ漕ぎ網」などが用いられる。「大巻き」は小船に三～四人乗組み漁場にいたると竹竿を海底に突きさし、それにロープを結び付けたまま、船を竹竿の位置から五〇～六〇メートル移動する。この位置に船が達すると船の先端部に、一人はかごを取り付けた漁具を海底に投げ込み、かき廻しながら他の二人は竹棒に結ばれてあるロープを引き出す。すると漁具は船の移動とともに海底を掻き、もとの竹竿の位置にもどる。そして貝の入った漁具を船上に獲り揚げる。「ポンプ漕ぎ網」（図面参照）は、漁具を船尾から投入し、海底に定着したら、船内に据え付けた動力ポンプで海水を吸水し、噴射口に送水し、水を噴射させながら曳航し、貝を採捕する。

料理は、主に刺身、鮨だね、吸物、酢の物、天ぷらにする。剥き身にした貝柱はハシラ、脚はシタといい、鮮度のよいものは、ハマグリやアサリよりも段違いに歯切れがよく、美味である。江戸前のすし、江戸前の天ぷらには欠せない食材である。

馬鹿貝の逃げも得せずに掘られけり　　村上鬼城

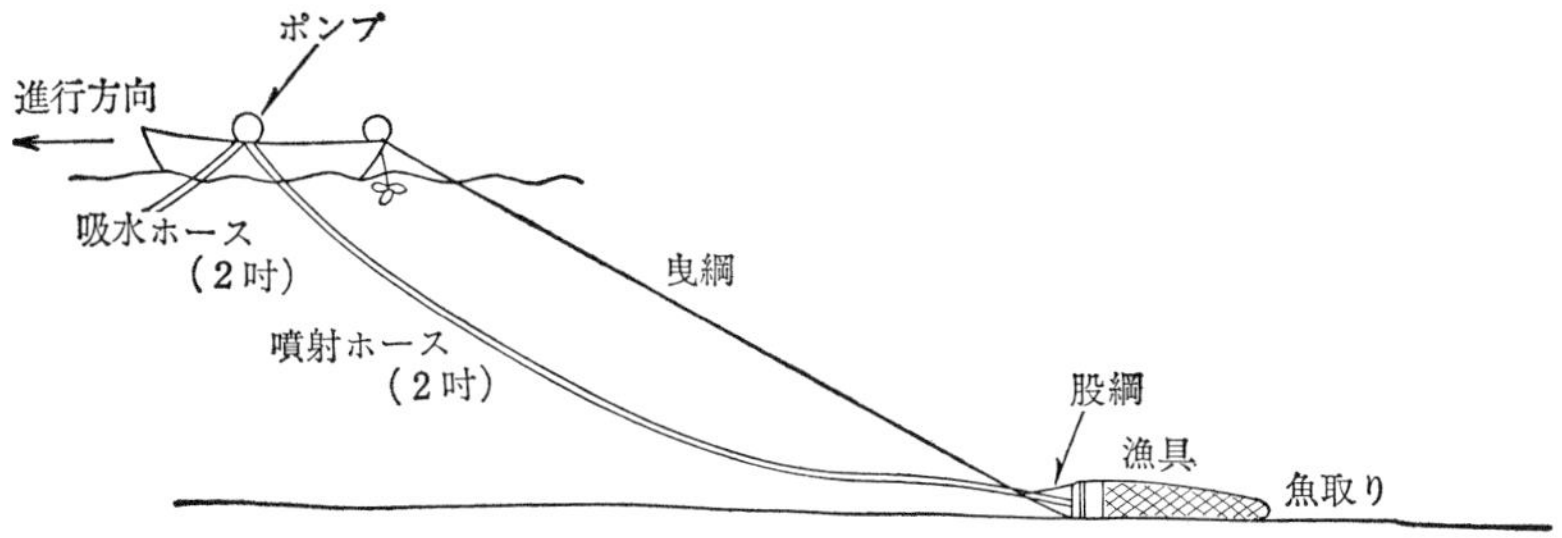

蛤（ハマグリ）

名の由来は、浜栗の意味で形が栗に似ているからとの説がある。また、小石のことをグリと呼び、浜の小石のような貝だからハマグリと呼んだという説もある。古来食用とされ、貝塚から多数のハマグリの殻が出土されている。これからも石器時代から食料としてすでに利用されていたことがわかる。

ハマグリは内湾の潮間帯下部から水深一〇メートル位までの砂泥底にすむ。移動するときはゼラチン状の紐を出して、その浮力によって浮き、それが波にゆられて移動する。この紐のことをハマグリが気を吐いたとして「蛤の蜃気楼」という。「蛤は一夜に三里走る」という諺があるぐらいで、下げ潮のときは移動が著しい。

漁法は貝桁網、大巻き、腰巻き、手掘りなど漁獲する。「ハマグリの貝桁網」（図面参照）は、前繰式の貝桁で前綱をウインチで巻いて締めながら、両サイドで桁の曳綱を巻き込んでハマグリを漁獲する。

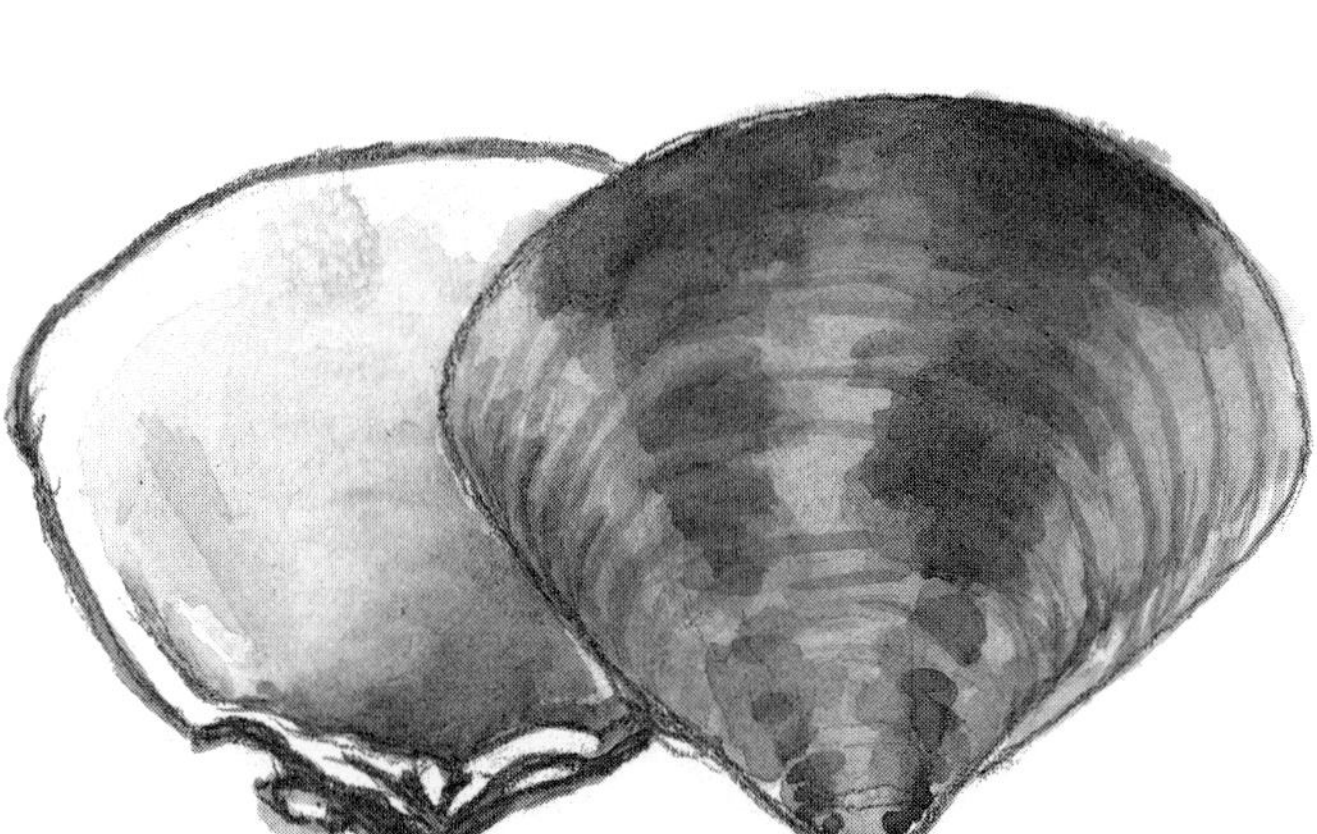

ハマグリは秋から翌春までが味がよく、とくに春が旬である。ハマグリにはタウリンや亜鉛が非常に多く含まれているので強精作用があるといわれている。ハマグリにはビタミンB_1を分解するアノリナーゼという酵素を含んでいるために生食には向かない。焼き蛤や潮汁など加熱すれば酵素が不活性化されるので安心である。ハマグリを料理するには、最初に桶などに入れて一昼夜活かして砂を吐かせる。ハマグリといえば、焼き蛤であるが、「その手は桑名の焼蛤」の言葉があるほど、三重県桑名の焼き蛤は有名である。焼く前に、靭帯のところに出ている小さな突起を包丁で削り取るのがコツで、殻が開いたときに汁がこぼれない。焼き加減は殻に天塩をして乾いた頃がよい。タレは酒二、味醂一の割合で混ぜる。

ハマグリの吸物（潮汁）は、塩と薄口醤油、酒で味付けした汁にハマグリを入れたもので、婚礼の席や節句、月見の膳には欠かせない。

蛤の芥を吐かす月夜かな　　小林一茶

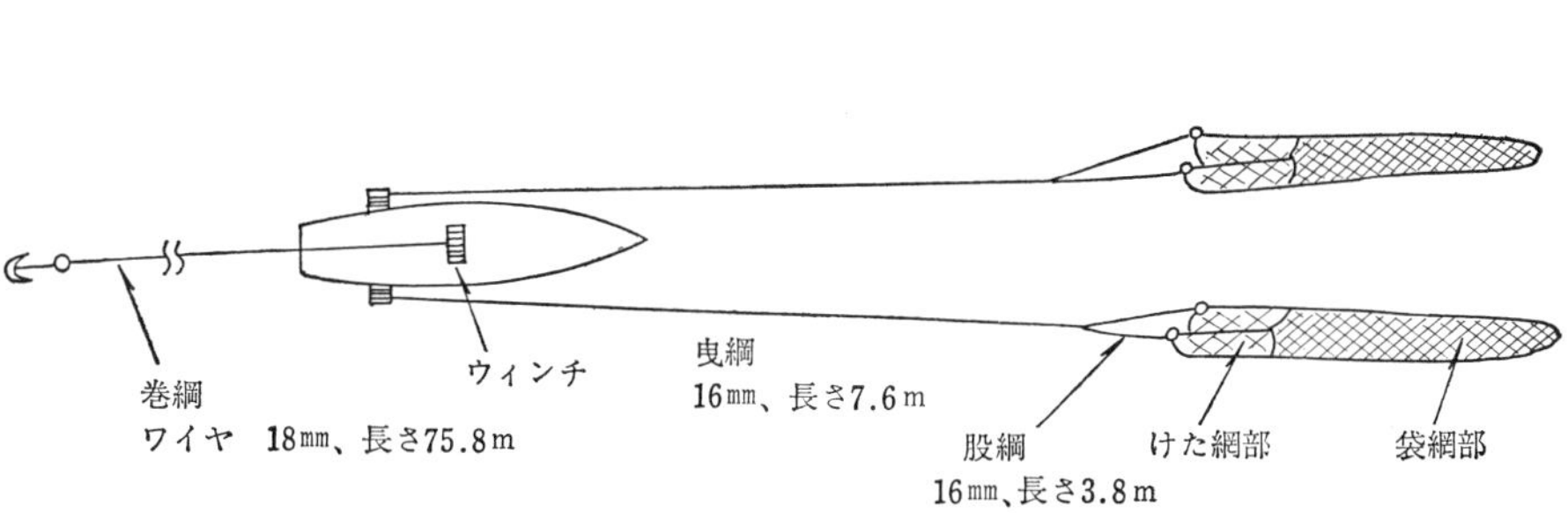

鮒（フナ）

名の由来は「骨なし」という意味だとする説がある。『日本釈明』（貝原篤信〈元禄一三年〈一七〇〇〉〉）には「煮て食するに、骨やわらかにしてなきがごとし」とある。ホネナシ→ホナシ→フナシ→フナとなったという。別名をギンブナ、キンブナ、ゲンゴロウブナ、ナガブナ、ニゴロブナという。地方名称をアブラナ（岡山市）、エビスブナ（長良川）、カタサイ（大阪）、キンタロウ（関東）、クロブナ（諏訪湖）、コッパ（松本）、コブナ（霞ヶ浦）などという。

三月から五月の頃の卵を抱いた鮒を、「子持鮒」または「春鮒」という。この頃のフナは食いつきがよく最も釣れる季節で「春鮒釣り」という。冬期は湖沼や大河川のやや深みの枯れた水草の蔭などに潜んで越冬する。この季節のフナを寒鮒という。釣果は少ないが、脂肪がのって美味なので漁業者も好んで出漁する。また、釣り人にとっても寒鮒釣りは魅力ある釣りである。このために「釣りは鮒に始まり鮒に終わる」といわれている。

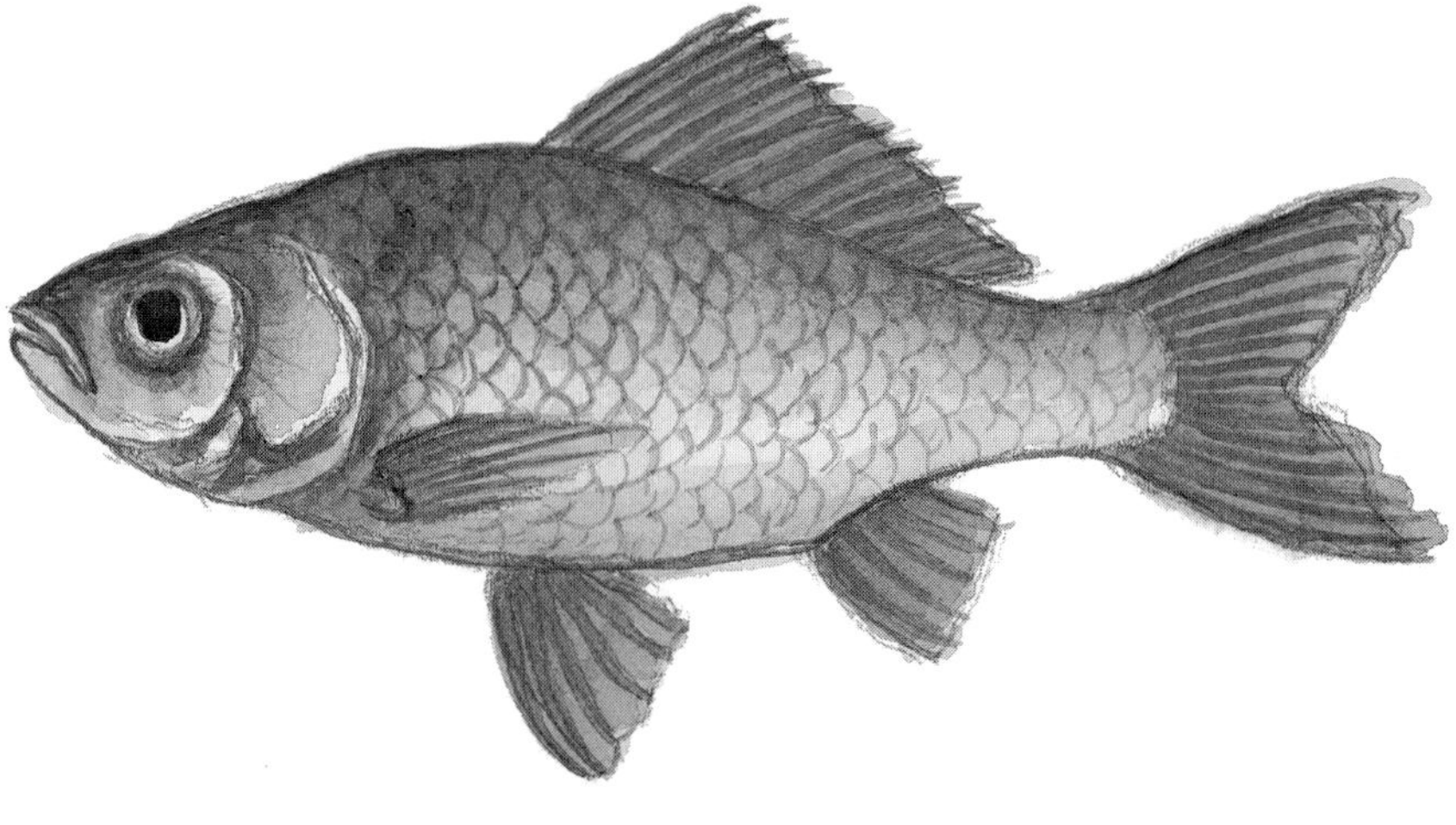

古川柳に「釣竿の身ぶるひをして鮒かかり」というのがある。釣りのほか、エリ（網地の代わりに木竹等を用いた定置漁具）、網、筌などで採捕する。筌には材料によって竹筌と網筌がある。竹筌（図面参照）は割竹を円錐形に編んで籠様にし、スダレの返しをつける。砂とコヌカを混ぜ合わせた香餌を入れて漁場に投入し一夜して翌朝引き上げる。

料理には鮒ずし、甘露煮、佃煮、煮凝りなどある。鮒ずしは、琵琶湖名産で、春季のニゴロブナの未熟卵をもった大型の雌魚を原料としてつくられる。まず、ニゴロブナの鱗を取り、鰓から内臓を取り出す。このとき、脂分を流出させないように水洗いもせずに、多めの塩を用いて、三か月塩漬けにする。その後水洗いをして塩抜きをし、腹に飯を詰め、樽に並べてしっかりと重しを置き、一年間かけて発酵させる。凝鮒は、フナの煮物から作られたもので賞味される。小鳥焼き（島根）は背開きにした小ブナを焼き田楽にしたものである。

鮒ずしや彦根の城に雲かかる　　与謝蕪村

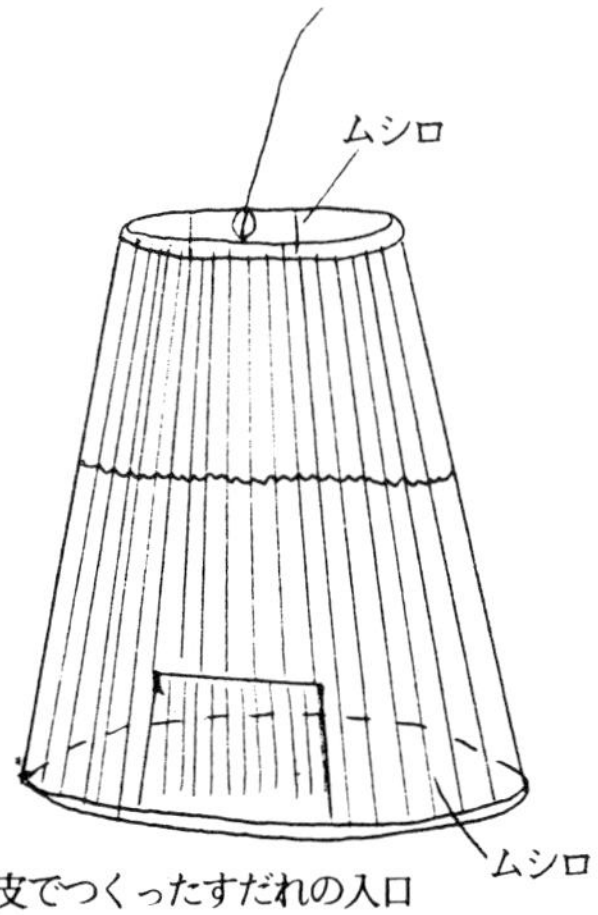

竹の皮でつくったすだれの入口

真鯛（マダイ）

タイの名の由来は、その体形から「平たい」の意である。また、「めでたい魚」いうことからであるともいわれている。マダイの「マ」は「タイの代表」の意である。タイは江戸時代には「人は武士、柱は檜、魚は鯛」といわれ、魚の代表的存在とされていた。マダイの成長名ではマコ→オオマコ→チュウダイ（中鯛）→オオダイ（大鯛）→トクオオダイ（特大鯛）などがある。タイ科の魚は一一種あり、いずれも沿岸性で重要種であるが、特にキダイ、チダイはマダイに似ており、マダイの代用品とされる。

マダイは成長して桜の咲く気節に産卵のために内海や沿岸の浅瀬に移動し、婚姻色の濃い桜色になるために、「桜鯛」と呼ばれる。桜の咲く頃のマダイは最も旬の時期で、味のよい極上品といわれている。海で産卵を終えた六～七月の麦が熟する頃になると、脂肪が落ちて味がまずくなる。これらのタイを「麦藁鯛」といい、「麦藁鯛は馬も食わぬ」の言葉もあるほど嫌われている。また、「草

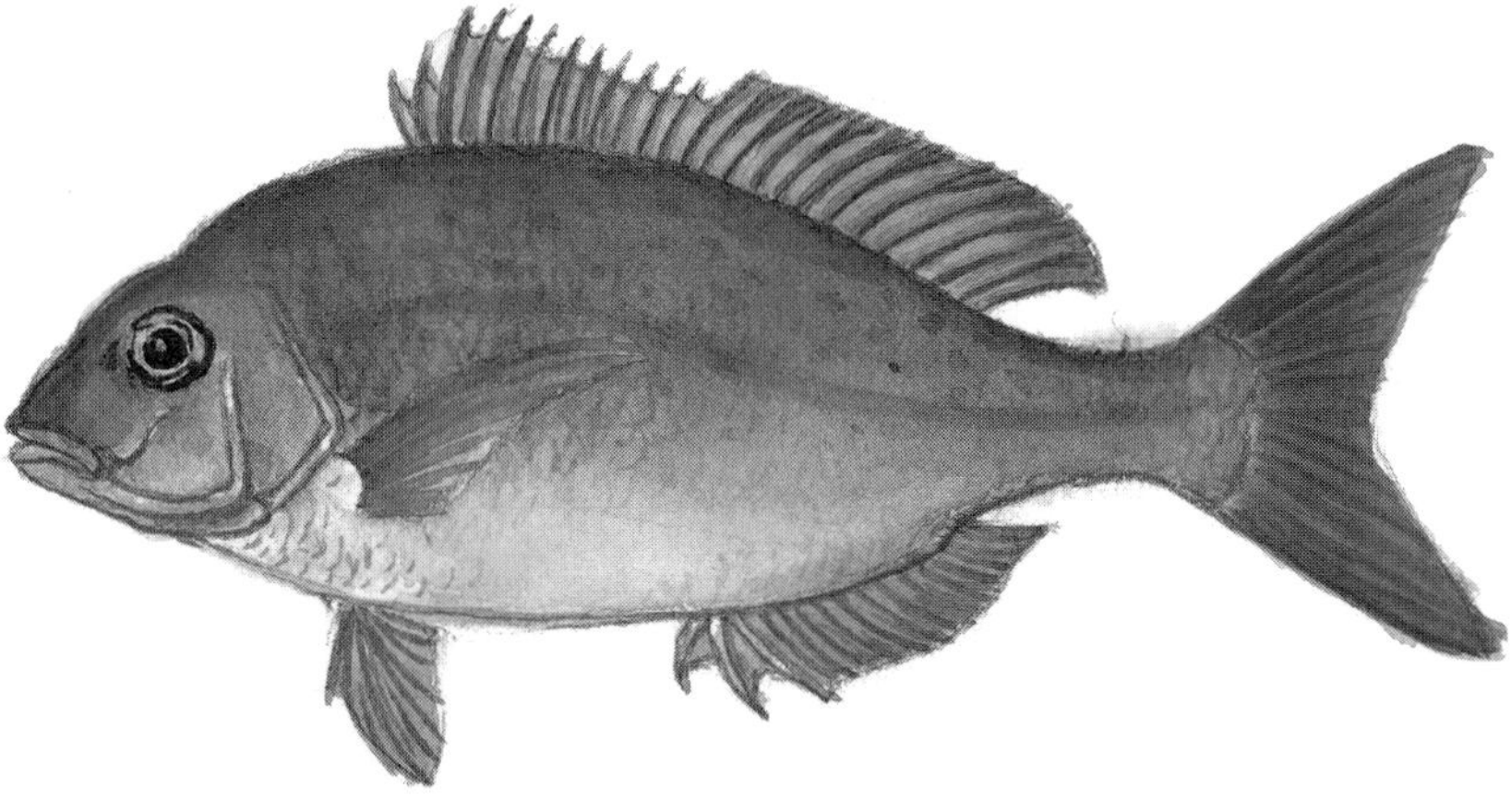

の戸に麦藁鯛の奢りかな　　吉田冬葉」というのもある。

マダイは重要魚であるため一本釣り、延縄、刺網、定置網、底曳網、吾智網、敷網、追込網など地域によって様々な漁法によって漁獲される。変わった伝統漁法で「鳥付こぎ釣漁業」というのがある。瀬戸内海で春期イカナゴが潮流により集まる場所に、タイがそれを食いに集まるので、イカナゴが逃げて海面に浮上し、浮上したイカナゴを海鳥が食いに集まる。鳥付こぎ釣漁業とは、この鳥の集まりをみて逃げないように船のエンジンを止めて、艪でこぎ入れて一本釣り（図面参照）でタイを釣る漁業をいう。古くは廣島湾から安芸灘に及んでかなり広範囲に行われていた。現在では広島県豊島近海の漁場のみで、天然記念物に指定されている。

マダイの料理で多いのは刺身であるが、料理の範囲は広く殆ど捨てるところがなく利用されている。頭をとってみても、ちり鍋、かぶと煮、潮汁などさまざまに利用される。また、地方によって郷土色豊かなものが多い。

俎板に鱗ちりしく桜鯛　　正岡子規

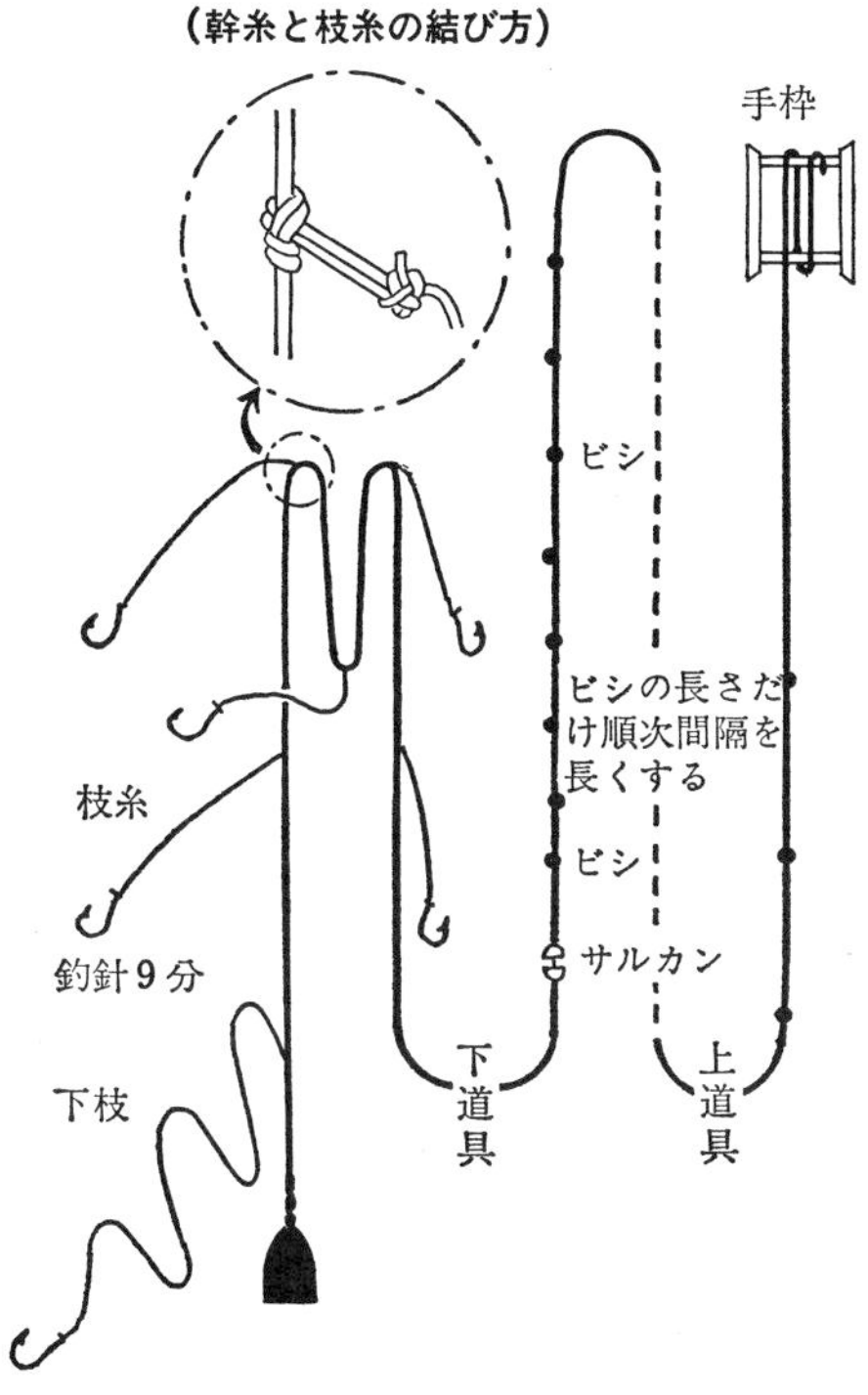

馬刀貝（マテガイ）

名の由来は、殻の両端から足と水管を出している様子が左右の手（古語で「真手」という）のように見えるからといわれている。別名をアチ、カミソリガイという。地方名称は、イテ、マテノカイなどという。

殻は左右の両殻を合わせると長円筒形で、長さ約一二センチである。殻は薄く、表面は黄色の光沢のある殻皮に覆われ、内面は灰白色である。殻の前面は斜めに、後端は直角に切れている。両殻を合わせても前後にすき間があり、前端からは黄橙色の大きな足を、後端からは短い水管を出している。後端より出る軟体の足は黄橙色で大きい。これを小刻みに動かして巧みに砂を掘り、穴をつくる。内湾や潮間帯の砂底に深い穴を掘って棲む。

マテガイの穴に食塩を入れると、その刺激で反射的に穴の口へ跳ね上がって殻を突き出すので、その習性を利用してつかみ取る。また、矢形の金棒を穴に差し込んで取ることもある。マテガイは

非常に敏感な貝で、すこしでも危険を探知すると、素速く深い所に潜ってしまう。その素早さには昔の人も驚き、和歌や俳句にも詠んだという。「マテ突き漁業」（図面参照）のマテ突きの漁具は、特殊な漁具にて船上で上下にできる装置を設置し、その装置により一本のワイヤを水面下に下げ、その先端は一二〇本の矢状になった金具で、海底に棲んでいるマテガイを上下させて突き刺すようになっている。小型漁船上に、上下装置のできるヤグラ状のものを組み立て、船外につき出した一端よりワイヤーロープを一本下げ、その先に鋼鉄製のホコ状のものを付け、海底のマテガイを上下装置により上下しながら刺して、一定の時間に引き揚げる。漁期は、一一月から翌年四月までである。

マテガイの肉は、やわらくて美味である。むき身は身がしまって、つやのあるものがよい。そのまま生で食べたり、湯でてあく抜きしてから酢味噌和えにする。その他塩焼き、煮付け、炊き込みご飯などにもする。乾製品として加工される。

大馬力の長き身をひく速さかな　　佐々木魚風

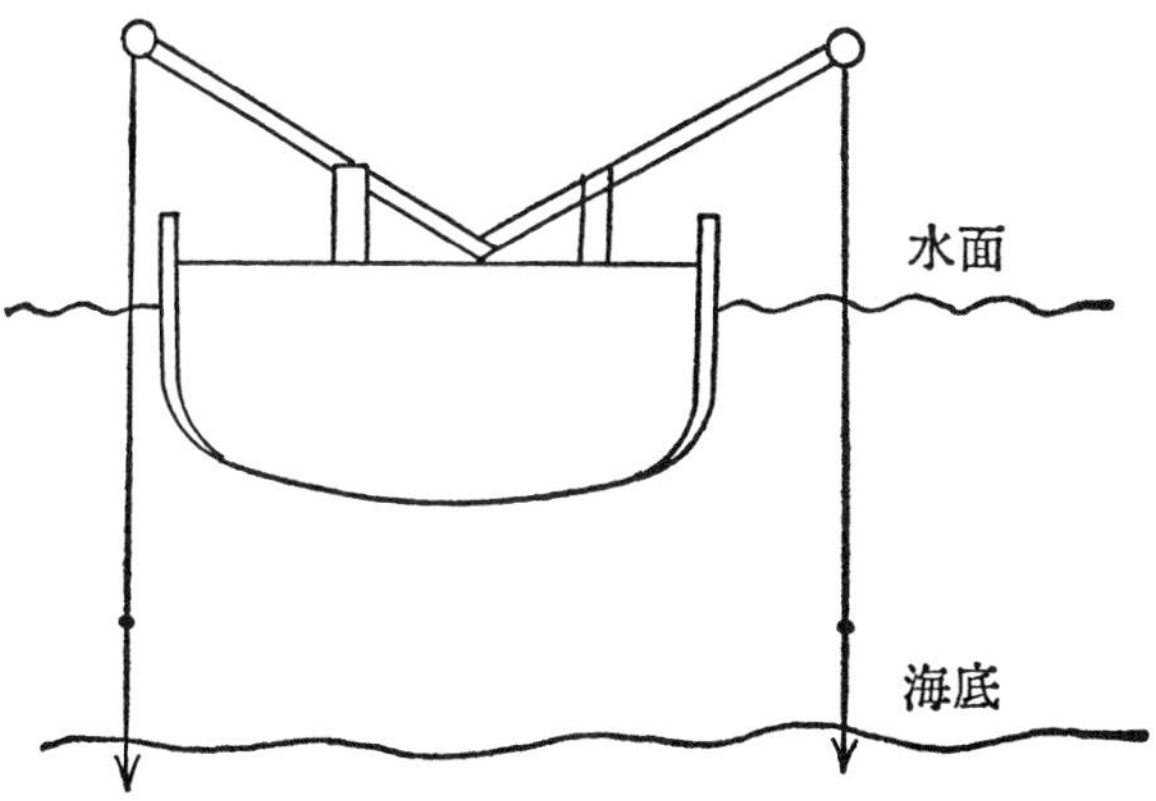

睦五郎（ムツゴロウ）

名の由来は、「脂っこいハゼ」の意味だといわれている。「ムツ」は、脂っこいという方言の「ムッツコイ」「ムツコイ」から転訛して、「ムツゴロウ」になったという。漢字では当て字で「睦五郎」と書く。英語では[bluespotted mud hopper]（青い点のある、泥沼をはねる魚）という。

日本では九州の有明海、八代海だけに生息している。地方によってカッチャムツ（有明海）、カナムツ（佐賀）、ホンムツ（福岡、佐賀）、ムツ（有明海）、ムツゴロ（佐賀）などと呼ばれている。

体色は緑色を帯びた灰色で淡色の斑点が散在する。第一背鰭が長く、胸鰭はその基部が肉質に富み、干潟上を這い回るのに適している。水から出ているときは、口に水を含み、鰓、口腔内の粘膜、皮膚を通して呼吸をする。各個体ごとに干潟に穴を掘ってすむ。植物食性でその穴の周囲のほぼ一平方メートルの干潟泥上の付着珪藻をけずりとって食べる。口は大きく、上顎にはとがった歯が生えているが、下顎の歯はシャベル状で前方を向いている。口を地面に押し付け、頭を左右に振りながら下顎の歯で泥の表面に

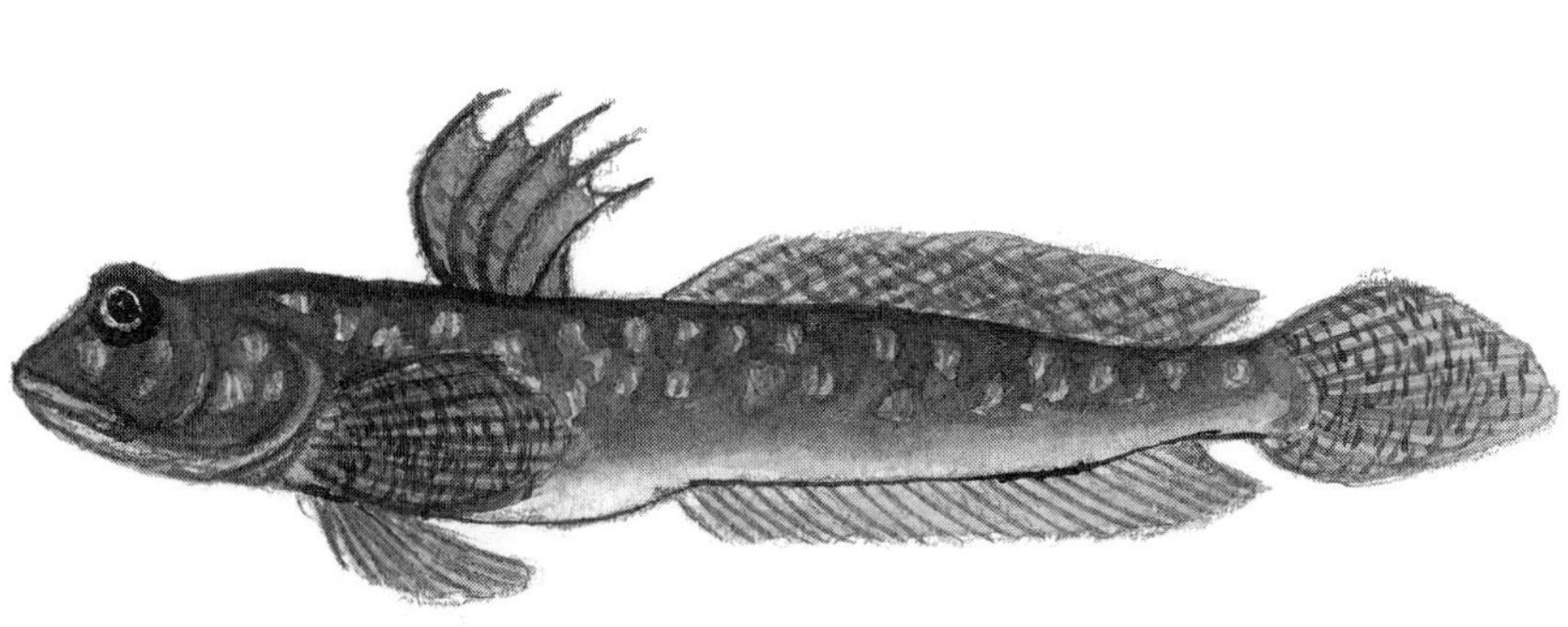

繁殖した藻類を泥と一緒に薄く削り取って食べる。

ムツゴロウの産卵期は五～八月である。雄が干潟に直径約四五センチで一メートル以上の長い産卵するための穴を掘る。その後に雄の求愛ジャンプに誘われた雌と穴の中に卵を産みつける。産卵が終わると雌はすぐに立ち去ってしまうが、雄は澄んだ水を絶えず送って約二週間の間は孵化を待つ。このように、ムツゴロウの子育てはすべて雄の役目である。

ムツゴロウを対象とする漁法は、有明海の干潮時を利用した伝統漁法の「睦掛（ムッカケ）」や「タケッポ」などいうのがある。

睦掛（図面参照）は、潟橇（カタソリ）という板に片膝を載せて干潟の上を他の片方の脚で泥を蹴りながら進み特殊な針に引っ掛けて釣る漁法である。タケッポは、巣穴に竹筒などで作った罠を仕掛けて採捕する漁法である。

ムツゴロウは身に脂肪が多くてやわらかい。代表的な料理は丸ごと串刺しにした蒲焼きであるが、山椒焼き甘露煮にもされ、刺身などでも賞味される。また、乾物や缶詰としても加工される。

むつ五郎おどけ目玉をくるりんと　　上村占魚

目張（メバル）

名前の由来は、文字通り眼が大きく出張っているので「目張《メバル》」または「眼張」という。地方名称は、ハチメ（北陸）、メバチ（越前、松島）メバリ（松江）、テンコ（新潟）、ハツメ（富山）、などと呼ばれる。また、愛媛では小型のメバルをコビキという。

メバルは眼の下縁直前から上顎にかけて二本の棘がかぶさるようにあるのが特徴である。体側に不明瞭な五～六本の黒色帯がある。　体色は水深によって変化し、浅いところでは黒褐色であるが、深くなるにつれて赤身を増す。それぞれアカメバル、クロメバル、キンメバルなどと呼ばれる。

漁法は、手釣り、延縄、刺網、定置網で獲る。メバルの刺網（図面参照）は底刺網である。網は漁船の船尾にすぐ投網できるように格納し、早朝に漁場に到着するよう出港する。漁場に到れば前日投網した網を揚網し、漁獲物はそのままの状態にしておいて、替わり網を投網する。メバルは、遊漁としても磯魚の代表格と

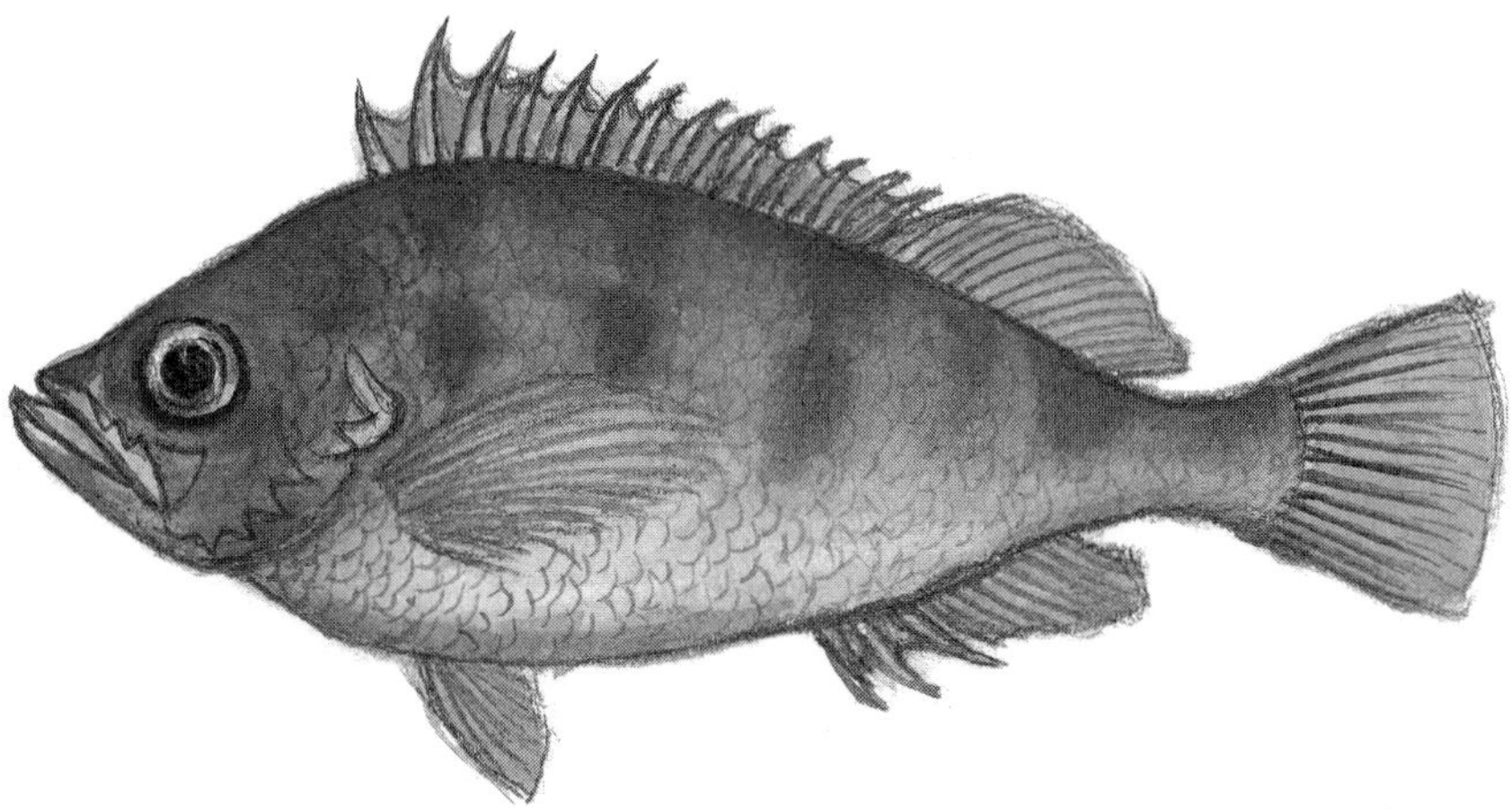

して釣り人に根強い人気がある。メバルは花の便りに先がけて釣れ始まる。メバルが釣れだすと本格的な海の釣の季節になる。一年を通して釣れるが、北日本では春から秋の釣り中部以南では冬の釣りが盛んである。船釣りが中心で、エビを使った生き餌釣り、胴突き釣り、片天秤仕掛けのびし釣りなど釣法は多彩である。波が静かで風のない日がよく、曇りの日や時化の後などで濁りが海水に入ったときが最適とされる。

　メバルは、晩春から夏にかけてが旬で高級魚とされる。白身で淡泊な味はカサゴやアイナメに似ている。身は硬く煮つけにしたり塩焼にして食べる。その他ちり鍋、天ぷらなどにする。大型のものは刺身にして美味である。安芸の名産で、鳴子といい、メバルの子を塩辛にしたものがある。食べると口のなかで鳴り、このように呼ばれている。『大和本草』(貝原益軒、宝永六年〈一七〇九〉)には「目ばるの子を鳴子と云、醢にす藝州蒲刈の名産なり、食すは口中にてなる故名付く」とある。

赤目張煮つけても色失わず　　上村占魚

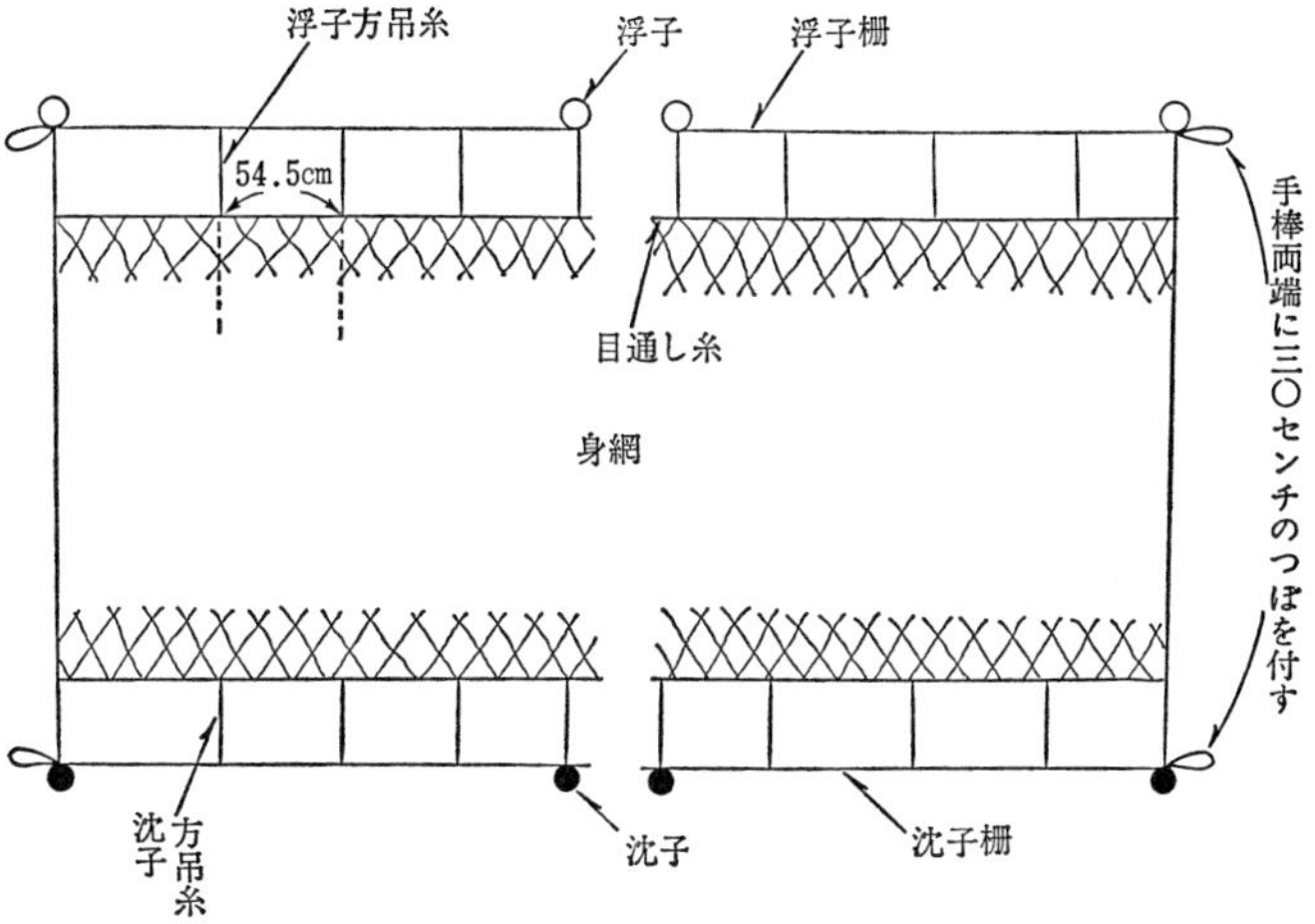

公魚（ワカサギ）

名の由来は、ワカは「わく」から転じ、サギは多いの意で、「群れている多くの魚」ということである。また、霞ヶ浦のワカサギが公方様（将軍）に献上されて以来、漢字に公魚の字を当てられた。地方名称では、オオワカ（小名浜）、サイカチ（群馬）、シラサギ（鳥取）、チカ（東北）、マハヤ（千葉）などという。

太平洋側では関東以北、日本海側では島根県以北、北海道以南の水域に分布する。淡水性、汽水性、降海性のものがある。産卵は一月から六月で、北に行くほど遅くなる。産卵後一年で一〇センチ、三年で一三センチに達する。背は黄褐色、腹は銀白色で、背びれの後方に脂びれがある。

漁法は、刺網、張網、帆曳網、地曳網などで漁獲する。地曳網（図面参照）は、主として河川で行われる。河川の曳網作業は上流から網を掛け回す。曳網漁場の選択は、川底に障害物のないできるだけ平坦な場所が作業上望ましい。潮差の少ないときに好漁が望

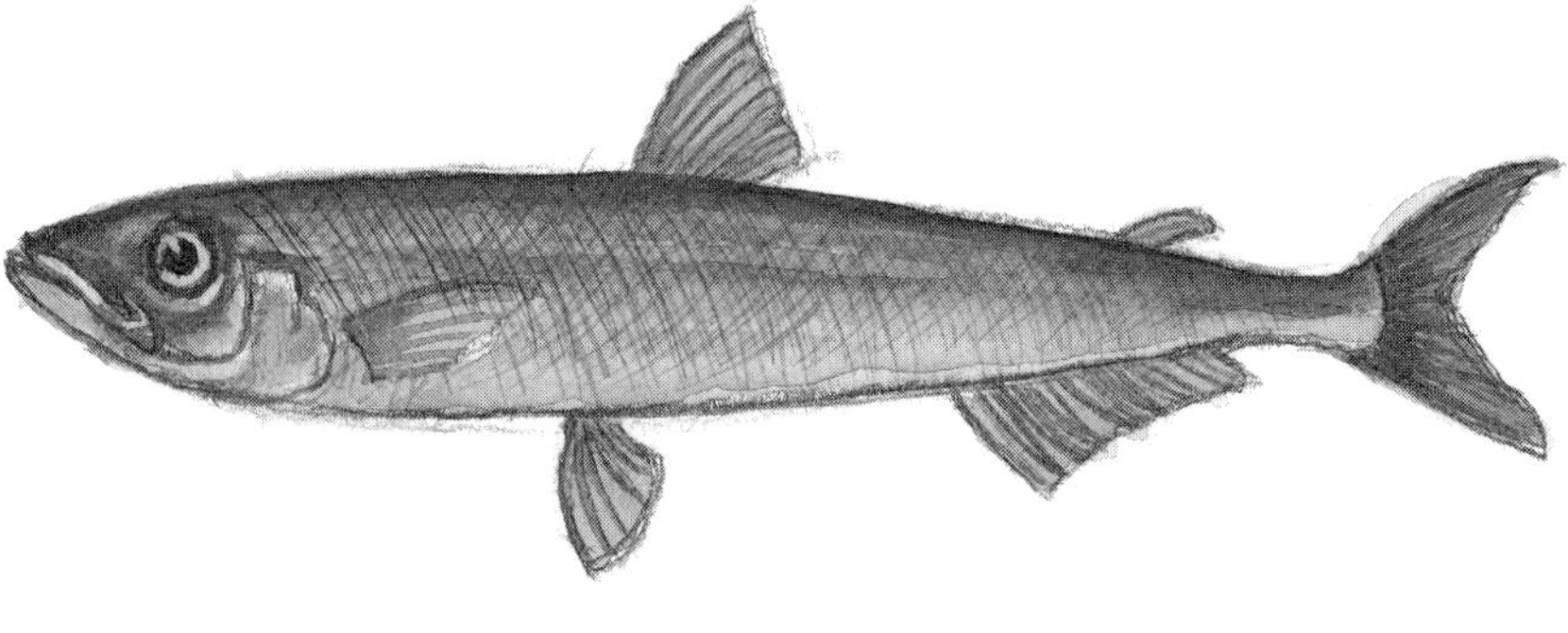

まれる。また、釣りは秋から初春にかけてがベストシーズンである。結氷する前はボート釣りで、ワカサギボート用の竿のほかハゼ用の竿でも代用できる。結氷すれば穴釣りを行う。餌は紅サシかアカムシを用いる。諏訪湖や山中湖などの冬期に湖面の氷に穴を開けて釣る「ワカサギの穴釣り」は有名である。長野県の野尻湖や諏訪湖などでは、ストーブを備えた「ドーム船」という船で船内からの釣りも行われている。

新鮮なものは肌に透明感があり、銀色に光っている。腹部が弱い魚なので古くなると腹が裂けやすくなる。鱗ははがれやすく、鮮度の目安にはならない。ワカサギは味が淡泊で、素焼（筏焼）、天ぷら、佃煮などとして美味である。諏訪では「利休煮」と称する佃煮がある。生きたワカサギを塩水に一時間ほど漬けたものを、水気を切って蜂蜜と醤油、砂糖味醂で煮る。タレがなくなるまでこってりと煮るのがコツである。白胡麻を振りかけて食べるが、酒の肴にも好まれる。

時々はわかさぎ舟の舸子遙ふ　　高浜虚子

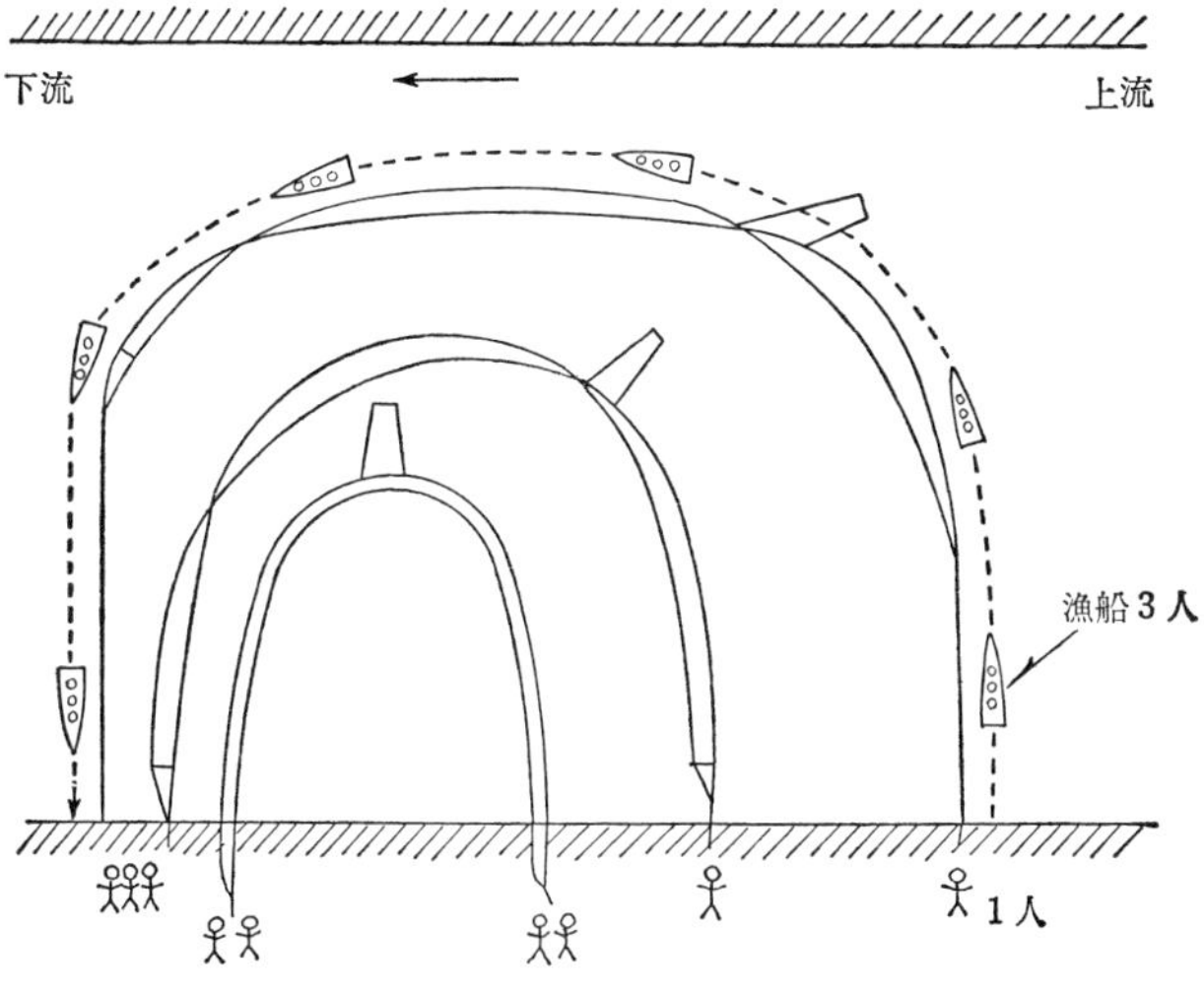

夏の魚

Summer

赤鱏（アカエイ）

エイの名の由来は、アイヌ語から出た古語で「刺されて痛むこと」を表す「アイ」が転訛したという説やエイの尾が長いため「燕尾（エンオ）」と呼んだものがエイに転訛したとする説などがある。アカエイの「アカ」は赤みを帯びたエイの意である。地方名称では、アカエ（関西、九州）、アカヨ（福島）、エウ（宮城）、エエガ（有明海）、カマンタ（沖縄）、ベタベタ（広島）、エブタ（和歌山）などという。

アカエイはムチ状の長い尾をもち、尾部背面には一～三本の毒棘があり、刺されると危険である。過去に船上において漁師が刺されたために死亡した例もある。主に本州の中部以南に分布し、まれに北海道でも獲れる。体長は約一メートルで、体盤は菱形で扁平、背面は褐色で、腹面の周辺部は橙黄色である。笞状の長い尾をもち、尾鰭はない。胴と一緒になった翼のような胸鰭をヒラヒラとさせて泳ぐ様は渋うちわのようでもある。冬の間は深みにいるが、春になると近海に移動

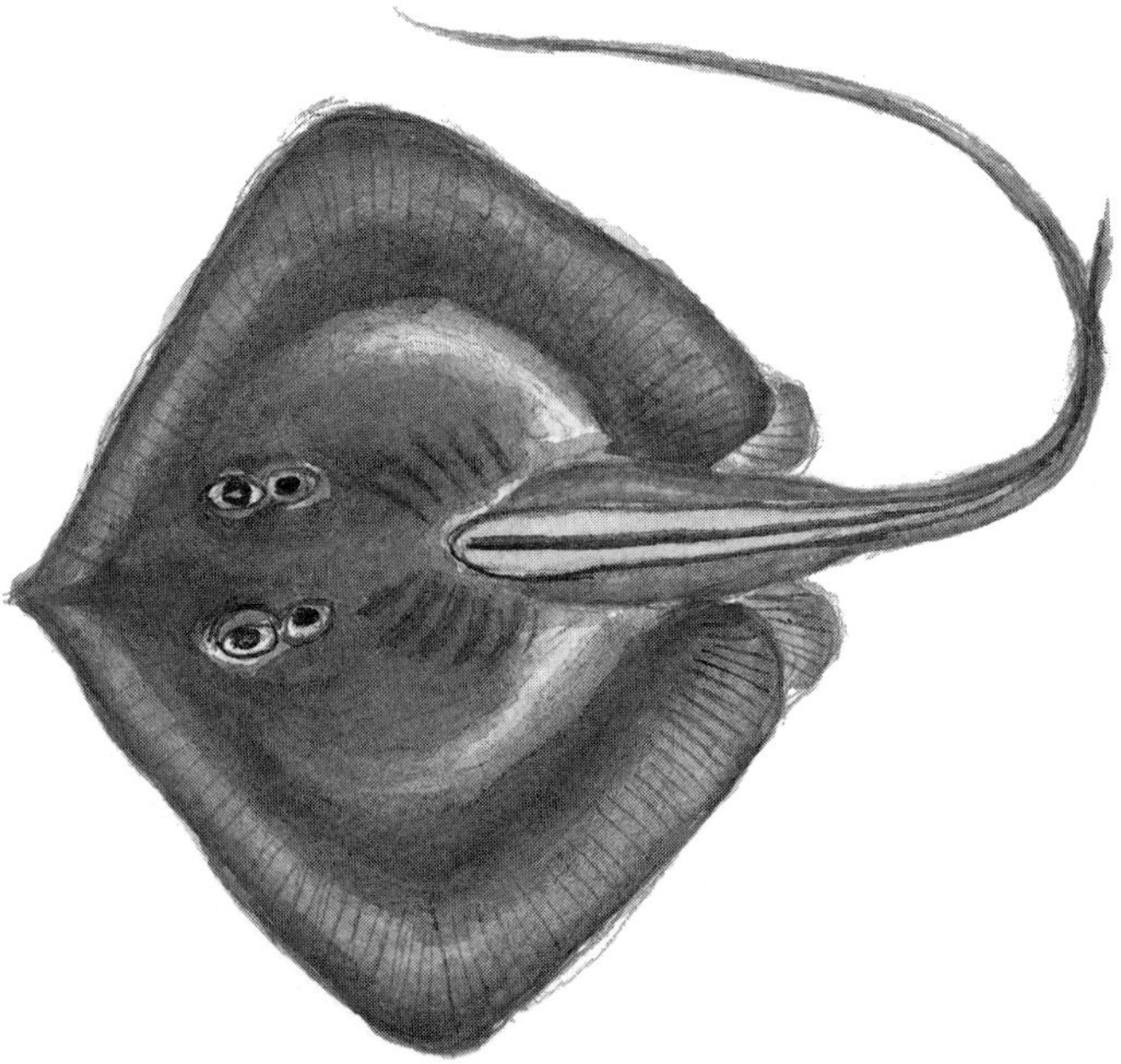

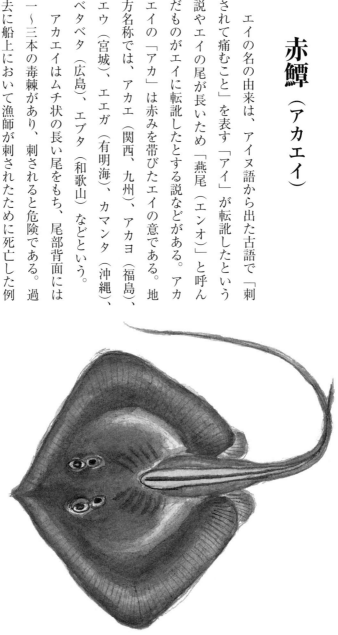

し、内湾の砂地に集まってくる。海底に体をつけていると、カレイ・ヒラメと同様に保護色で、居場所が判りにくい。卵胎生（卵を体内でふ化して仔魚を生む魚）で、産仔期は五～八月で、浅場の砂底に一〇尾近くの仔魚を生む。主に貝類や甲殻類を食べる。雄の尾の付け根には、腹鰭の一部が変形した左右二本の陰茎に相当する鰭脚《ききゃく》があり、雌と腹合わせになって挿入し交尾する。

漁法は、底曳網、刺網、空釣縄などで採捕する。このうち「空釣縄」（図面参照）は、夏に沿岸に接近し遊泳するアカエイを対象とし、幹縄に浮子を付けた針間の近い延縄状の引っ掛け具を無餌のまま縄のれん状にはえて静置しておき、これに遭遇した水族が枝縄を押し分けて前へ進もうとするとき、枝縄の先端に結び付けた針に引っ掛ったものを採捕する漁業である。

料理は、ぬた、煮つけ、焼物、味噌汁がある。泥棒焼き（三重）は、骨付きのままのぶつ切りを串焼きにして味噌をつけ食べる。

赤鱏は毛物の如き目もて見る　山口誓子

鮎（アユ）

名の由来は、『日本釈明』（貝原篤信、元禄一三年〈一七〇〇〉によると「古語のアユル（落ちる＝産卵のために川を降る）に由来する」とある。このほか「愛《アイ》らしき魚《ユ》」、「味佳き魚」などの転訛説もある。アユは一年限りの魚だから年魚といい、また夏の盛りに新鮮な珪藻を食べる天然アユは佳い香があるので香魚ともいう。漢字では鮎と書く。『日本書紀』には、神功皇后が鮎を釣って戦の勝敗を占ったことに由来するとある。地方名称では、アイノヨ（秋田）、アイノイオ（岐阜）、カツラソウ（琵琶湖）、アア（岡山）などがある。

友釣り（図面参照）はアユの縄張りの行動を利用したもので、外国にはないわが国独特な漁法である。初夏を告げるすがすがしい風物誌である。友釣りは、おとりのアユを鼻輪などで糸につなぎ、そのうしろに流し針をつけて泳がせていると、付近に居ついている野アユがこれを撃退しようとして寄ってきて、引っかかる

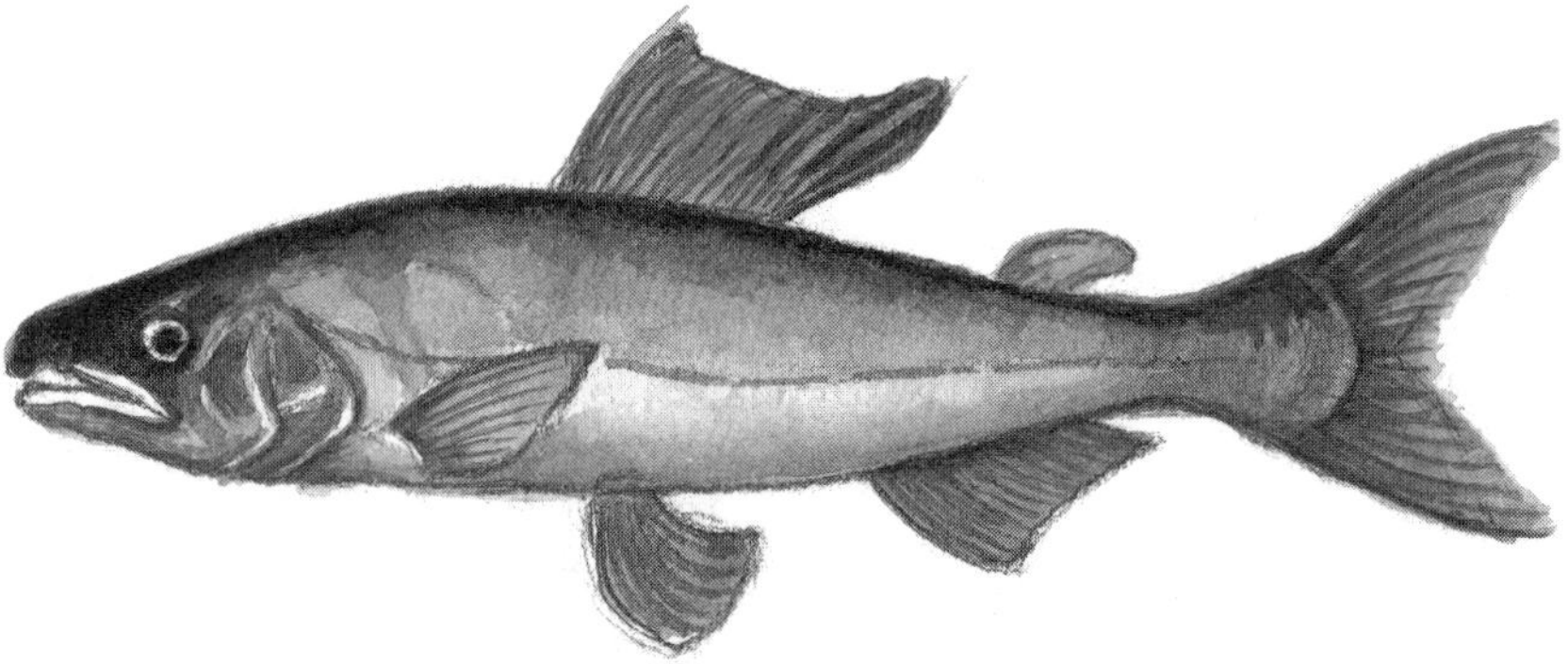

仕組になっている。また、鵜飼は古くから行われており、飛鳥時代の『古事記』にも鵜飼に関する歌が載っており、奈良時代の初期の『日本書記』の神武天皇の条に鵜飼部のことが記述されている。鵜飼漁で獲れる魚は傷がつかず、鵜の食道で一瞬にして気絶させるために鮮度が非常によいといわれ、鵜飼の鮎は献上品として殊のほか珍重され、安土桃山時代以降は幕府および各地の大名によって鵜飼は保護されていたといわれている。現在でも古式ゆかしい風折烏帽子、腰蓑などを付けた鵜匠が小舟の上で篝火を焚いて鵜を操ってアユ漁をしている光景は、これもまた美しい真夏の風物詩といえる。岐阜市（長良川）、犬山市（木曽川）、宇治市（宇治川）などの鵜飼は有名である。

　アユは香と姿で食べる魚といわれ、塩焼が最高である。古くから初夏の魚として珍重され、塩焼にするほかは、姿ずし、押鮎、酒蒸、魚田、刺身、なます、粕漬け、うるか（塩辛）などにもされる。

時鳥一尺の鮎串にあり　　正岡子規

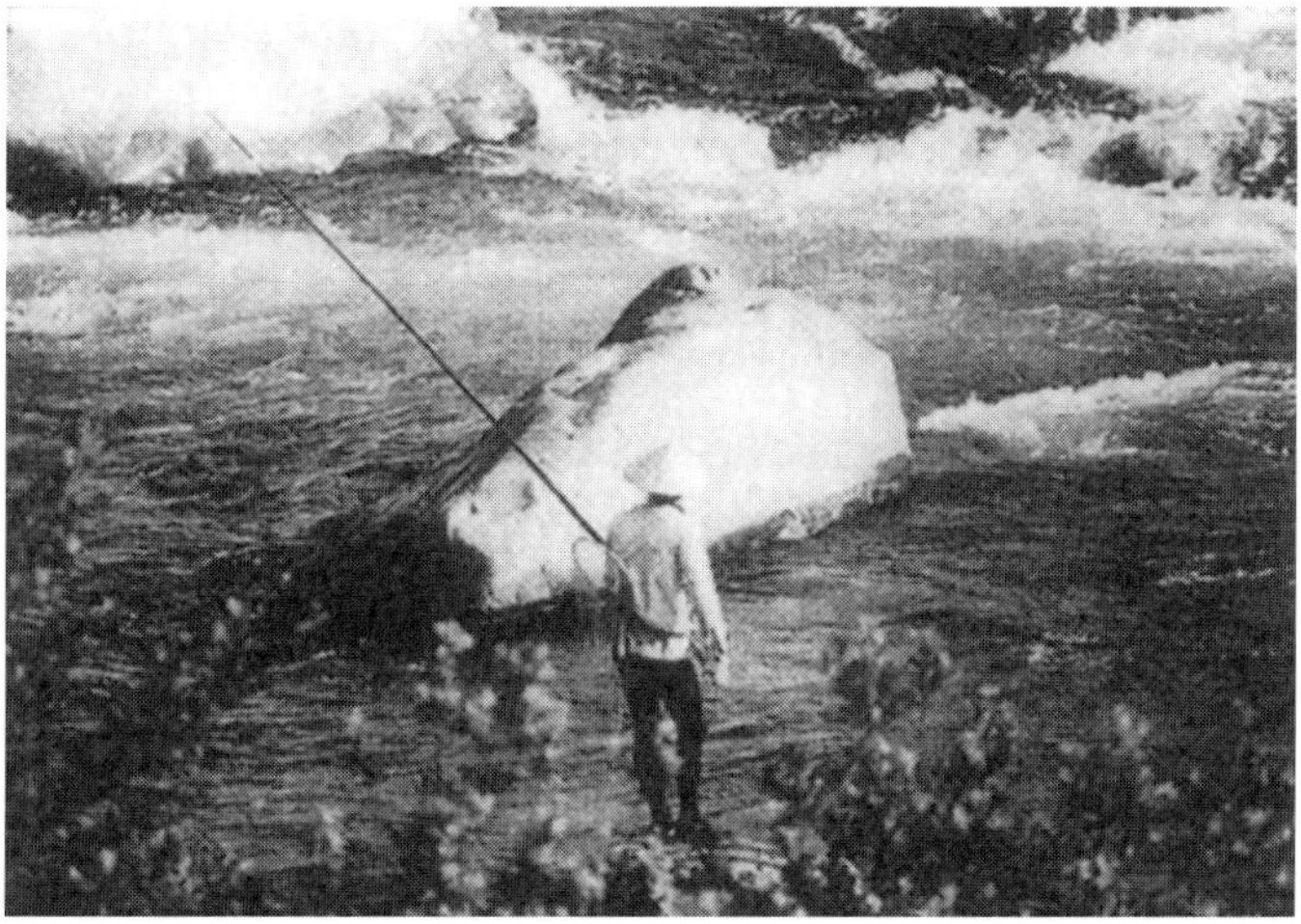

鮑（アワビ）

名の由来は、「合（逢）わぬ身（実）（アワヌミ）」から転訛したとする説がある。片恋のことを「磯の鮑の片想い」と表現するのは、『万葉集』にある「伊勢の海人の朝な夕なに潜《かづ》くてふ鮑の介の片思ひにて」という和歌から生まれた言葉だという。日本産のアワビにはクロアワビ、メカイアワビ、マダカアワビ、エゾアワビの四種類がある。北海道西海岸、本州、四国、九州の沿岸に分布する。おもに外洋に面した沿岸の岩礁域に生息し、夜間に活動し、カジメ、コンブ、ホンダワラなどの海藻を食べる。殻長は一〇～二〇センチで、巻貝だが、巻いた部分は少ない。形は楕円形で、殻は食べる海藻の色によって僅かながら異なる。

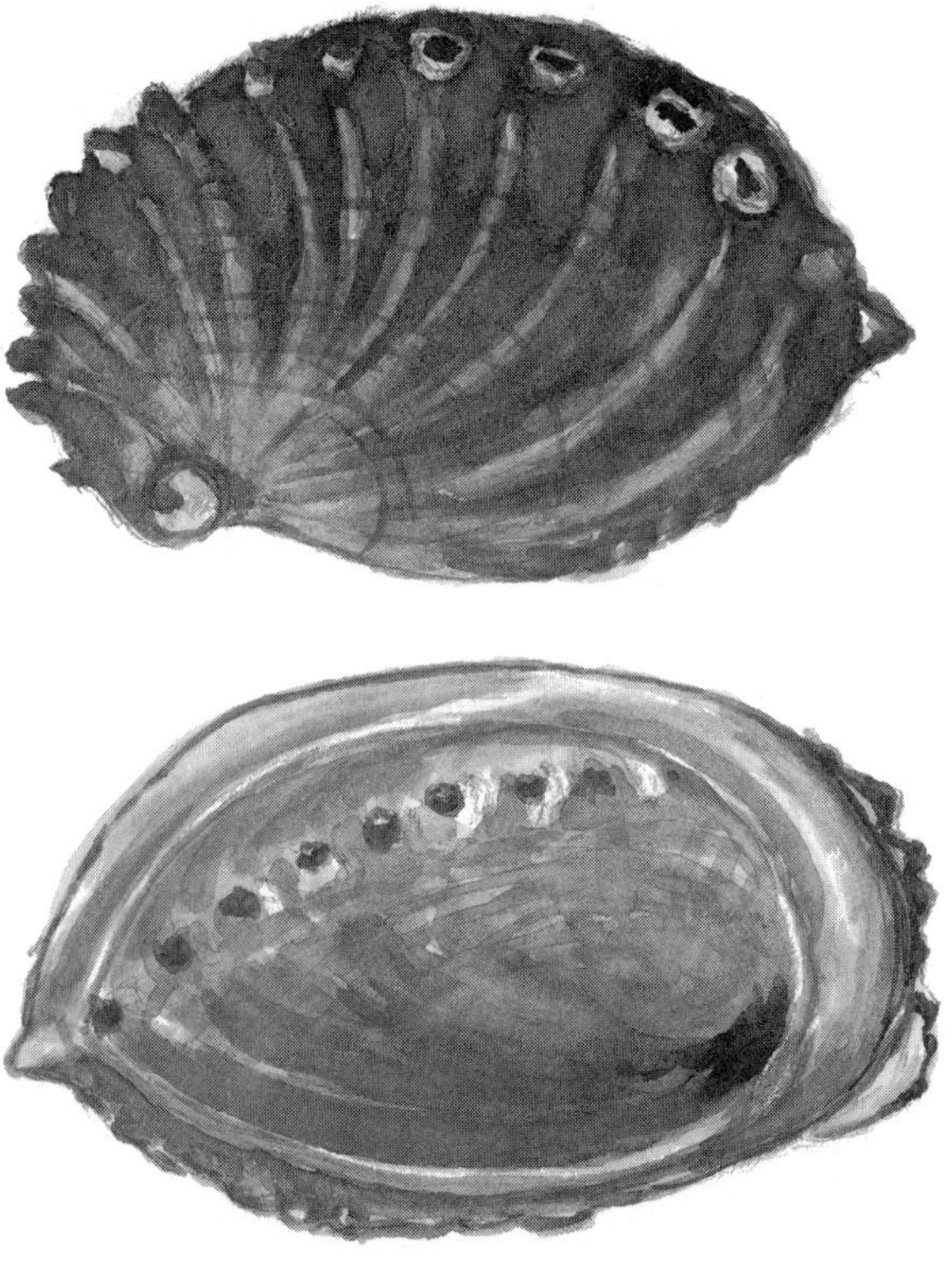

漁法は海女による潜水漁のほか、船上から「のぞきガラス」を使用して行うアワビ鈎漁、アワビ挟み漁、アワビ掬い漁、アワビ籠漁がある。漁獲量の多いのは、海女が潜水して磯金で捕る漁法である。アワビ籠漁（図

面参照）は、藤蔓または山ぶどうの枝で輪を作り、これに細縄で編んだ網を結び付けて籠を作る。その中央に石を重りとして取り付ける。籠に昆布を束ねたものを中央に結びアワビの餌とし、漁場は深さが一五メートル以上の海底の岩石の多いアワビの生息しているところを選び、海底に延縄式に投入する。もっぱら夜間に操業する。アワビの漁期は夏から秋にかけてである。

料理にはアワビの種類によって使い分ける。肉が締まって堅いクロアワビ、エゾアワビは水貝に向き、柔らかいマダカアワビ、メカイアワビは塩蒸し、酒蒸し、煮物などにする。アワビを醤油で煮て作った「煮アワビ」は、戦国時代から現代に伝わる甲州の名産品である。アワビの産卵期は一一月頃であるが、産卵に備えてせっせと餌をあさる。そのために八月から一一月頃が一年中で一番体が太り旨味が増す。アワビの腸をウロというが、このウロだけで作った塩辛は「アワビのウロ漬」と呼ばれ、通人の好むものである。

初花に伊勢の鮑のとれそめて　松尾芭蕉

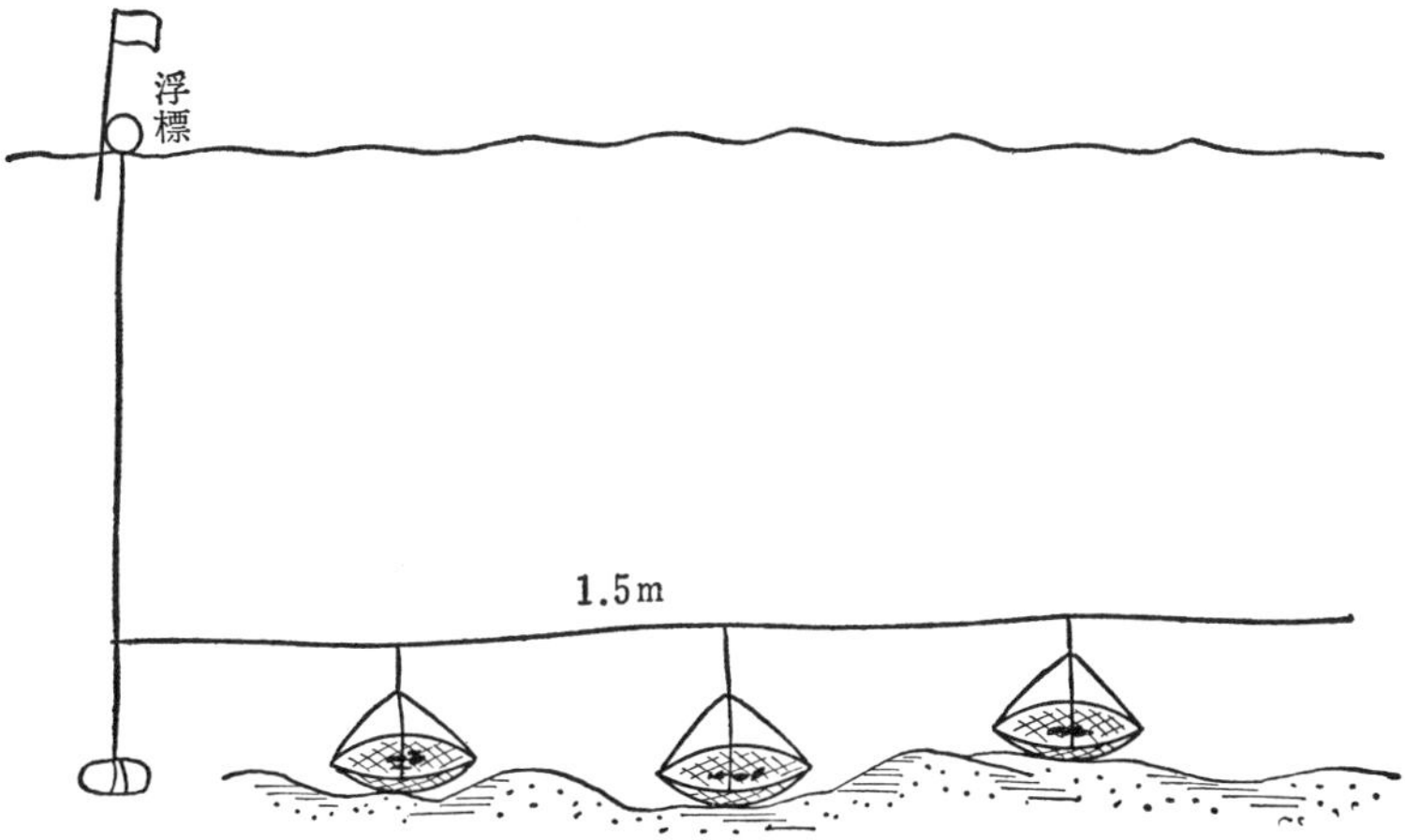

鶏魚（イサキ）

名の由来は、外洋の岬附近、沖合の小島などの潮の速い荒波の礁に生息するので魚岬（いさき）になったとの説や磯《いそ》と魚《き》、あるいは幼魚に縞があり班魚《いそき》からの転訛したという説などがある。漢字で鶏魚と書くが、背鰭の刺のところが鶏の冠に似ているからであり、英名でもchicken gruntという。別名でイサギといい、地方名称では、イッサキ（九州）、オクセイゴ（東北）、サミセン（広島）、シャクワダイ（土佐）、ハタザコ（鹿児島）など多くの呼び方がある。

昔からイサキの骨は硬く鋭いので、誤って飲み込んでしまうと、喉に刺さって抜けにくいといわれている。和歌山県の白崎附近では、骨が喉に刺さって死んだ鍛冶屋がいたという言い伝えから「カジヤゴロシ（鍛冶や殺し）」の異名がある。九州では「イサキは北を向いて食べろ」というが、これはイサキの骨や棘が喉に刺さって死に、北枕に寝かされる恐れがあるからだといわれている。

イサキは、本州中部以南から南シナ海に分布する。体長は約

四〇センチで、体は細長い紡錘形で緑みを帯びた褐色で、沿岸の岩礁域に生息する。昼間は磯の近くを群雄するが、夜になると底を離れて浮き上がり、行動が活発になる。したがって、釣りの棚は、昼間は底めに、夜は浅めになる。かなり夜行性の強い魚で、月夜より闇夜がより活発で、集魚灯により浮上したイサキがよく釣れ、とくに日没から夜中までがよく釣れる。。産卵期は五～八月で、産卵期に群れをなす習性があり、大漁が望める。

漁法は一本釣りのほか、刺網漁業、まき網漁業も行われる。刺網漁業は「いさき追掛網漁業」（図面参照）といい、夜間にイサキの付いている瀬を中心に網の端にブイを付けて投入し、瀬を囲むように投網し、漁船の集魚灯を点滅させながら網の内側を一周して揚網する。

産卵期が旬で、大型のものの方が脂がのって美味い。鮮度のよいものは刺身にする。三枚におろして薄造りにし、臭みを消す為に生姜醤油を添える。また塩焼き、バター焼きなどにする。

釣人の昼餉を磯の焼いさき　藤田志洸

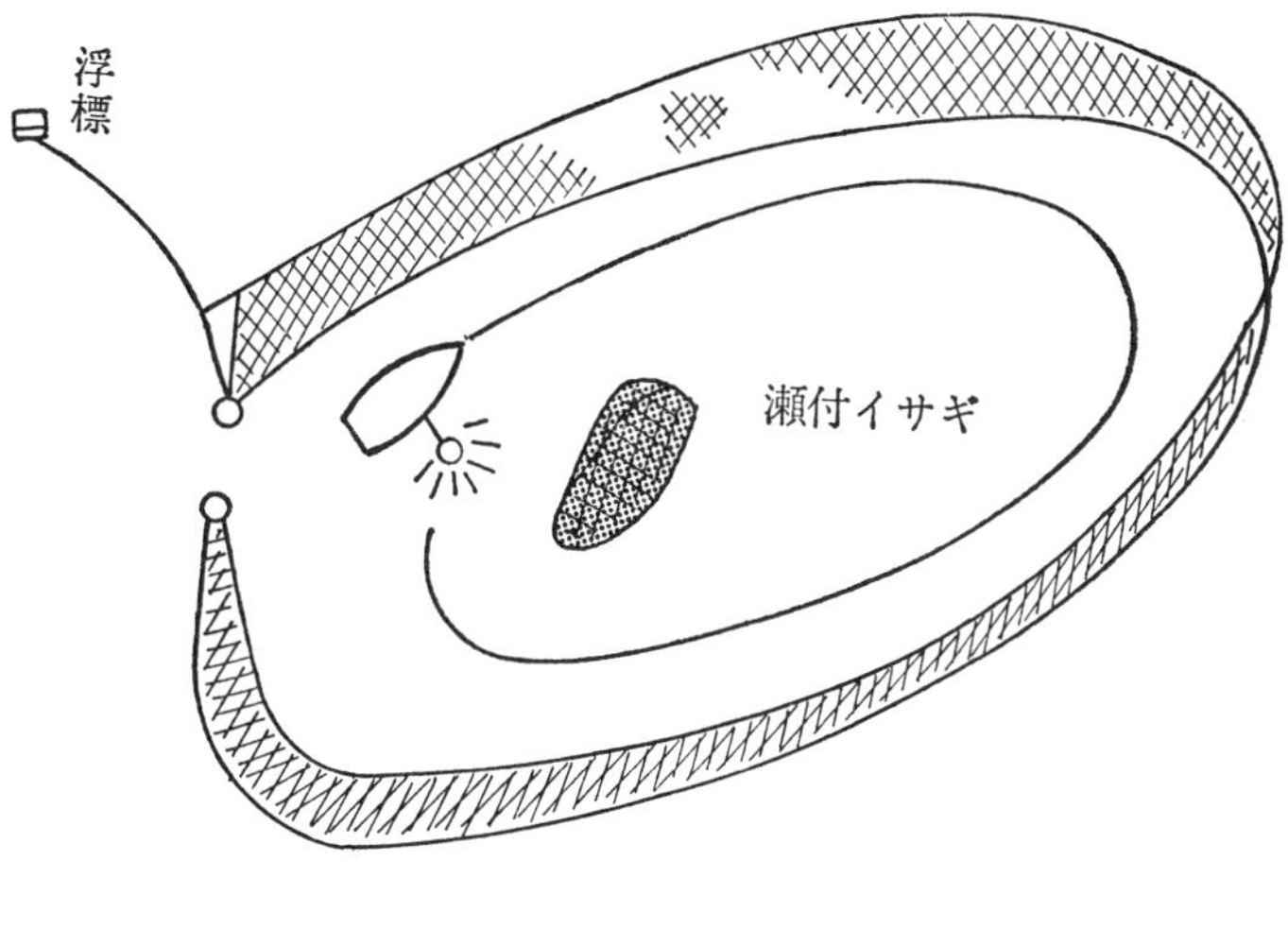

石鯛（イシダイ）

名の由来は、石をかみ砕くほどの丈夫な歯をもつ魚の意であるという。漢字では石鯛と書く。地方名称では、ヨウダイ（神奈川）、タカバ（富山、福井）、ミオバス（大阪）、ハス（関西、北海道）、シチノジ（静岡）、クログチ（山口、広島）ヒシャ（長崎、鹿児島）などという。シチノジは体側に七本の黒い横縞があるからである。また、クログチは老成魚になると口のまわりが黒くなってくるのでいう。

イシダイの歯は積み重なり、間隙が石灰質で満たされたくちばしのようになっているのが特徴である。鋭い歯でウニや貝類などをばりばり食べる。この攝餌音によって仲間が餌場に集まってくるという。イシダイが泳いでいる時には縞が上から下に縦に見えるが、これは実際には「横縞（又は横帯）」といい縦縞とはいわない。これは魚にかぎらず生物はすべて、頭を上にした状態で考えることになっている。イシダイは「グーグー啼く魚」として有名である。

体内の浮き袋を使って水中でグーグーとかなり高い音をだす。これはお互いに仲間を誘い合う信号音であったり、敵への警戒音であるといわれている。

漁法は定置網（図面参照）で漁獲されることがあるが、市場に出回る量は少ない。近年は養殖が盛んである。また、磯釣りの好対象魚である。イシダイの磯釣りは引きが強いので「磯の王者」といわれ、あまり釣れないので「幻の魚」ともいわれている。『釣技百科』松崎明治（昭和一七年〈一九四二〉）には「紀州の磯釣で最も男性的で而も勇壮な釣りはハス（イシダイ）釣である。此のハスを釣るにはまず第一に土地の磯を知る事が肝要である。釣糸を垂れる磯に二三日前より撒餌やっておいて然る後に釣る方法がハス釣りには最もよい。このハスの釣り方には二通り有り、即ち船で流し釣りと磯からリール竿釣りとである」とある。

旬は夏である。肉がかたいので、薄造りにした刺身、洗いが最高である。あらからは独特の旨味がでるので潮汁や味噌汁にする。

石鯛を釣る磯海光りのびきつて　由井智子

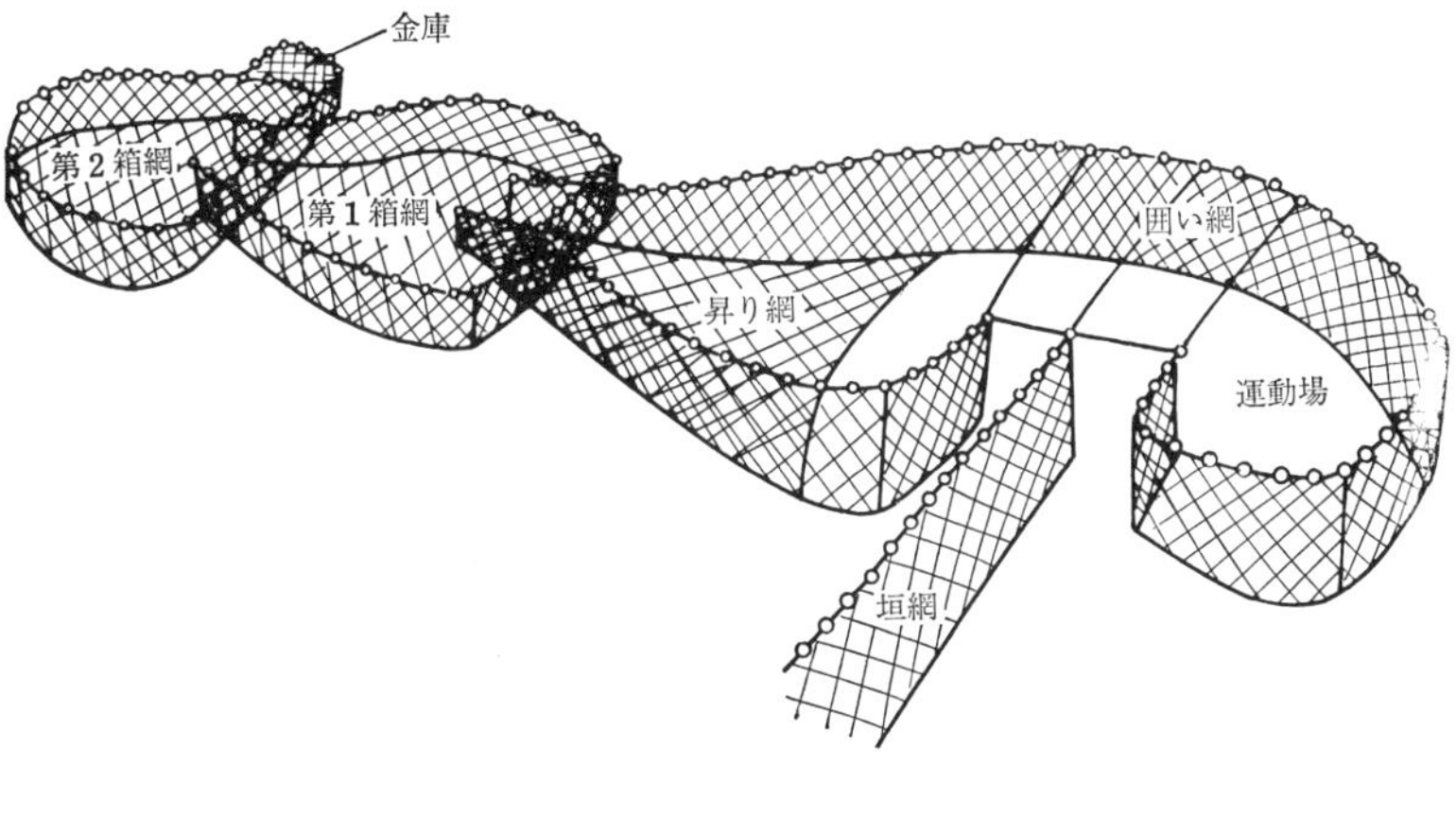

岩魚（イワナ）

名の由来は、岩の間に棲む魚の意のイハナ（岩魚）からであるという。地方によてイモウオ（福井）、イモナ（滋賀）、イワバエ（仙台）、キリグチ（紀州）、コギ（中国地方）などといわれる。

サケ科イワナ属に属する魚には、アメマス、カラフトマスのように降河性（河で生まれて海に降って過ごす性質）の種類もあるが、イワナは完全なる陸封性（終生淡水で過ごす性質）であって、体長が四〇センチになるものもあり大型の種類である。

体側にパーマーク（小判状の斑紋）があり、また小さな灰白色点などの様々な形、大きさ、色のものがあるといわれている。イワナは完全なる肉食性で、昆虫類、クモ類、小魚などを食べ貪食性である。神経質で敏感である一方動作は緩慢で、餌をくわえたら口をかたく閉じて離さない。

ヤマメよりもさらに奥深い谷川に多く、渓流釣りの好対象魚である。イワナの釣り（図面参照）には、餌釣りと疑似釣りがあり、

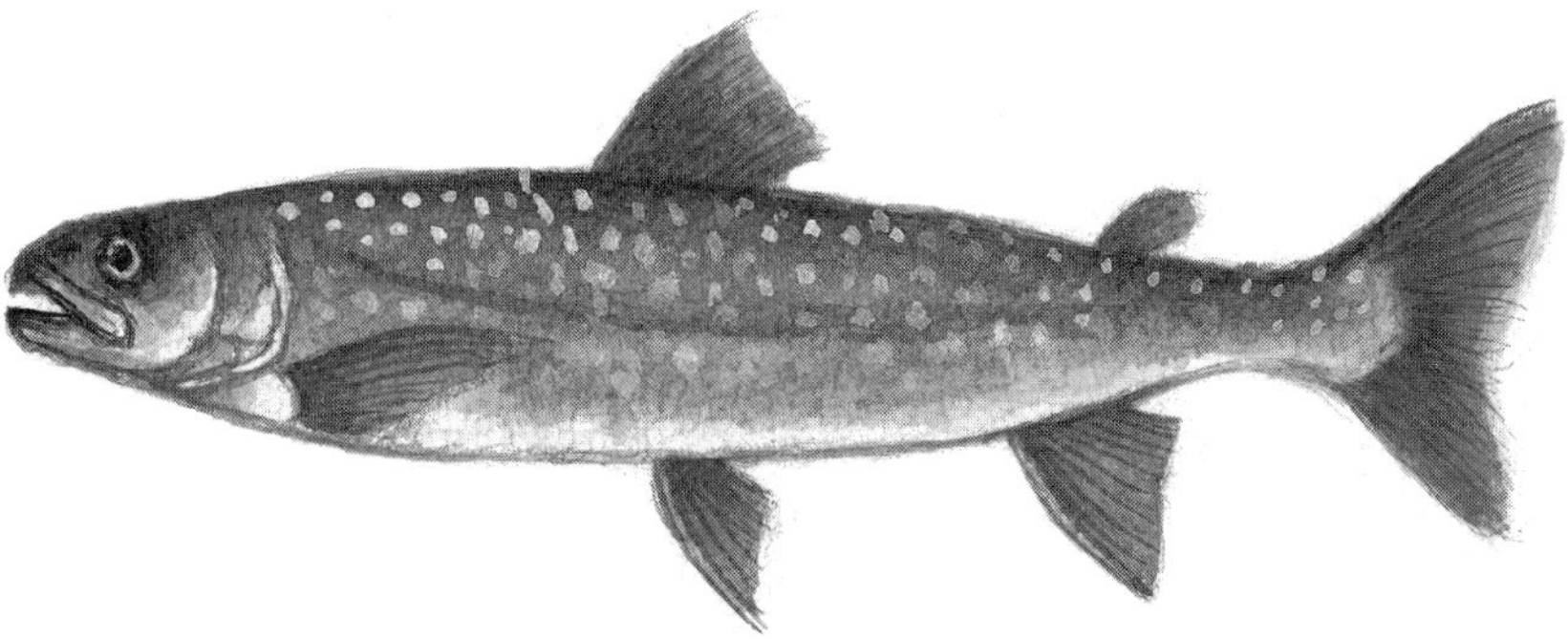

餌釣りの餌はミミズかブドウムシを用い、疑似釣りは鳥の羽毛などを使われている。釣りに当たっては、人影が見えないように竿を静に出して釣る注意が必要である。

『釣技百科』松崎明治（昭和一七年〈一九四二〉）には「釣の定石は必ず川下から上流に釣り上る釣者の影が水面に投影しない方角を歩くことでである。まづ最初の狙い所は瀬の開きの落ち込み、次に瀬頭、第三番目に岩や淵の脇及び底の順である。なお、土用に入ってからの岩魚は盛夏をすぎ秋口になるまで全く餌には来ないのが普通である。従って盛夏の岩魚釣は毛針釣が有利である」とある。

川魚のなかではアユと並んで最も珍重される。定番は何といっても塩焼きで、刺身、寿司、うるか（塩辛）、煮浸し、甘露煮などにする。刺身は、頭、内臓、ひれを取り除き、三枚におろしてから皮を剥ぎ、腹の骨を取る。大型のイワナは酢飯で握り鮓にすれば淡水魚では最高である。また、イワナの甘露煮は骨が軟らかく絶品である。さらに、焼いたイワナを杯に入れて熱燗を注いで飲む骨酒としても楽しめる。

見事なる牛椎茸に岩魚添へ　　高浜虚子

鰻（ウナギ）

　名の由来は、古名の「むなぎ」が転じてウナギになったという。『万葉集』には次のように「武奈伎（ムナギ）」として登場している。大伴家持の歌で「石麻呂に吾もの申す夏痩せに良しという物ぞ武奈伎猟り食せ」というのがある。地方名称は多く、たとえばアオ（東京）、オナギ（高知、徳島）、カニクライ（東京）、カヨ（千葉）、ゲエタ（東京）、スベラ（長野）、マウナギ（北海道）などという。

　ウナギは、海で生まれ淡水域で成長し、産卵期にまた故郷の海に戻る魚で、産卵場は深海で場所は諸説がある。水産庁では、二〇〇八年六月～八月にマリアナ諸島西方の太平洋海域ではじめて、成熟したニホンウナギ、オオウナギの個体及び仔魚を捕獲している。しかし、養殖に使われるシラスウナギの漁獲は年々不漁が続き、二〇一三年には環境省の「絶滅危惧種」に指定され、また、二〇一四年には国際自然保護連合（ＩＵＣＮ）の「絶滅危惧種」にも指定された。一方では、最近にシラスウナギを含めた完全養

殖（全生活史を人工的に飼育管理を行う養殖）の技術が開発された。

漁法は、落鰻を捕る梁のほか、一本釣り、置鉤《おきはり》、縄釣り、ウナギ掻き、ウナギ筒、待網など地方によってその種類は多い。「ウナギ掻き」（図面参照）はウナギ鎌ともいい、江戸時代から伝わる伝統漁法である。長さ二メートル弱の樫の棒に鉄製の棒を付け、鉄のたがが抜けないようにとめる。先端はかぎとなっていて、操作中棒を泥中より引き抜くとき、棒の中途にかかったウナギは、かぎにとまって採捕される。鉄棒の腹面は鈍い刃状をなし、泥をよくかけるようになっている。古川柳に「せつかちに見へて気長な鰻かき」というのがある。

ウナギの蒲焼は、古くはウナギは裂かずに口から竹串を刺して焼いたが、その形が蒲の穂に似ているので「蒲焼」とよんだ。現在では関東では背開きにして、焼きのあと一度蒸してからたれで焼く。関西では腹開きで、素焼きにしてからたれで焼く。ウナギの料理は蒲焼のほか白焼き、卵で巻いたう巻き、茶碗蒸の具にもいれる。肝は肝吸い、骨は骨煎餅、頭は兜焼きにする。

包丁で鰻よりつつ夕すずみ　　小林一茶

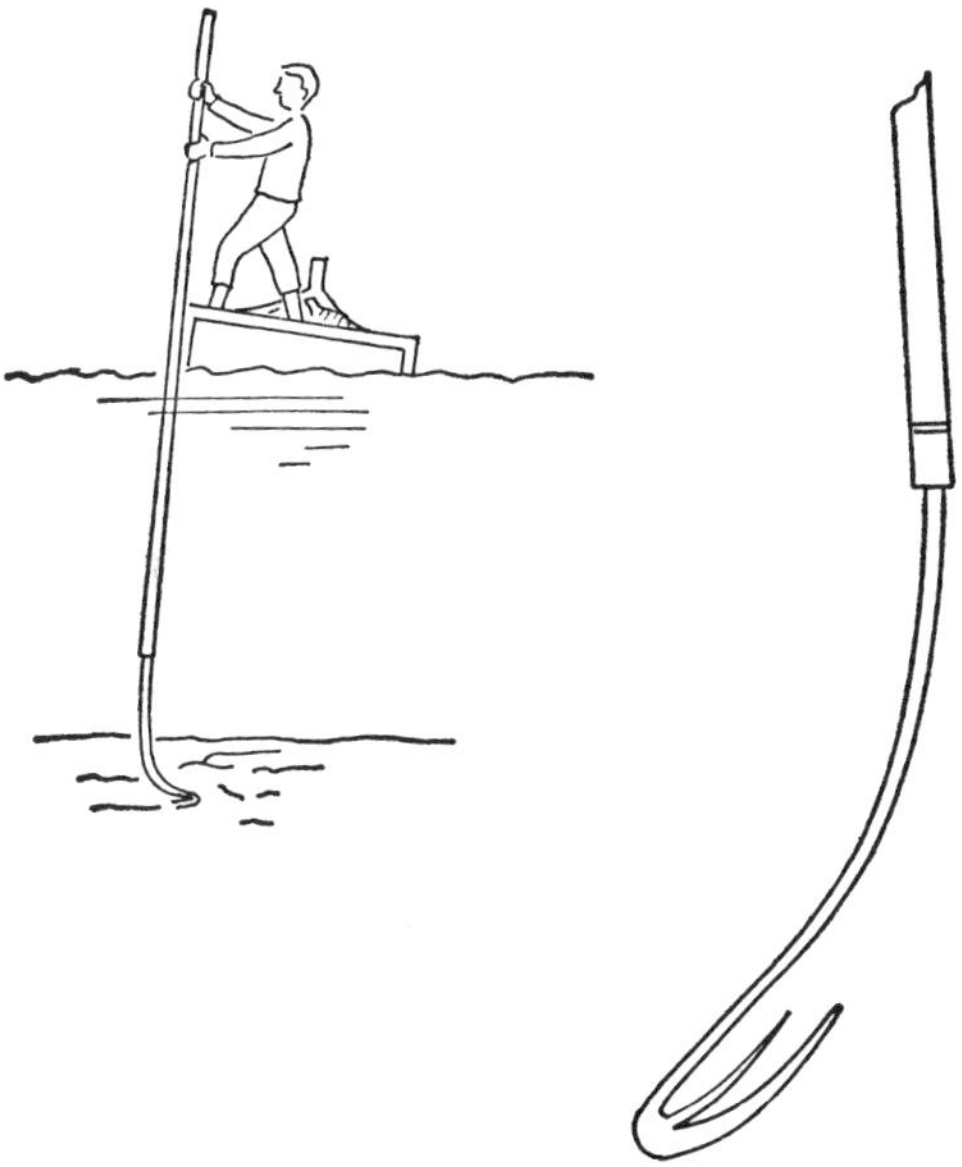

海胆（ウニ）

ウニの名の由来は、海丹（ウミニ）あるいは海胆（ウミイ）から転訛したとの説がある。漢字では海胆、雲丹、海栗と書く。海栗は形がイガグリに似ているからである。カセ、ガゼは古称で、地方名にも残っている。日本近海に生息しているものは、ムラサキウニ、アカウニ、バフンウニ、シラヒゲウニなどである。

ウニの殻の中は、ほとんどが消化管と生殖巣で占められ、食い気（個体維持）と色気（種族維持）であふれた動物である。旺盛な食い気は、殻の下面中央部に強力な五枚歯の提灯型の口器がある。この口器を「アリストテレスの提灯」という。この口器は丈夫で海底の有機物や海草類、動物の死体などをかじって食べる。ウニの口は体の下方に位置し、排泄口は体の上方に位置し、陸上の生物とは天地が逆になっている。岩の窪みや陰に生息するウニが岩に付いた藻や流れてくる藻を食べるためには、この方が都合がよく、海中では排泄口が上方の位置にあった方が排泄物は海水が流してくれるので都合がよいわけである。

漁法は、素潜りで捕るほかは、船上から箱眼がねで見ながら長い柄の付いたたも網ややすで捕る「ウニすくい網漁業」、「ウニ突刺漁業」や底曳網の一種の「ウニ桁網漁業」などがある。また変わった伝統漁法としては、青森県などで古くから行われている「ウニ籠漁業」（図面参照）がある。籠に海藻をウニの餌としてつけて漁場の海底に延縄式に敷設して捕る漁法である。餌はコンブ、ワカメなどの海藻を用いるが、網の中の中央に糸でしばり付ける。

雲丹は、このわた、唐墨とともに海の日本三大珍味として江戸時代から大変に好まれた。ウニの特有の旨み成分はメチオニンであり、βカロチンやビタミンAを豊富に含んでおり、現在では塩漬けにしただけの塩雲丹のほか、粒雲丹・練雲丹と称する市販品がある。江戸時代には越前・薩摩・肥前などの産が良品とされた。

料理としては、雲丹田楽、雲丹焼きなどがあり、田楽は塩雲丹を酒でのばして豆腐に塗って焼く。福島には「がぜ（ウニ）の貝焼」がある。

生海胆の身のとろとろと月夜かな　　飯田龍太

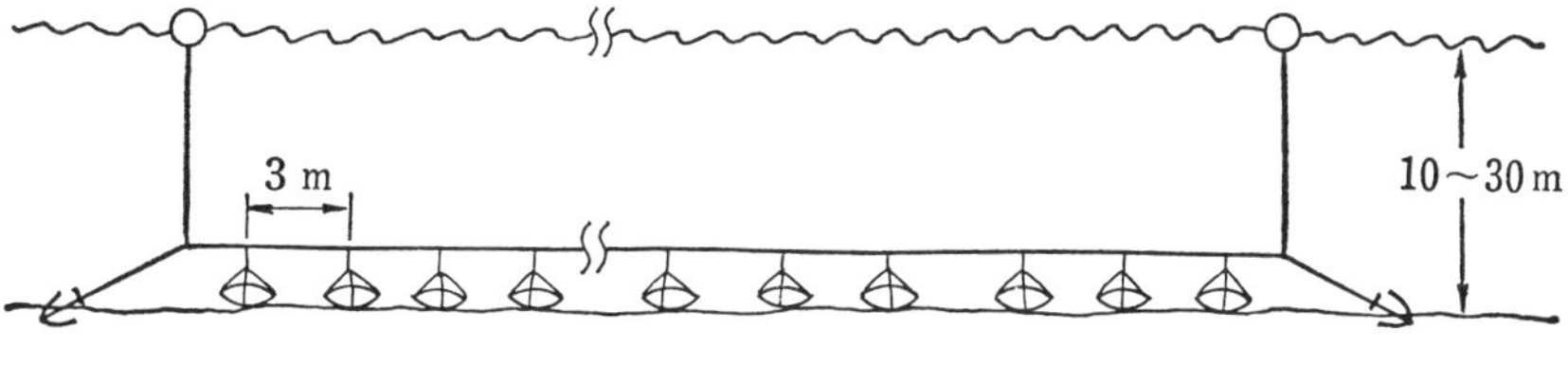

鬼虎魚（オニオコゼ）

オコゼの名の由来は諸説ある。①オコは「痴《おこ》」、ゼは魚の語尾で、容姿の醜い魚の意という説、②背鰭を矛に見立てて矛背《ほこせ》の転訛したとする説、③背鰭の毒針に刺された折に、オコ（愚かな者）にセ（施してしまえ）といったことからの転訛したとする説などある。オニオコゼの「オニ」は鬼の意で、奇怪な外貌から。漢字では鬼虎魚と書く。地方名称でアカオコゼ（東京）、オクジ（秋田）、オコジョ（新潟）、ガシラ（高知）、ツチオコゼ（三崎、田辺）などという。

体型がグロテスクで頭部の凹凸が激しく、とげや突起物をもつものが多いが、そのとげに毒を持つものが多く、刺されると激しい痛みを感ずる。

山の神は醜女であり自分より醜いものがあれば喜ぶとして、顔が醜いオコゼを山の神に供える習慣がある。山で仕事をする猟師、山師、放牧者などがオコゼを山の神に供えてお祈りすると望みが

かなえれるといわれている。

オニオコゼは、沿岸から二〇〇メートルまでの砂泥底に生息している。生息場所によっては体色が異なり、沿岸のものは暗茶褐色で、深場のものは赤または黄色である。背鰭の棘は毒を持ち、刺されると激痛が走る。夜行性で日中は砂に潜り、夜間は小魚や甲殻類を補食する。産卵は六～七月で分離浮遊卵を生む。オニオコゼの産卵行動は変わっていて、まず腹のふくれた大形の雌が胸鰭を大きく動かして泳ぎ始める。これを見た小形の雄は雌の周囲を泳ぎ回る。そのうち、雄は雌の左右に寄り添って、上層に突進し両者体を烈しく振るわせて、雌は抱卵、雄は放精する。

漁法は、一本釣りのほか、底曳網、刺網（図面参照）で他の魚類と混獲され、漁は少なく店頭に並ぶことはすくない。最近は韓国などからも輸入されている。

旬は夏で、白身の淡泊な味わいがあり、美味で珍重される。三枚におろして刺身にするほか、吸物、唐揚げ、照焼きなどにもされる。

かりそめにをこぜに刺され病みにけり　浜口今夜

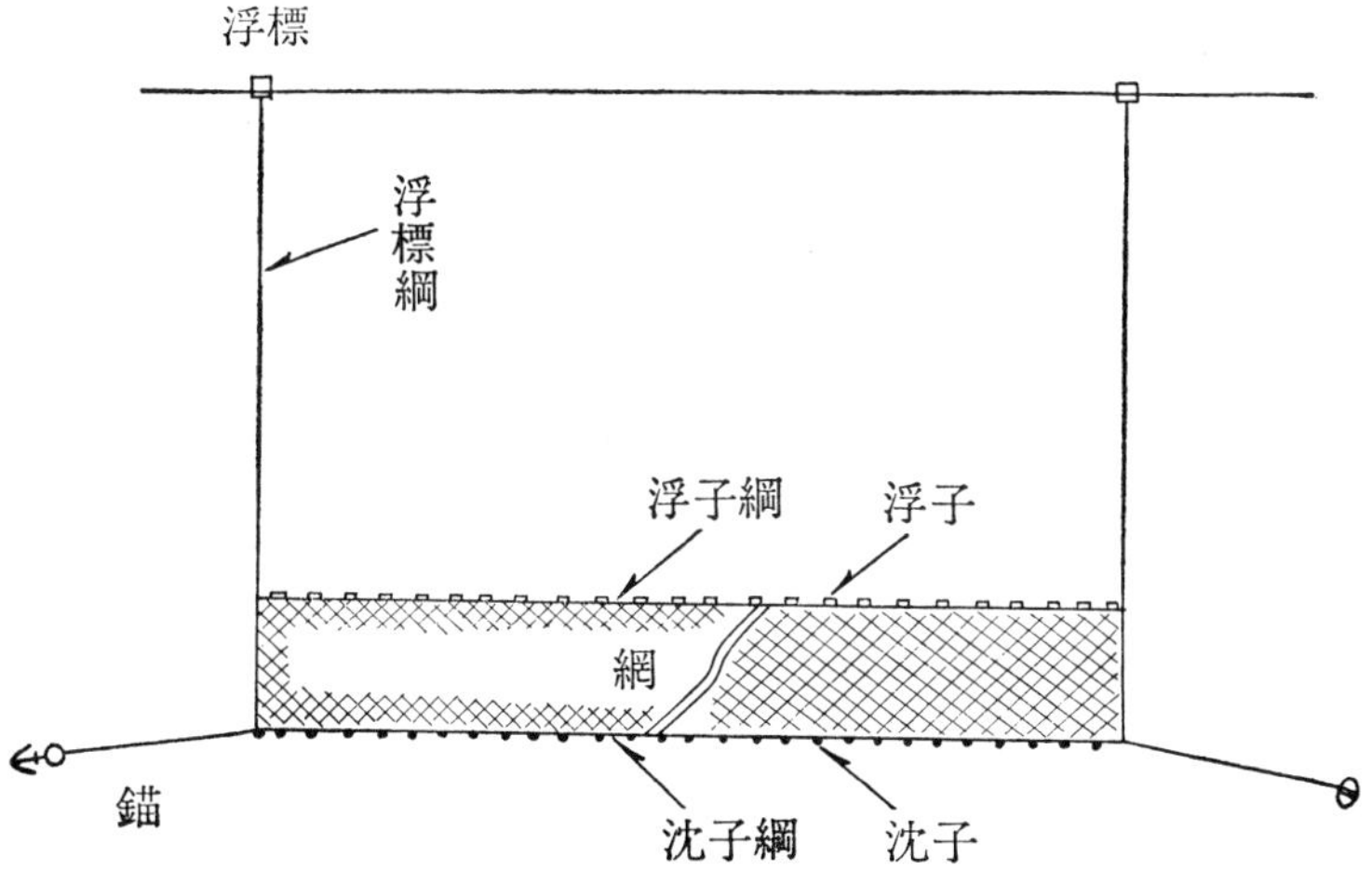

笠子（カサゴ）

名の由来は、頭が大きく三度笠をかぶったように見えるところから漢字で「笠子」と書き、カザゴになったという。また、漢字で「瘡魚」の字をあて、体皮がかさかさしており皮膚病の瘡《かさ》にかかつたように見えるからとの説がある。地方名称は多いが、アカゾイ（青森）、ハチメ（新潟、富山）、ポッカア（鳥取）、ガガニ（高知）、アカイユ（沖縄）などがある。

カサゴは卵胎生魚（卵を体内でふ化して仔魚を生む魚）で、雄には肛門付近に輸卵管と輸尿管がのびた交接器がある。雌雄ともに二～三年で成熟するが、雄は九～一〇月に精巣が急激に大きくなり精子形成が行われるのに対し、雌は一一～一二月に卵巣が急激に熟する。交尾は雄が成熟する一〇～一一月に行われ、雌の体内に入った精子は卵の成熟を待って受精する。卵は体内でふ化して、仔魚は三～四回に分けて生み出される。

カサゴは危険に遭遇するとグウグウ啼いて、仲間に危険を知ら

せる。音をだすのは浮き袋で、厚い皮の内側が二室に分かれた薄い膜の袋があり、ガスが隔壁中央の小さな孔を通るときに音がでるといわれている。そして浮き袋を動かす筋肉が耳石の入った頭にくっつき、発音器と聴覚器が連結している。磯や沖合いの岩礁地帯に生息しているが、沿岸地帯に棲むものは黒褐色を帯びているが、深みに棲むものは赤みが強い。カサゴは周囲の環境に合わせて色合いを変えて、体を隠す傾向の強い魚類の典型である。

カサゴは磯釣りの絶好の対象であり、初心者でも一年を通じて簡単に釣れるので、子どもから大人まで広く親しまれている。漁業としては延縄、刺網、一本釣りなどで漁獲される。延縄漁（図面参照）は比較的潮流の速い岩場の海域を選び、餌料としてはキビナゴやイカ、サバの切り身を使用する。サバは三枚におろし、皮を付けたまま肉を一～一・五センチ幅に切って装餌する。

カサゴの身は白身で、クセのない味で、煮付けにすると最高である。塩焼き、唐揚げのほか、ぶつ切りにしてちり鍋にもされる。

むらさきの潮に鰭ふるかさごかな　山村政子

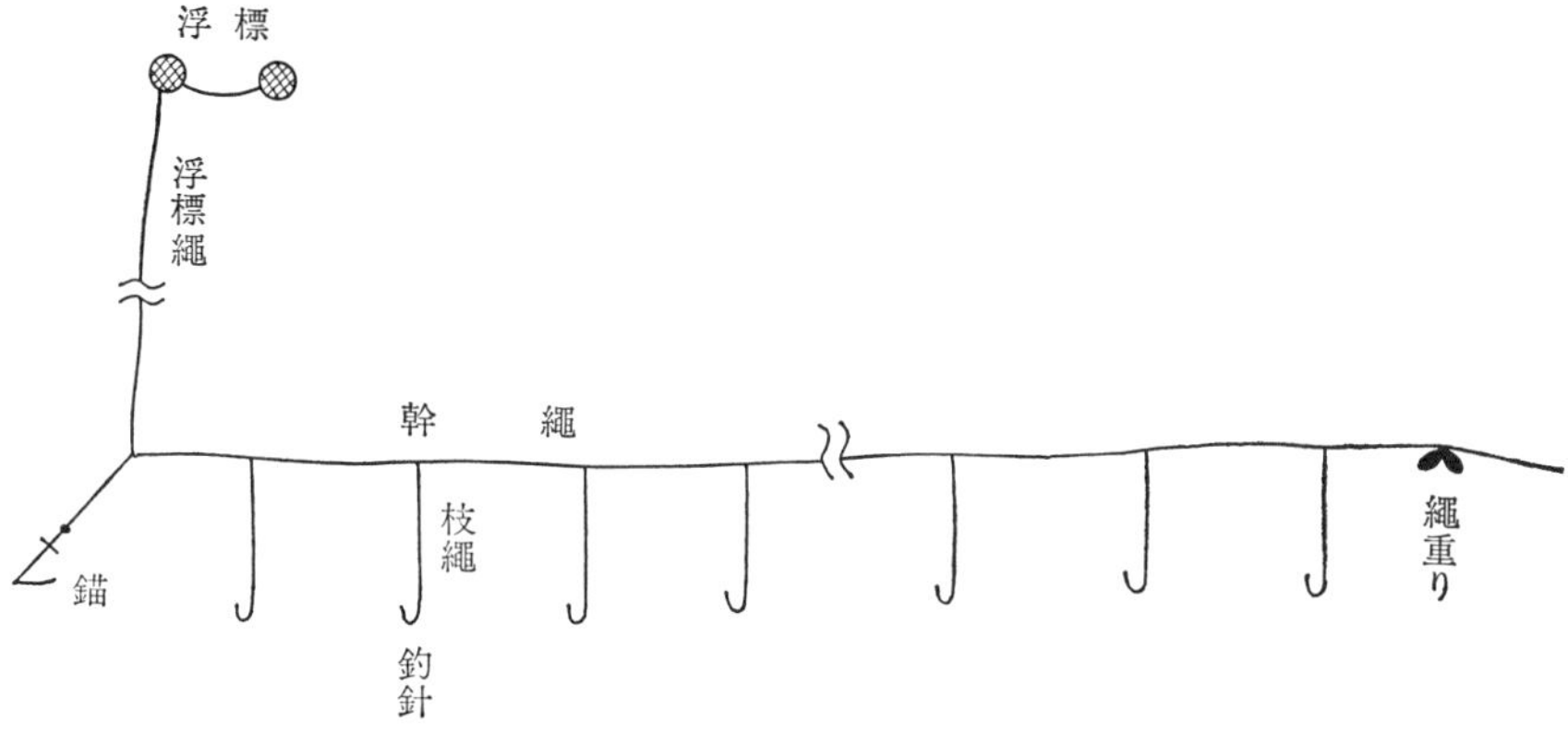

ガザミ

名の由来は、カニハサミから転訛したものといわれている。ガザメ、ガサミともいう。甲は菱形で、甲幅が二五センチに達する。甲の前側縁には九つの突起があり、最後のものが横に長く突出している。最後の脚は平板状で、左右の調和のとれた動きによって、すばやく、また長距離を泳ぐことができるので、近縁種も含めて一般にワタリガニと呼ばれている。緑色を帯びた暗褐色で、甲の後方やはさみ脚に白い斑点があるが、雄では青みが強く、はさみ脚はとくに鮮やかである。

水深二〇〜四〇メートルの内湾の砂泥地に群れをなして生息する。特に三河湾・瀬戸内海・有明海などに多い。雄・雌別個体で、腹甲面の俗に「ふんどし」といわれる腹部が三角形をしているほうが雄で、円い形のものが雌で、この内側に受精卵（外子）を抱いてふ化するまで保護する。瀬

戸内海では九月中旬から一〇月中旬が交尾期で、雌が脱皮して甲が硬くならいうちに行われれる。夜行性で、日中は浅海の砂泥地にもぐり、夜に小魚やエビ類などを捕食する。

漁法は、底曳網、刺網、釣りなどで採捕する。ガザミの刺網（図面参照）は、漁期は四～七月、九～一〇月で水深二〇メートルの砂泥地に投網する。『釣技百科』（松崎明治、昭和一七年〈一九四二〉）には「東京湾にはカニ釣という技法がある。この釣の仕掛けは、タコ釣に使用する所謂タコテンヤである。その作り方は、長さ五寸の竹で羽子板形に削り幅の広い方は六、七分その両端に高さ一寸五分ほどのタコ針を二本糸で巻き付け、反対の方へ重り一～一五匁を取り付ける。その全長と同じ長さの竹の串を取り付け、その串に餌をさして糸を巻き付けておく。餌は鰮、秋刀魚などを用いる」とある。

冬から春にかけて、とくに味がよく、カニ料理には欠かせない。料理は、塩ゆで、蒸しガニ、味噌汁などがある。卵巣、みそ（肝臓、膵臓）も味がよく、特に冬場は珍重される。

岩伝ふ水上走りがざめの子　松瀬青々

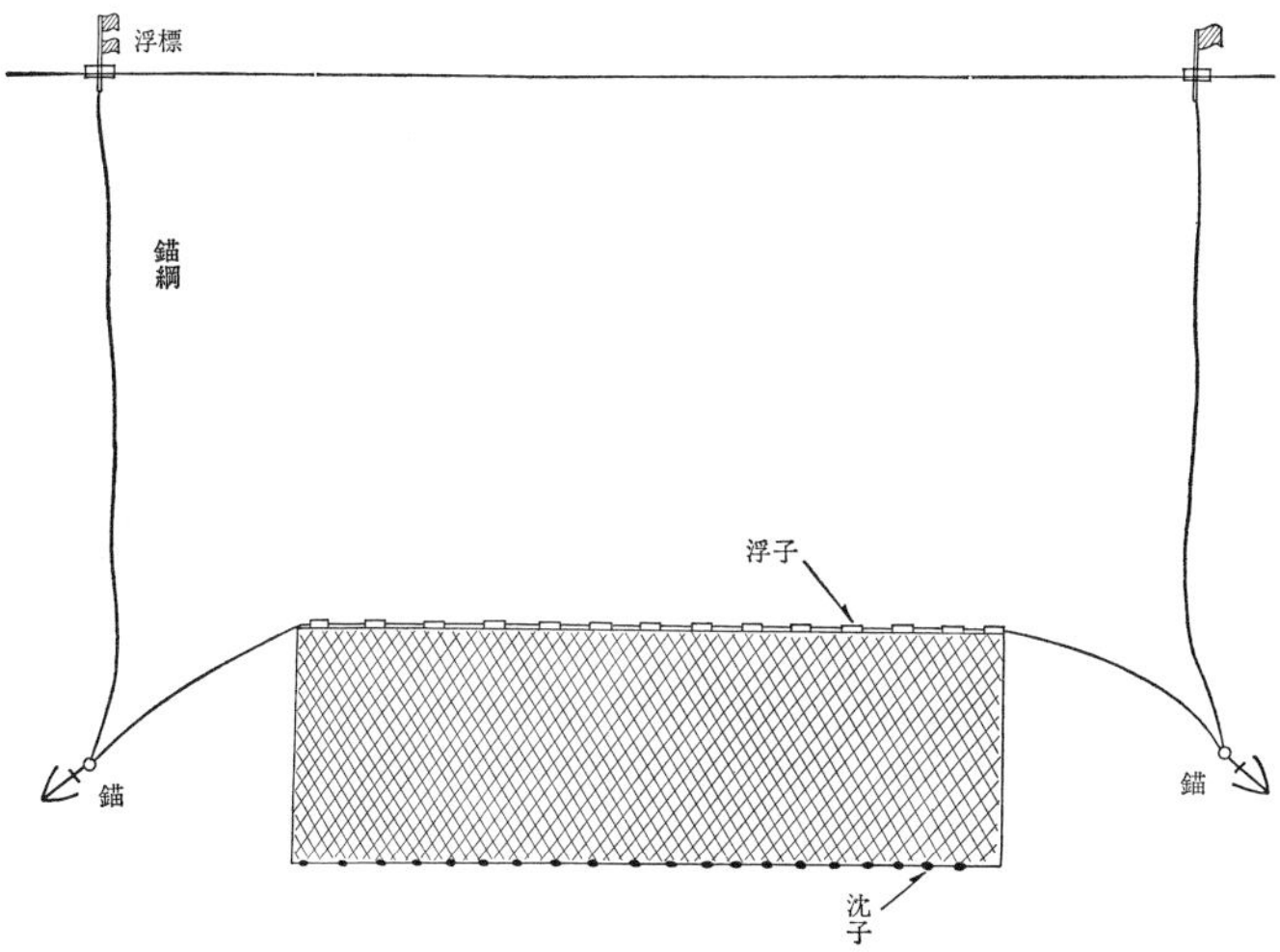

鰹（カツオ）

名の由来は、カツオは古くは生食はせず、乾燥したり、火を通して食べていたので肉質が硬く「カタウオ」といい、それが「カツオ」に転訛したという。別名はホンガツオ、マガツオという。地方名称は、オオガツオ（高知）、カチュウ（沖縄）、カツ（宮城、福島）、ガラ（鹿児島）、タテマダラ（島根）などという。

カツオは典型的な回遊魚で、北上は三月頃四国沖に、四月には紀州沖に、そして青葉の頃になると関東近海に差しかかる。川柳に「女房を質に入れても初鰹」とあるように、初鰹は青葉の頃になると脂ものり、江戸庶民にとって古くからこよなく珍重されてきた。

初鰹の北上群は五～六月には伊豆や房総沖に達し、さらに三陸沖に移動するが、水温が下がる一〇月頃になると南下し始める。この南下群を「秋鰹」、「戻り鰹」という。秋鰹は多量に脂がのってこれも美味である。最近では脂の乗りきった秋鰹を好む人が増

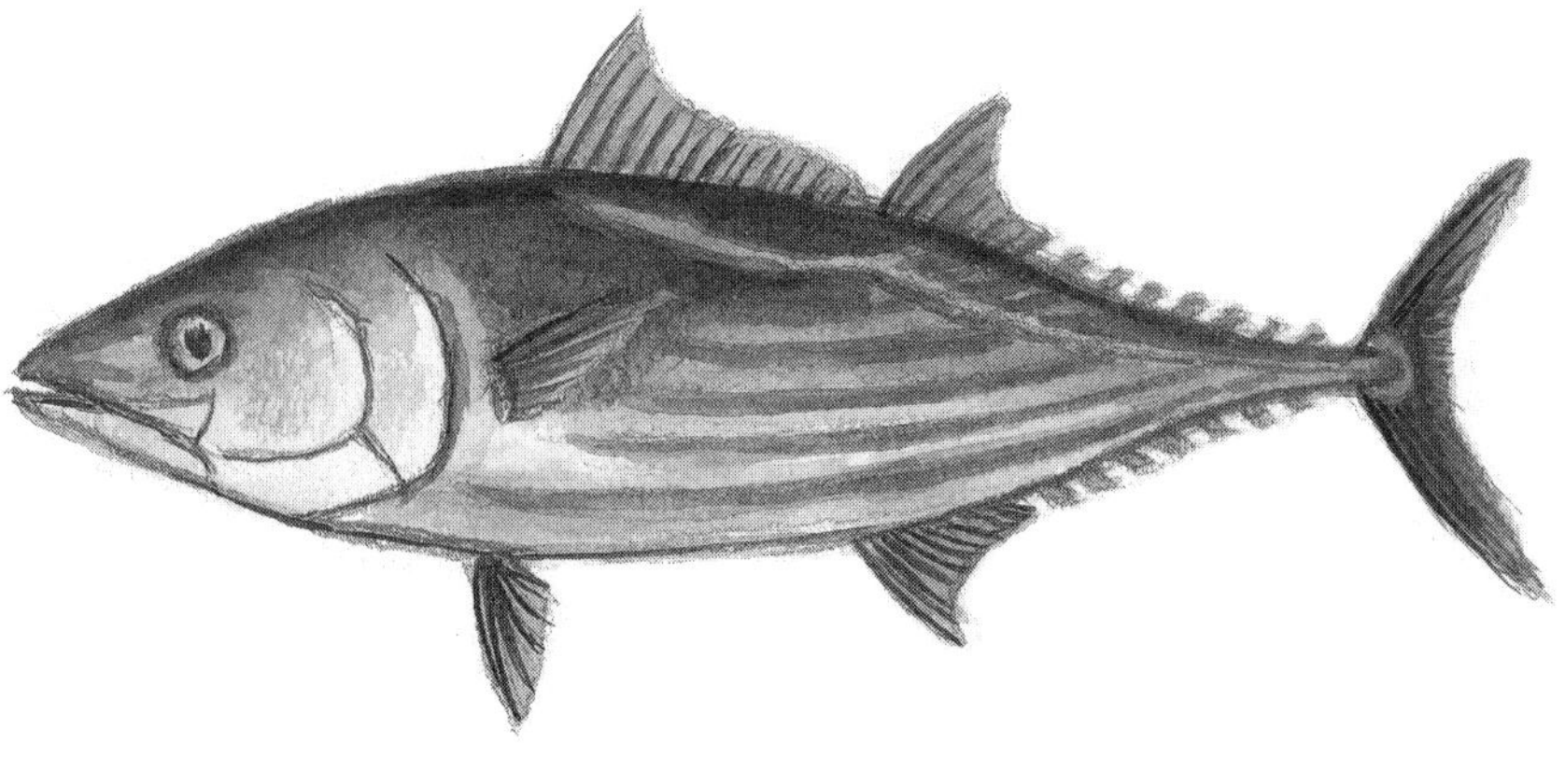

えてきた。初夏の初鰹と九月頃の秋鰹の脂肪含有量を比べると、初鰹は二～三％に対して秋鰹は約一〇％で、現代人は脂っこい味を好む傾向にある。

魚市場の人、料理人、漁師など、その道の人はこの季節のカツオが最上の味で、秋こそ本当の旬であるという。

漁法には竿釣りとまき網がある。カツオの竿釣り（図面参照）は生き餌を用いる。漁船の活魚槽にイワシを活かしておいて、漁場で魚群を発見すると、船側から散水し、同時に生きたイワシを撒いて、これに集まるカツオを釣り上げる。初めは釣針に生き餌を使うが、魚の食いがよくなると擬餌針を使って釣る。

カツオの料理は、刺身、たたき、塩焼、煮物、内臓は塩辛（酒盗）などがある。カツオの刺身、たたきは、本来皮付きにつくり、これを「芝づくり」という。カツオのたたきは、刺身の一種でカツオを節状に切っ後、皮の部分を藁などの火で炙り氷で締めたものを切り、薬味とタレをかけたものをいう。

目には青葉山郭公初鰹　山口素堂

擬餌釣具

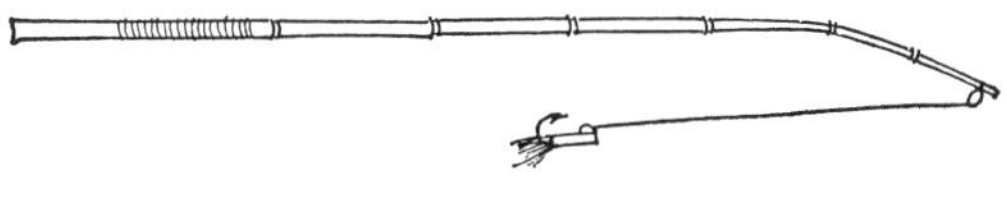

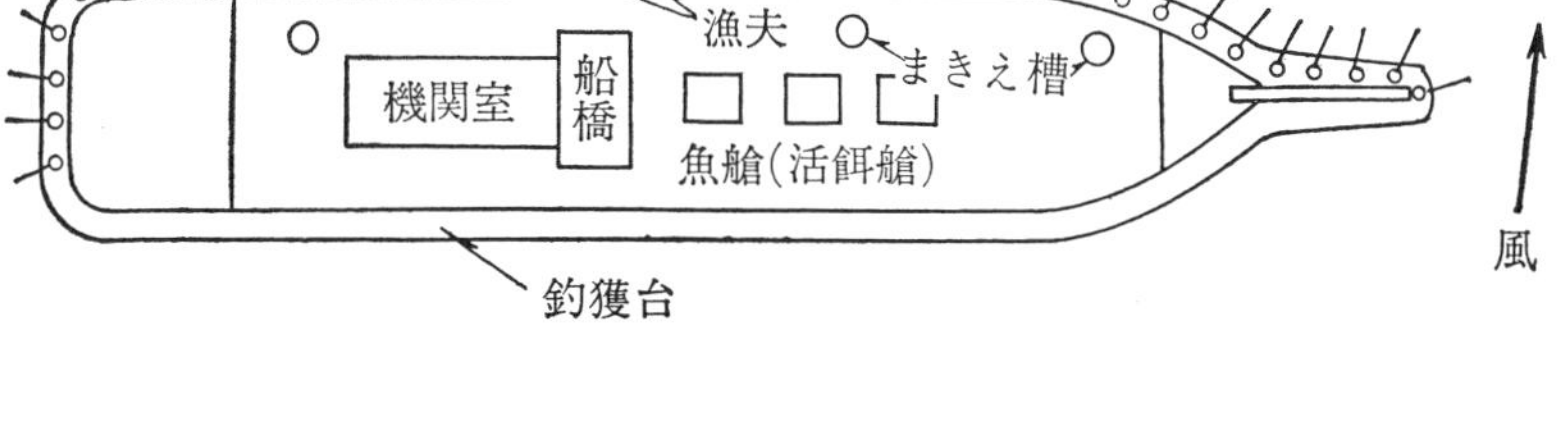

間八（カンパチ）

名の由来は、幼魚の両眼の間に八の字形の斑紋があることからであるといわれている。地方名称は多いが、たとえばアカイオ（北陸）、アカハナ・アカバナ・アカバラ（関西・九州）、シオ（和歌山）、ショッコ（東京）、ソジ（高知）、ツビキ（熊本）、ネリコ（鹿児島）などがある。ブリ、ヒラマサと同じアジ科ブリ属の魚である。しかし、ブリと異なり体色もやや赤みがかかており、地方名称にもアカのつくものが多い。

漁法は、定置網や釣りで漁獲される。漁獲されるのは、体長一メートルまでのものが多い。天然の漁獲量は比較的少ないが高級魚なので養殖が盛んに行われている。夏に流れ藻についているカンパチの稚魚を採捕して人工的に育てる。稚魚の採捕は、沖合いの流れ藻についている稚魚をまき網（図面参照）で巻いて採捕する。漁期は七〜八月で、操業時間は一回で五〜一〇分程度である。

遊漁としての釣りも強烈な引きがあり、船釣りが人気がある。

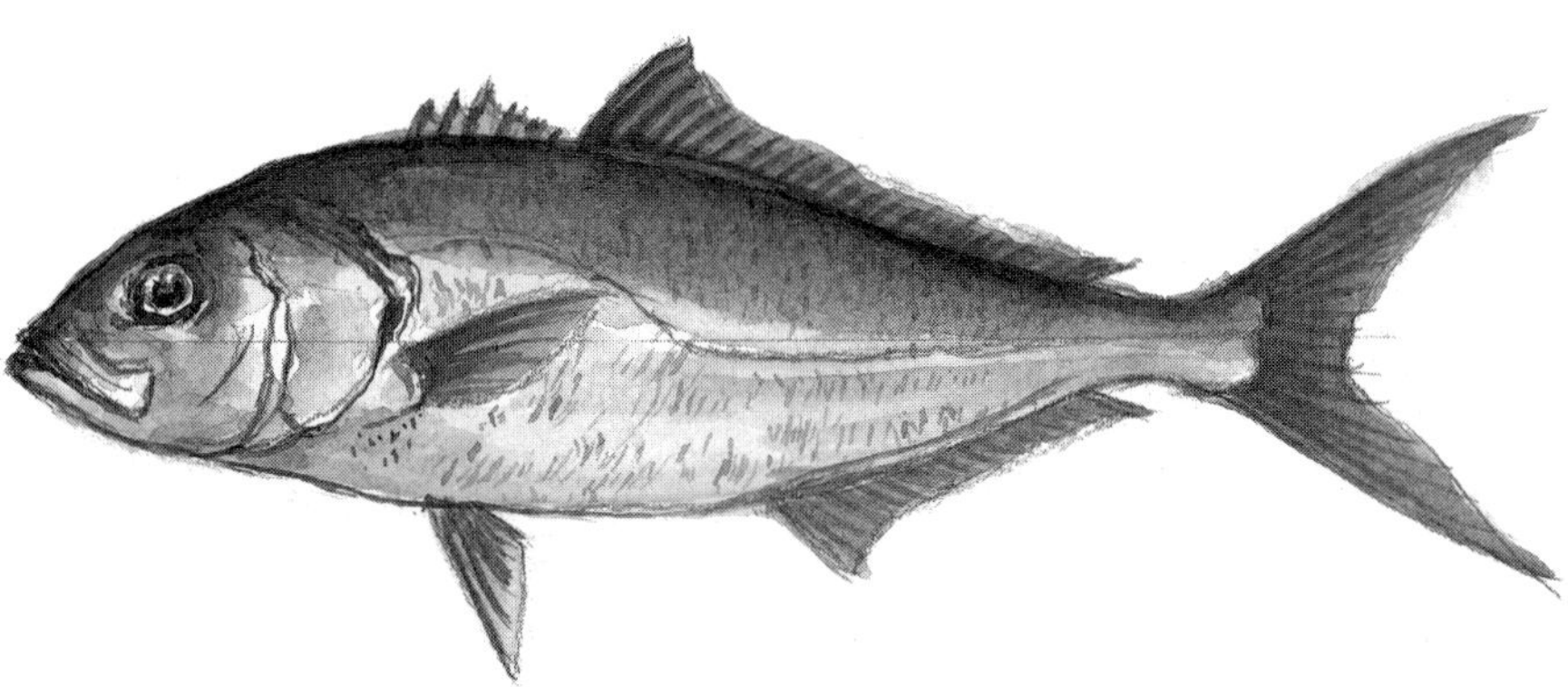

餌はカタクチイワシ、イカナゴなど活きた小魚のほか擬餌針も使用する。群遊するので集まった群れを要領よく釣るのがコツである。『釣技百科』（松崎明治、昭和一七年〈一九四二〉）には「箱根に源を発する早川が海に入るあたりの沿岸では十月中旬頃に小舟が珍奇な姿で数本の大竿を出して黙々として釣つているのを見ることがある。これは小田原のカンパチ釣りである。三、四十匁以上の底重りに二尺位の枝針を四、五尺おきに数本つけ、針はムツ針に使用する銀掛けの縄針で一名地獄針と呼ばれ、ばれる憂いのない針を使い餌は鰮肉が使われている。カンパチは一日の内に数回群れをなし、回遊してくるので、廻ってきたときに出来るだけ多くの魚を釣り揚げようという気持ちが充分仕掛けに表れている」とある。

二・三キログラムのものが最も美味だといわれ、刺身、すし種用として高価に取引される。照焼き、塩焼き、煮付け、魚すきなどにする。

かんぱちや升酒の塩指で嘗め　　田中映一

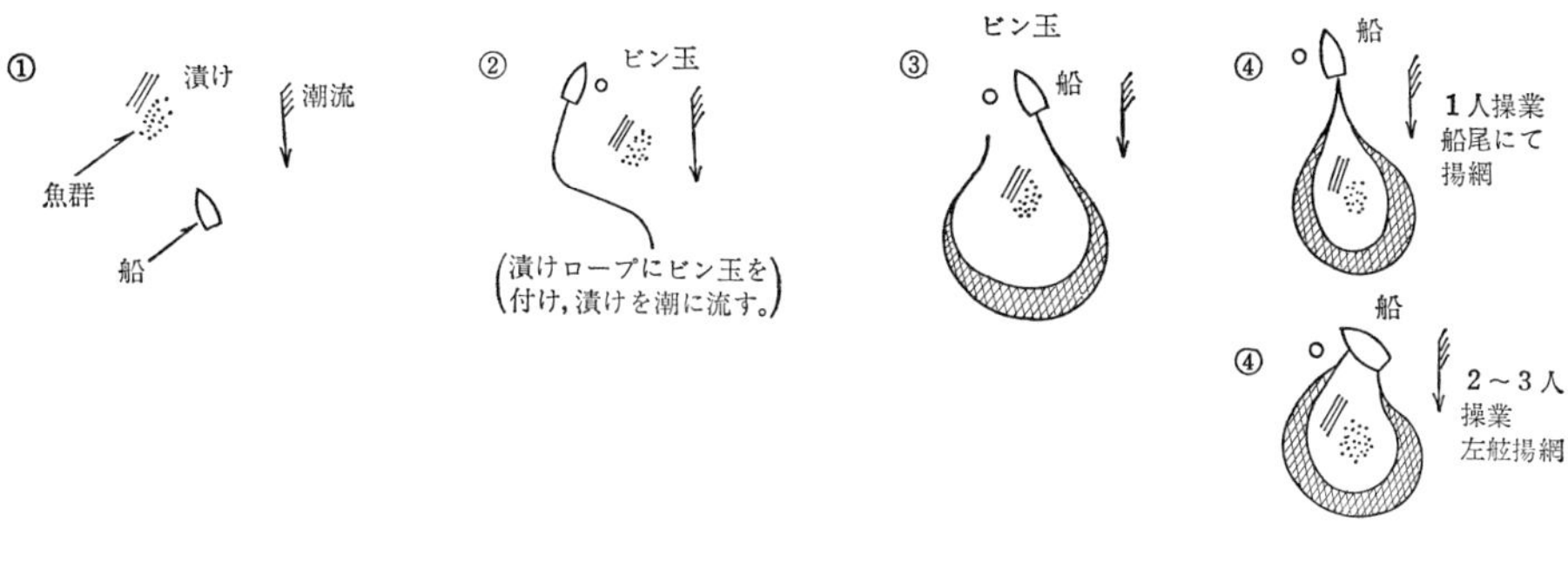

黒鯛（クロダイ）

名の由来は、体の色が黒っぽいタイであるところからといわれている。『和名類聚抄』（源順、承平年間〈九三一～九三八〉）にも「久呂太比（クロダヒ）」の名前がすでに登場している。関西ではチヌ、関東では一歳未満をチン、二歳をカイズ、三歳以上をクロダイと呼ぶ。

雄性先熟で、雄として成熟した後に雌に性転換する。幼魚期はすべて雄で体長一〇センチを超えると精子ができる。一五～二〇センチ位になると卵巣も発達し、雌雄同体になるが、産卵の際には雄の働きをする。それが二〇センチを超える頃から雌の働きをするものが現れ、さらに、二五～三〇センチの五年魚になると完全に雄と雌に分離する。しかし雌が圧倒的に多い。

クロダイは沿岸魚で、一般に水深五〇メートル以下の浅海の砂泥地に生息し、ときには半鹹水域に、また幼魚は潮だまりに入ることもある。両顎の発達した臼歯により、貝類、蟹類、フジツボ、

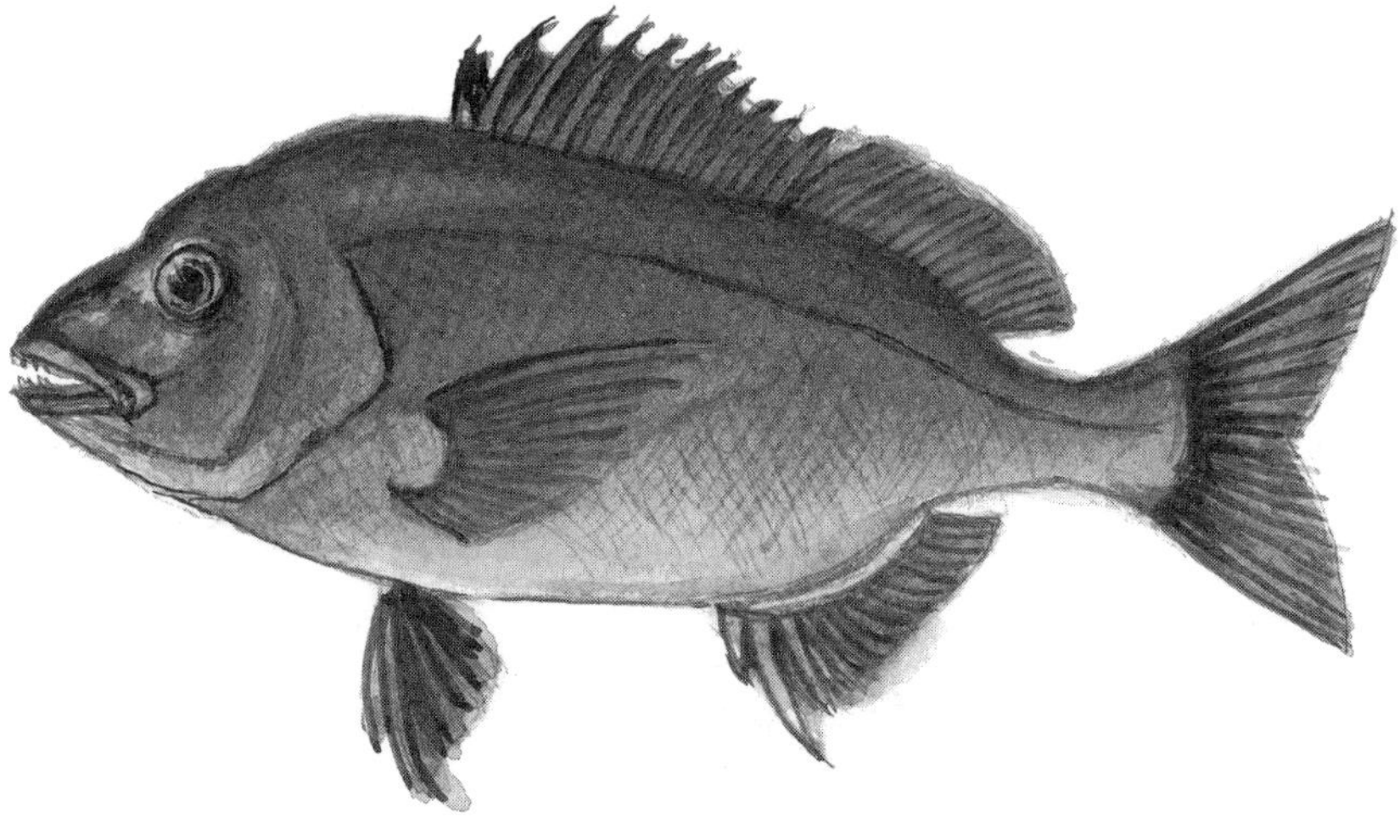

クモヒトデなどの硬いものをよく食べる。また、ゴカイ類なども食べる雑食性の魚である。「クロダイは血を荒らす」とも「クロダイは血を荒らすから妊婦に食わせるな」といわれるが、丈夫な歯で何でも貪り食う習性からでたものである。

クロダイ（チヌ）釣は、釣人にとって最高の釣趣のある釣りといわれ、各地で独特の釣り方が発達している。釣りの好期は初夏から晩秋にかけてである。夜行性であるため夜釣りが多いが、潮に濁りある時や多少波立つ日なら昼間でも釣れる。釣り方としては大別して浮き釣り、ふかせ釣り、投げ釣りがある。漁業としては刺網、延縄などがある。刺網は囲刺網（図面参照）といい、漁船を二〜三隻使用し、クロダイの漁場に着くと左右から魚の逃げる方向をさえぎりながら円形に投網する。投網が終われば一隻の船は、網の内側や外側の水面を竹竿で叩く漁法で、魚類は逃げながら網に絡まる。

クロダイは美味で、洗い、刺身として喜ばれる。また、塩焼き、味噌漬けもよい。

黒鯛《ちぬ》釣に虹たつ濤のしづまりぬ　　西島麦南

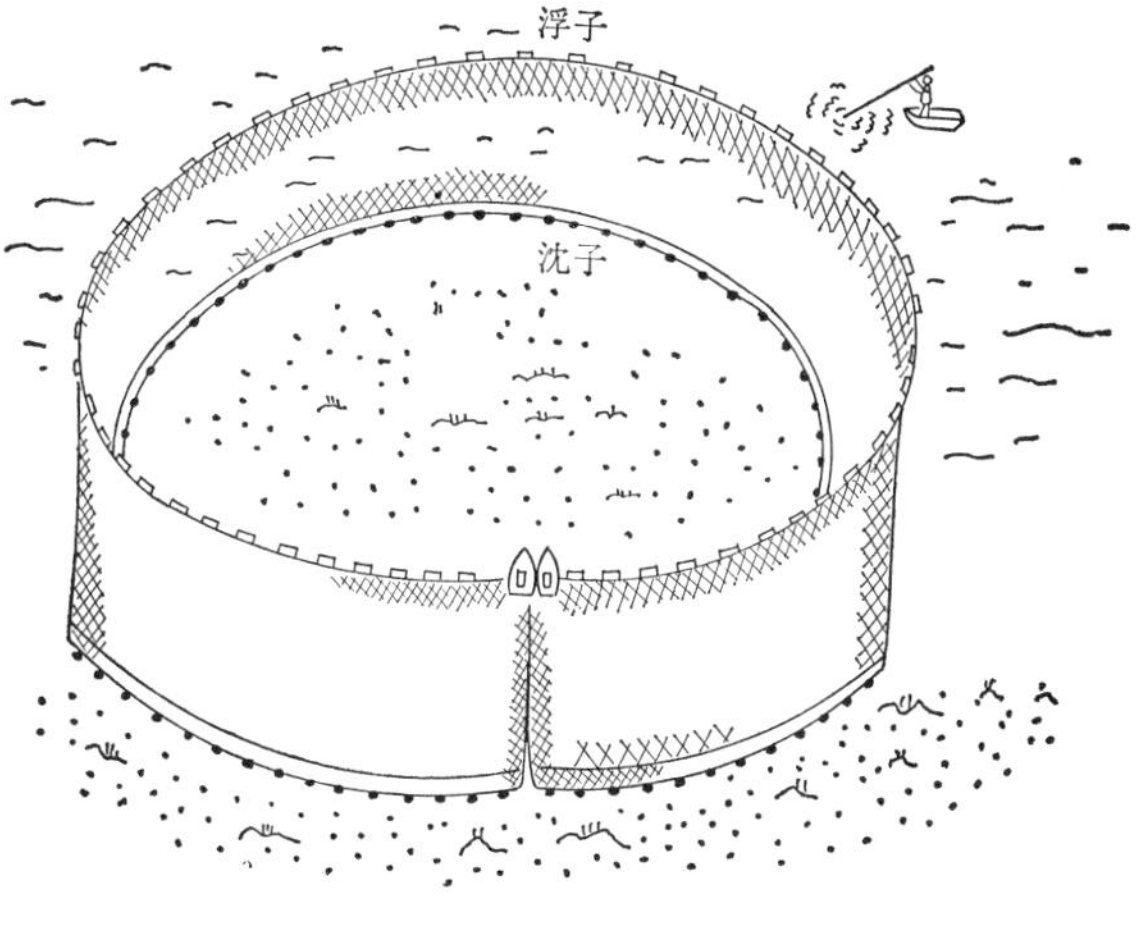

胡麻鯖（ゴマサバ）

サバの名前の由来は、サバの歯が他の魚に比べて小さいことから、小歯がサバに転訛したという。ゴマサバの「ゴマ」は、体側や腹方に小さな黒点が散在していることからといわれている。体型が丸いので、別名マルサバともいう。地方名称は、ウキサバ（出雲崎）、コモンサバ（美保関）、ドンンサバ（北九州）、ナンキンサバ（玄海）、ホシグロ（出雲崎）、ホシサバ（出雲崎）などという。

一般に季節回遊をし、春から夏にかけて北上する。産卵は一〜六月にかけて行われるが、盛期は四月頃で、主なる産卵場は台湾の北部海域で、九州南方から四国沖にかけても産卵する。

マサバとゴマサバの相違は、形態上はマサバはヒラサバ、ゴマサバはマルサバといわれるように体型が異なるほか、マサバは背部に波状紋があり、ゴマサバは体側と腹面に小黒点がある。ゴマサバは三陸から台湾までに分布する。そしてマサバはゴマサバより冷水海（摂氏一四〜一八度）を好み、比較的沿岸性であるの

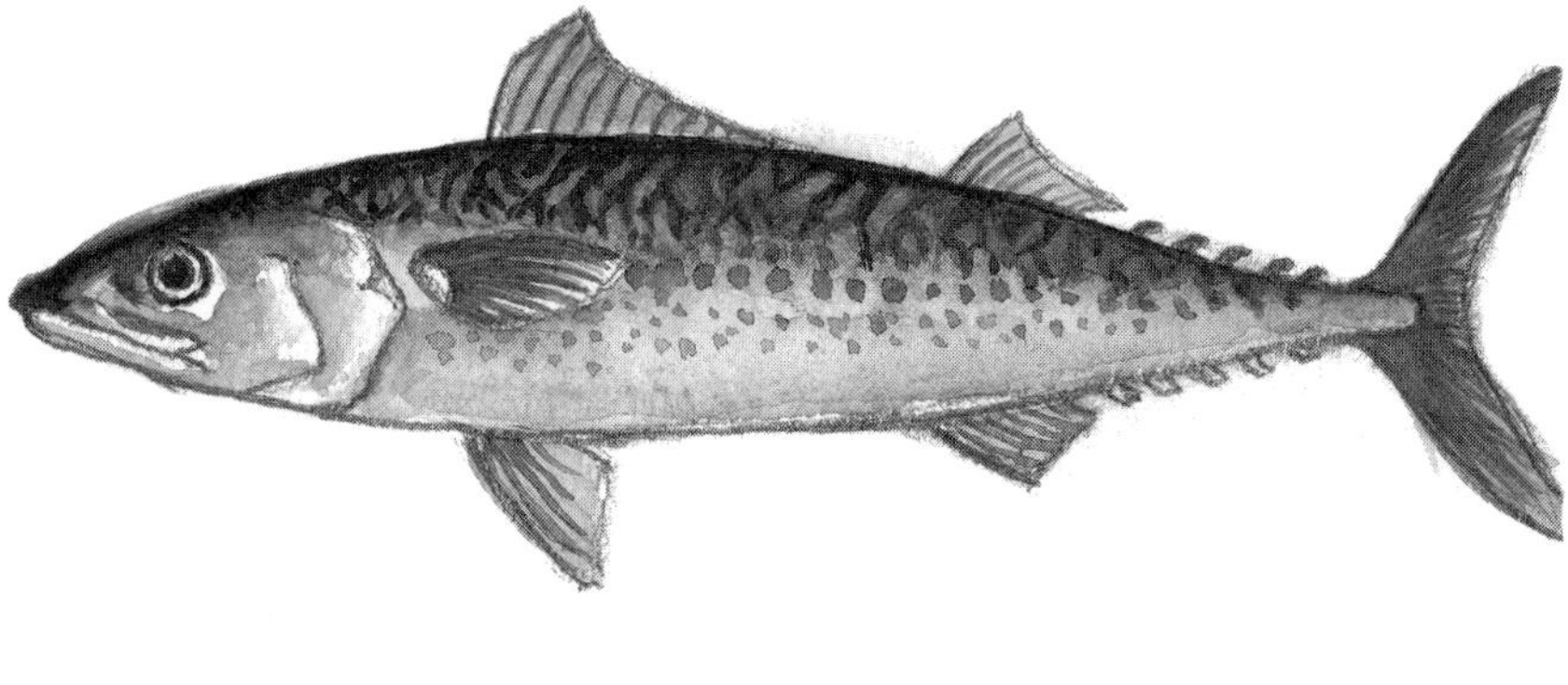

に比べて、ゴマサバはより高い水海（摂氏一九〜二五度）を好み、沖合性である。垂直的にもゴマサバはマサバより上層に分布する。

漁法は、まき網、棒受網、定置網、延縄などで、漁場は東シナ海が中心であるが、マサバと混獲されることが多い。ゴマサバの延縄漁（図面参照）の餌料は冷凍サンマが多く、カタクチイワシ、キビナゴなども使用する。サンマの場合は三枚におろして、片身を五〜一〇個位に斜め切りとしている。魚群探知機で深索し、魚群、瀬礁などを探知したら投縄準備にかかる。投縄は最初の二〜三鉢が魚群の中央に達するように潮流の方向、速さなどを考慮して潮上に全速力航走しながら船尾から行う。投縄を終了したら始めに投入した浮標に帰り船首部のラインホーラーで揚縄する。

旬は夏から秋で、味はマサバより脂肪が少ないだけ劣るが、季節変化はあまりない。鮮度のよいものを選び、しめさば、昆布締め、塩焼き、味噌煮、船場汁などにする。船場汁は塩を多めにふってから水洗いし、切り身にして大根と一緒に汁の身にする。

鯖の旬即ちこれを食ひにけり　　高浜虚子

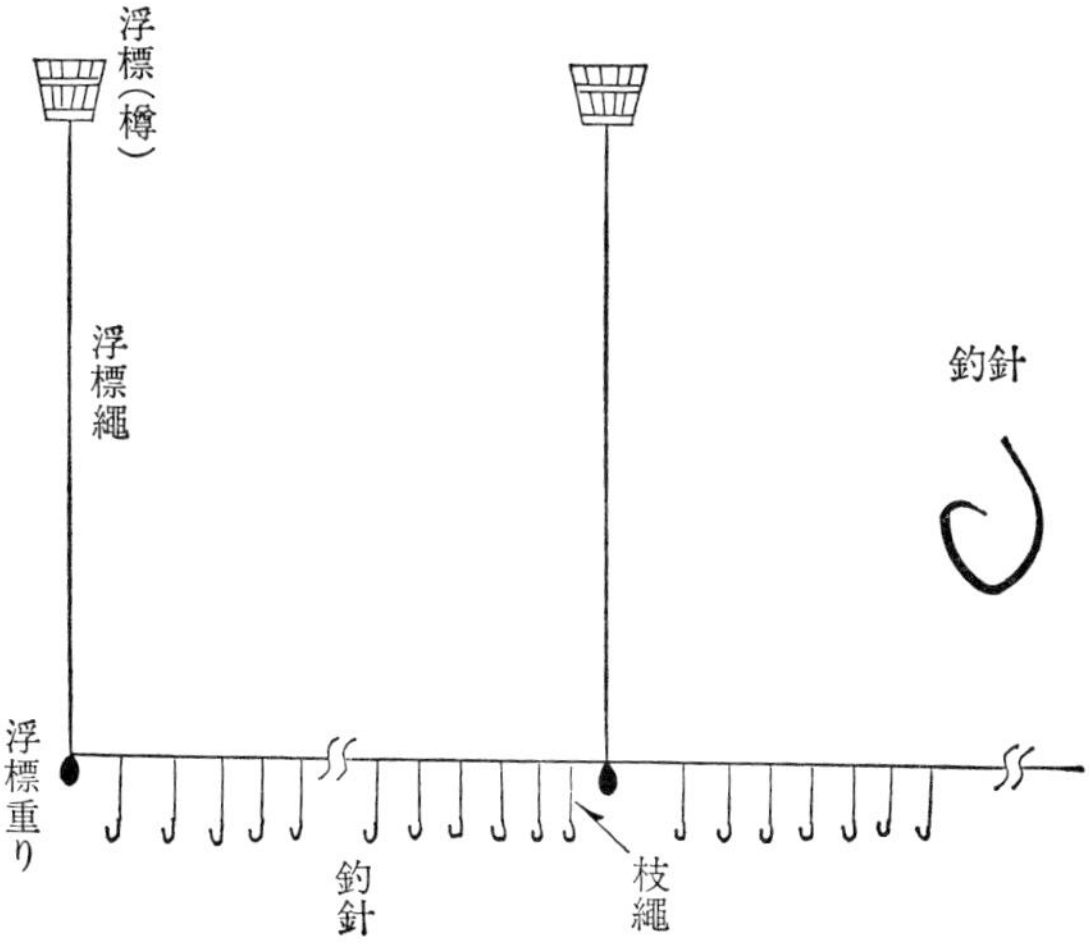

鱰（シイラ）

名の由来は、実のない籾《もみ》の「粃《しいら》」からの転訛したとの説がある。シイラも体は大きいが体皮が硬く、薄身で食べるところが少ないからである。また、シイラは、漂流物の下について泳ぐことから、時にはそれが動物の死骸であったりもすることから、「死」「死魚」「死人食」などから転訛したとする説もある。別名はマンビキという。地方名称で、ウマトウヤク（神奈川）、クマビキ（高知）、トウヤク（高知・和歌山）、マンサク（広島、愛媛）などという。

シイラは、世界中の熱帯から温帯にいるコスモポリタンな魚で、かなりのスピードで泳ぎ回り、日本には黒潮や対馬暖流域に、春から夏にかけて現れ、秋には南に戻って行く。夫婦仲良い魚といわれ、雄は雌より一回り大きく、おでこが角張った雄が釣れると、次に必ずスマートな雌はその船の後をどこまでも追いかけきて釣れるという。高知県では「夫婦和合の象徴」として、シイラの塩干物が結納に使われている。

シイラは親魚になってもものかげに集まる習性がある。是を利用した漁法が「シイラ漬漁業」である。漬漁業とは、木、竹、わら等を海中に敷設し、これに集まり又は中に潜り込んだ魚介類をまき網、曳網、すくい網、釣り等の漁法を使用して漁獲する漁業をいう。

シイラ漬漁業（図面参照）は、流れ藻に集まるシイラの習性を利用したもので、対馬暖流域の鹿児島県かる新潟県の沖合において主として行われる漁業である。漬場は沿岸数キロメートルから数十キロメートルの沖合にまで及び、漬漁業の中ではもっとも規模が大きく、通常孟宗竹を束ねて作った漬けを一〇〇〇～一五〇〇メートル間隔に三〇～六〇個程度を設置し、これによって集まったシイラを、餌をロープにつけて引き廻すか又は撒き餌によって漬から離し、まき網で漁獲する。

料理は、塩焼、照焼、バター焼、フライ、味噌漬、粕漬などにする。鮮度の新しいものは刺身にもする。

しいら舟かたむく岬の汐早む　　遠山壺中

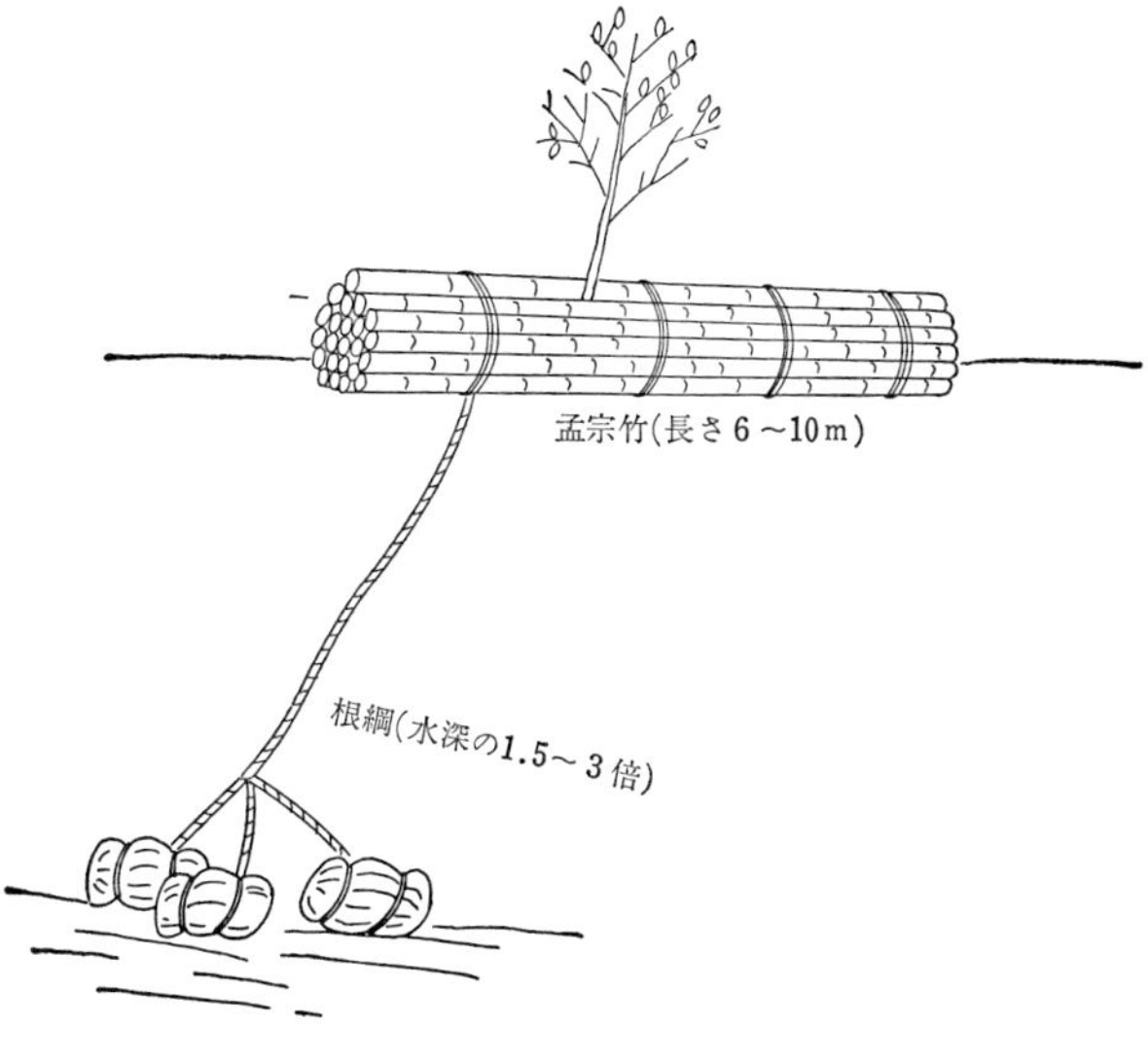

白鱚（シロギス）

キスの名の由来は、味が淡泊であることから「潔《キヨシ》」の転訛したという説、混じり気のない「生《キ》」と飾りけのない「直《ス》」から「キス」となったとの説などがある。シロギスは、銀白色であることから、青味のやや強いアオギスに対して呼ばれる。別名キスという。地方名称では、キス（関西、関東）、キスゴ（関西、九州）、シラギス（東京、大阪）、コスゴ（兵庫）などがある。『物類称呼』越谷吾山（安永四年〈一七七五〉）には、「関西にきすご、江戸にてきすと云。伊勢の白子にて雨ふる魚と云。雨ふる日多くとる魚也。故に名とす。紀州にてだうほうと云」とある。

沿岸の砂底または砂泥底に生息し、通常は海底から一〇〜一五センチ上方までの範囲にいる。警戒心が強く、危険を感じると砂の中にもぐる習性がある。砂底のゴカイなどの環形動物や甲殻類を捕食する。

漁法は、定置網、刺網などで漁獲する。刺網は、狩刺網、こぎ刺網、

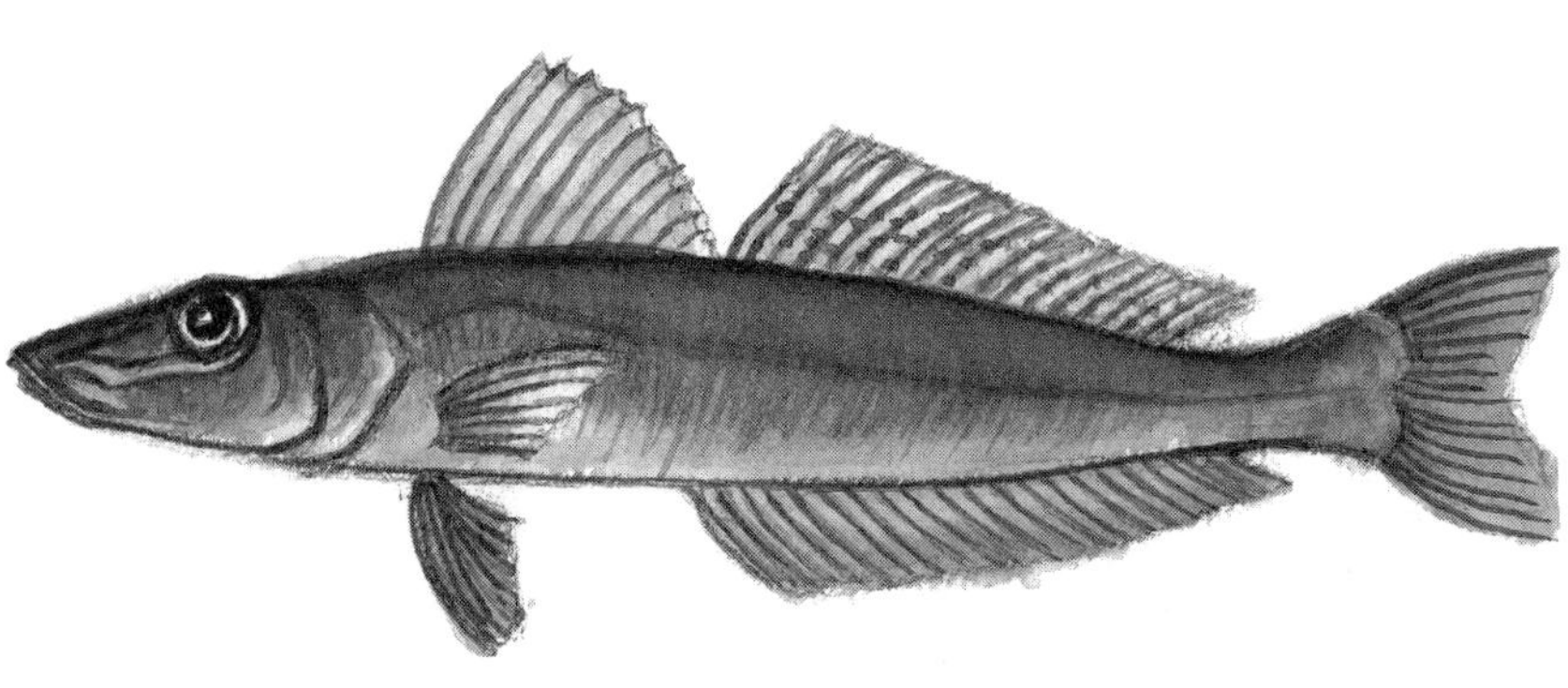

流刺網、まき刺網の各種の漁法が行われている。キスの狩刺網（図面参照）は、投網に際しては、あらかじめ下層流の方向をはかっておき流れを横断するように投網する。船は潮下に回って網の両端の浮標が船の近くまで流れてくるのを待つ。船上では周辺の海面を叩き、又、船を叩いて魚を驚かせ、網にかかりやすくする。また、シロギス釣りは、八十八夜を過ぎてからである。八十八夜は立春から数えて八八日で、五月二日頃である。キスは日本全国どこの海でも釣れて、代表的な釣りの対象魚である。釣りの魚信が明瞭で釣り味もよく釣人にも好まれる。キス釣りは女性、子供でもよく釣れるので、最近家族連れの釣りが増えている。

キスは、白身の上品な魚で、天ぷら、刺身、昆布じめ、塩焼き、フライ、酢の物などにする。江戸前の天ぷら種としてハゼ、メゴチと並んで三大天ぷら種の一つとして特にキスの天ぷらは人気がある。これはキスの脂肪含有量は約一％しかないので、油を使った天ぷらは、上品な味で食感がよいという。

一片の蓼の葉あをし鱚にそへ　　富安風生

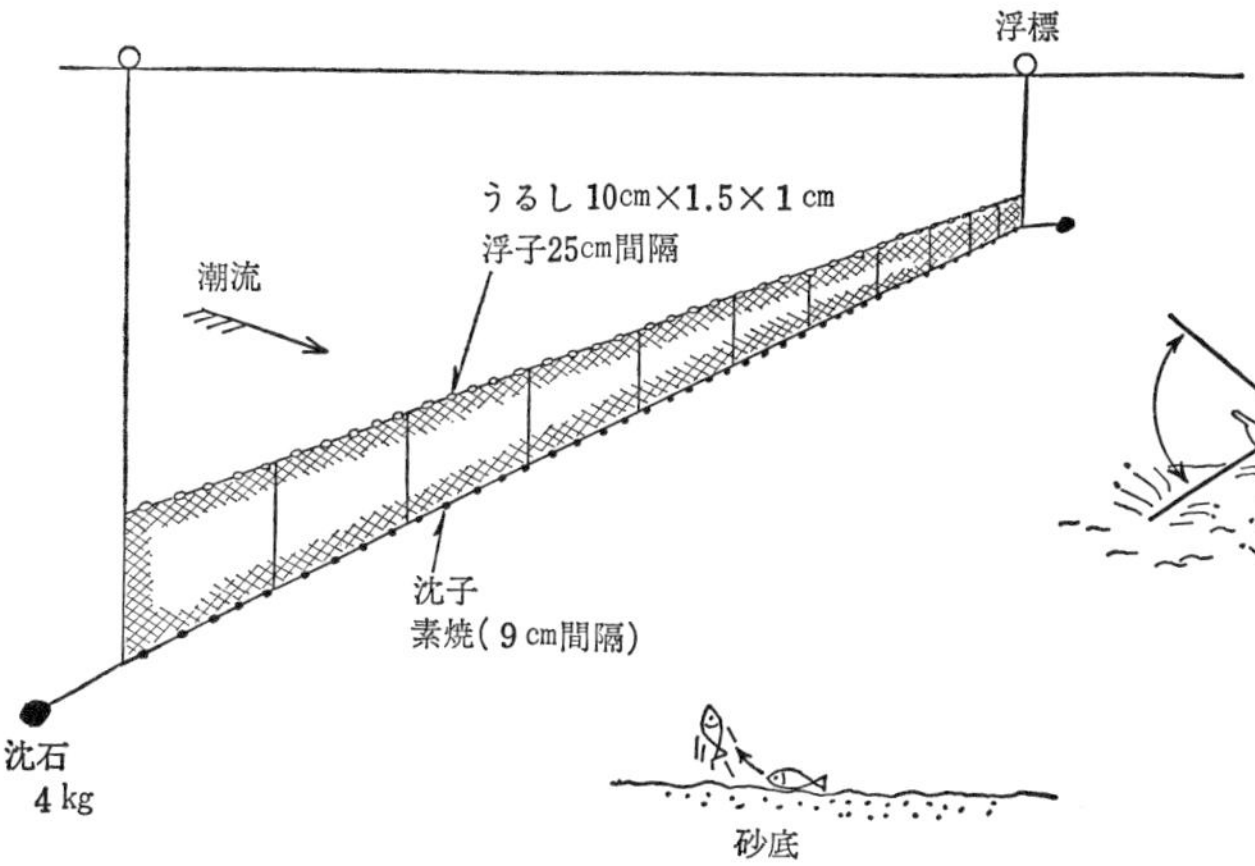

蝦蛄（シャコ）

名の由来は、ゆでると石南花《シャクナゲ》のような色になることから、シャクナゲが転訛したという。地方名称でシャコエビともいう。シャコ科の甲殻類で、雌雄とも同様な形、色彩をしているが、雄では最後の歩脚の基部内側に生殖孔の部分が長く伸長してできた陰茎があり、第一腹肢が交接器に変形している。内湾や内海の水深五〇メートルの砂泥底に生息する。坑道を掘りこの中にすんでおり、夜行性で坑道を出て、強大な歩脚を用いて、魚類、甲殻類、ゴカイ類や頭足類などを補食する。産卵期は五～一一月で、産卵後に雌は三対の顎脚で口の付近に卵塊を抱え、坑道内で保有する。

漁法は、刺網、底曳網で漁獲するほか、浅い干潟にすむものを穴から釣り出す独特な漁法がある。刺網は、底刺網漁業であって、シャコの生息する水深二〇～二五メートルに敷設する。

底曳網は、網口に桁《けた》を有するシャコ桁網（図面参照）であって、

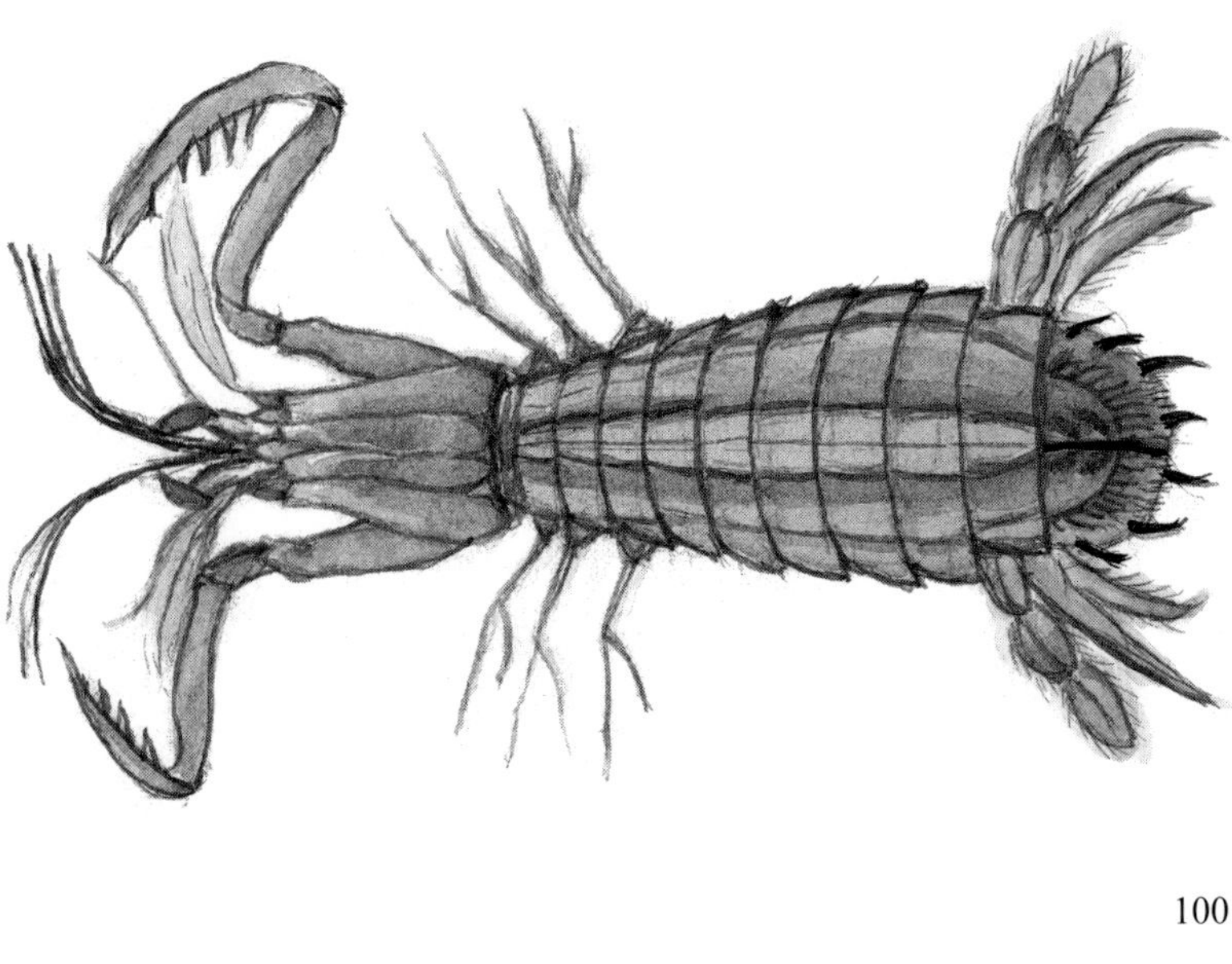

漁場において舷側から漁具を海底におろして海岸に平行に曳航する。一回の曳網時間は二〇～三〇分とし、機関は通常半速とする。

また、シャコ掘りについて『日本水産捕採誌』（農商務省、明治四三年〈一九一〇〉）には「蝦蛄を採るの方法一ならず、多くは鍬を以て土を掘起し或は爬具を用ふ。肥後国にて使用する所にして其器は総て木にて製し、頭は二叉を為し其長さ二尺許とし其の二叉の尽きて一本となる処に横に践木を嵌め以て足を掛くる処となし夫より末は柄とす其長さ一丈許漁者は干潮の斥鹵に蝦蛄の潜蟄する穴の多き処を撑び二人或は三・四人或は三・四人連合して此の器を突き込み踏木に足を掛け深く泥砂中に下し而泥砂を起し蝦蛄の顕はるゝものを捕ふるなり」とある。

シャコは塩湯でにして、頭、尾、甲を取り、山葵醤油や酢味噌などで食べる。煮付け、天ぷら、酢の物などにもする。旬は腹に卵のある春から初夏にかけてで、コリコリと歯ごたえのある卵塊は、「カツブシ」と呼ばれて独特の風味が好まれ珍重される。

天空下蝦蛄仰向けに干されける　山口草堂

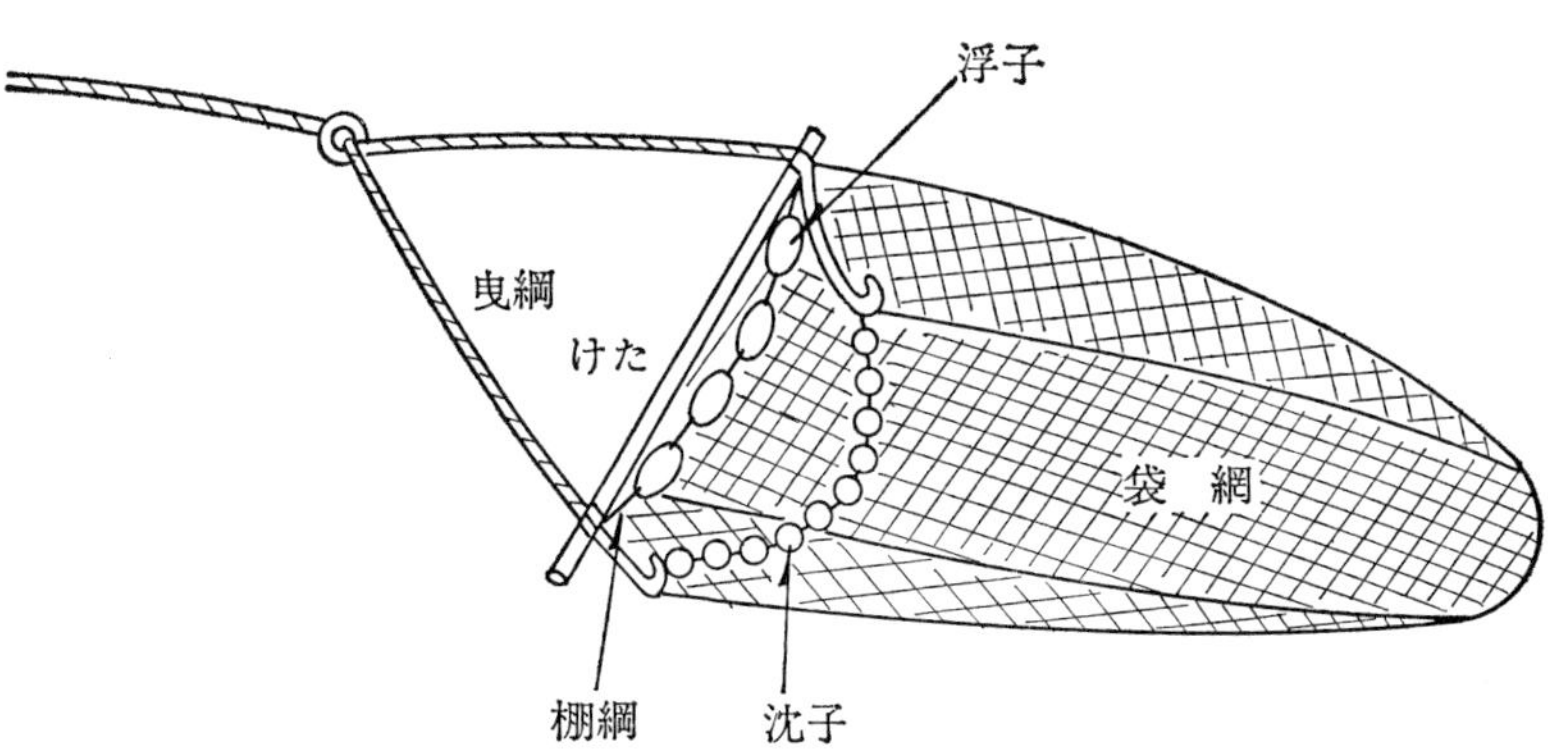

鯣烏賊（スルメイカ）

イカの語源は、その形状が「厳《イカ》つい」、「厳《イカ》めしい」から転訛したとの説がある。イカを漢字で書くと烏賊と書く。烏賊の字は、中国の古書『南越志』によれば「イカは鳥を好むことから、水面に浮かび鳥を腕で捕まえ、水中で食べることから、烏賊《うぞく》と書くようになった」という。スルメイカは、墨を吐き、群れることから「スミムレ（墨・群れ）」が「スミメ」を経て「スルメ」に転訛したものといわれている。

イカの墨は直腸の近くに墨ぶくろの開口があり墨は漏斗を通じて自由に外海に吐くことができる。タコの墨は、吐き出した墨はモウモウとした黒い煙となり、それに紛れ身を隠す煙幕の役目があるのに比べて、イカの墨は吐き出した墨は自分と同じくらいの塊になって、しばらくは散らない。このためにイカの墨が自分の替え玉となって敵の目を欺く役目をする。全てのイカ類は雌雄異体で、有性生殖を行う。交尾に際して雄は精莢と呼ばれる精子の

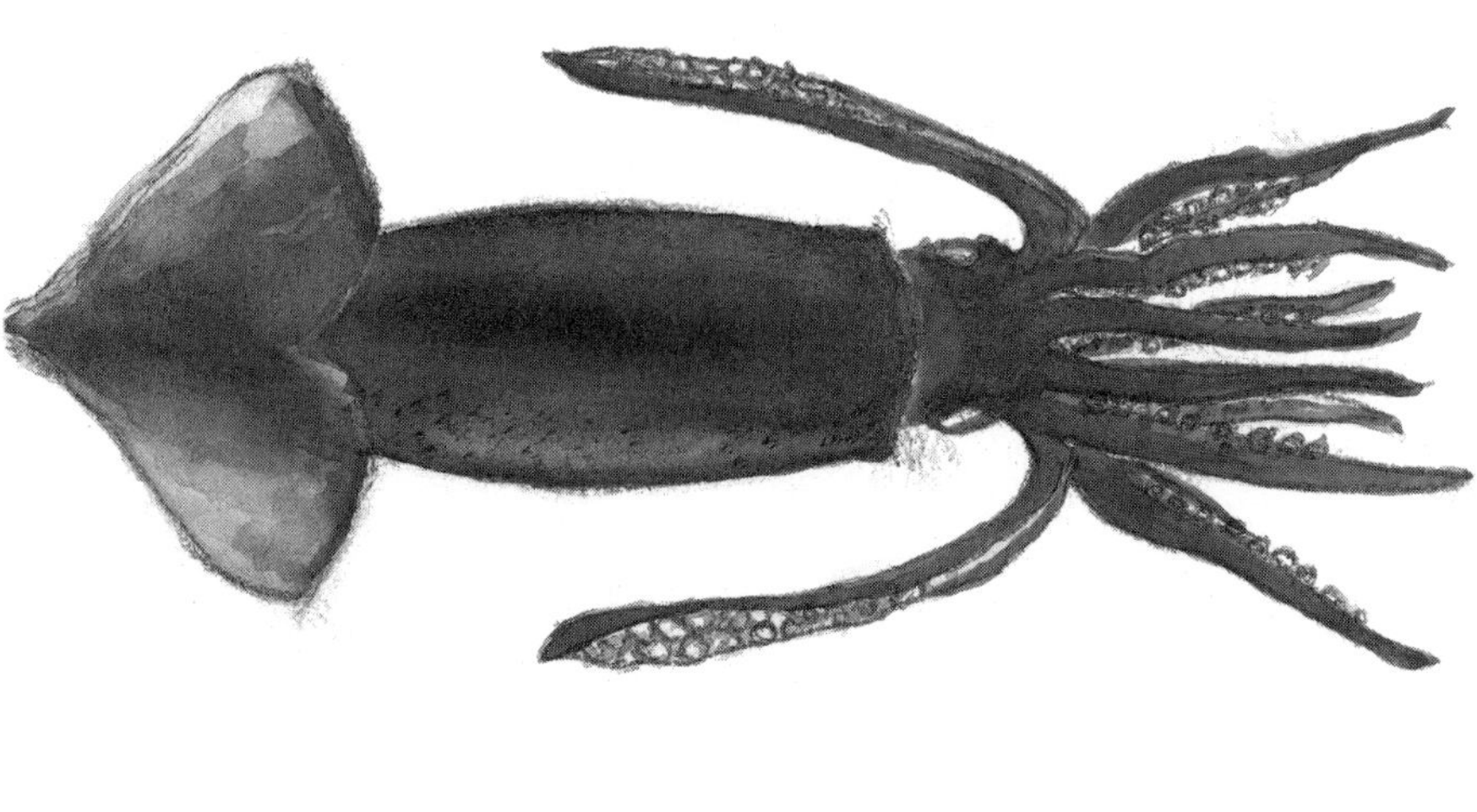

入った袋を交接腕を用いて雌に渡し、雌は精莢から発射された精子を蓄え、産卵時に卵を受精させる。生殖期は四～六月が多い。

漁法は、古くは「山手」「とんぼ」「はねご」などという釣具を用いて手釣りで行われていたが、現在ではイカの趨光性を利用して、集魚灯でイカを集めて全自動釣機（図面参照）により、釣針が魚群のいる水深に達するように機械を調整し作動させ流れ作業式に漁獲される。シーズンとなる夏の日本の海上が人工衛星のカメラにもはっきりととらえられるほどの明るさで、不夜城ができるといわれている。漁法はその他、底曳網、定置網、刺網などで漁獲される。

スルメイカの料理としては、刺身（イカそうめん）、煮物、焼物、和物、天ぷらなどある。加工品としては、鯣《するめ》、塩辛、イカ徳利、サキイカ、燻製などがある。イカ徳利は、イカの胴を徳利状に整形乾燥させたもので、日本の伝統的な製品である。燗をした日本酒を入れて十数分おくと、イカの風味のある酒が味わえる。

烏賊売の声まぎらわし杜宇　　松尾芭蕉

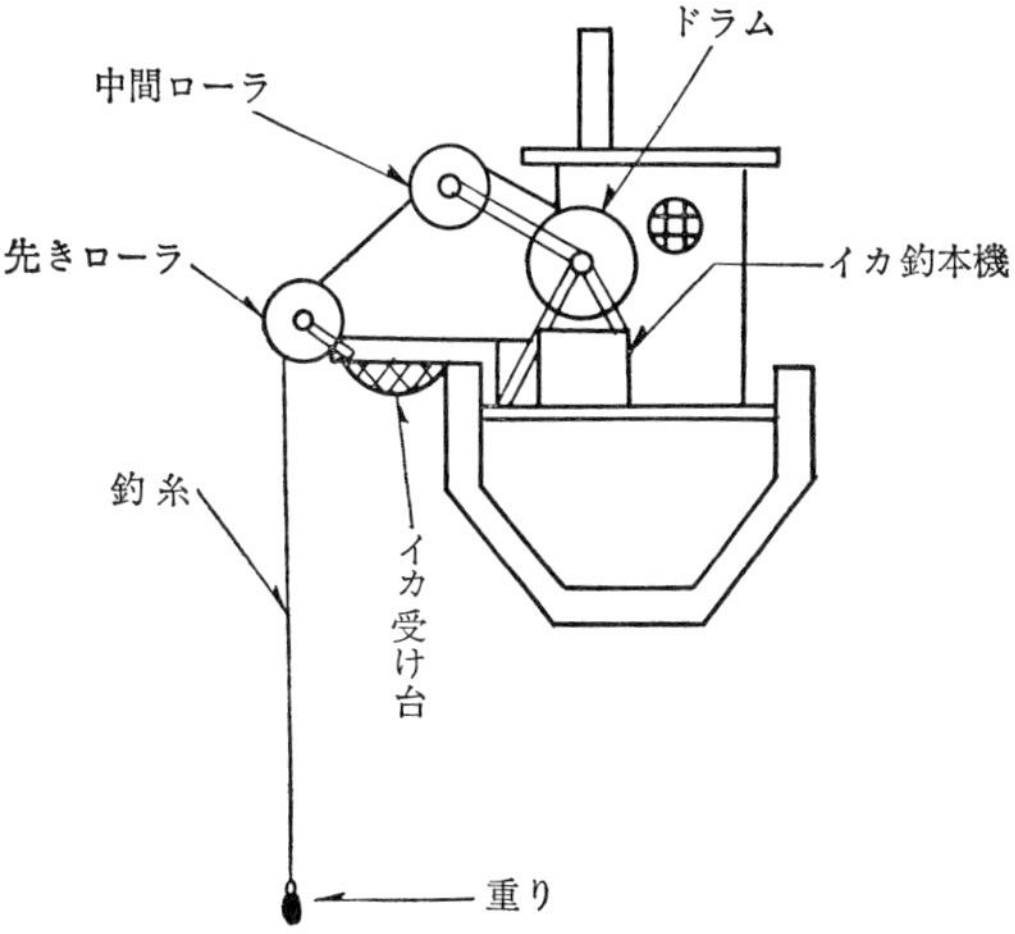

太刀魚（タチウオ）

名の由来は、魚体が太刀のように平たくて長く、銀白色に輝いる見えるからとする説がある。また、頭を上にて立ち泳ぎをすることから転訛したとの説もある。地方名称で、ハクナギ（宮城）、サワベル（福島）、シラガ（新潟）、タチ（高知）、ハクイオ（鳥取）、タチヌイオ（沖縄）などという。鎌倉時代に新田義貞が稲村ケ崎に投げた太刀が魚に化けたという伝説がある。

タチウオは、腹びれも尾びれもなく、尻びれも小さな突起として存在するだけである。また、鱗もない。歯は鋭く犬歯の先は鋭くかぎ状に曲がっている。全長は一・五メートルに達する。

漁法は、一本釣り、延縄、曳縄釣り、底曳網、刺網などがある。タチウオの延縄（図面参照）は、餌料はキビナゴの大型のものを使用するが、不足する時はカタクチイワシや小アジを使用する場合もある。装餌方法は背がけとする。この場合釣針を背骨の下にとおして餌が脱落しないようにする。投縄は一般に左舷で行い、

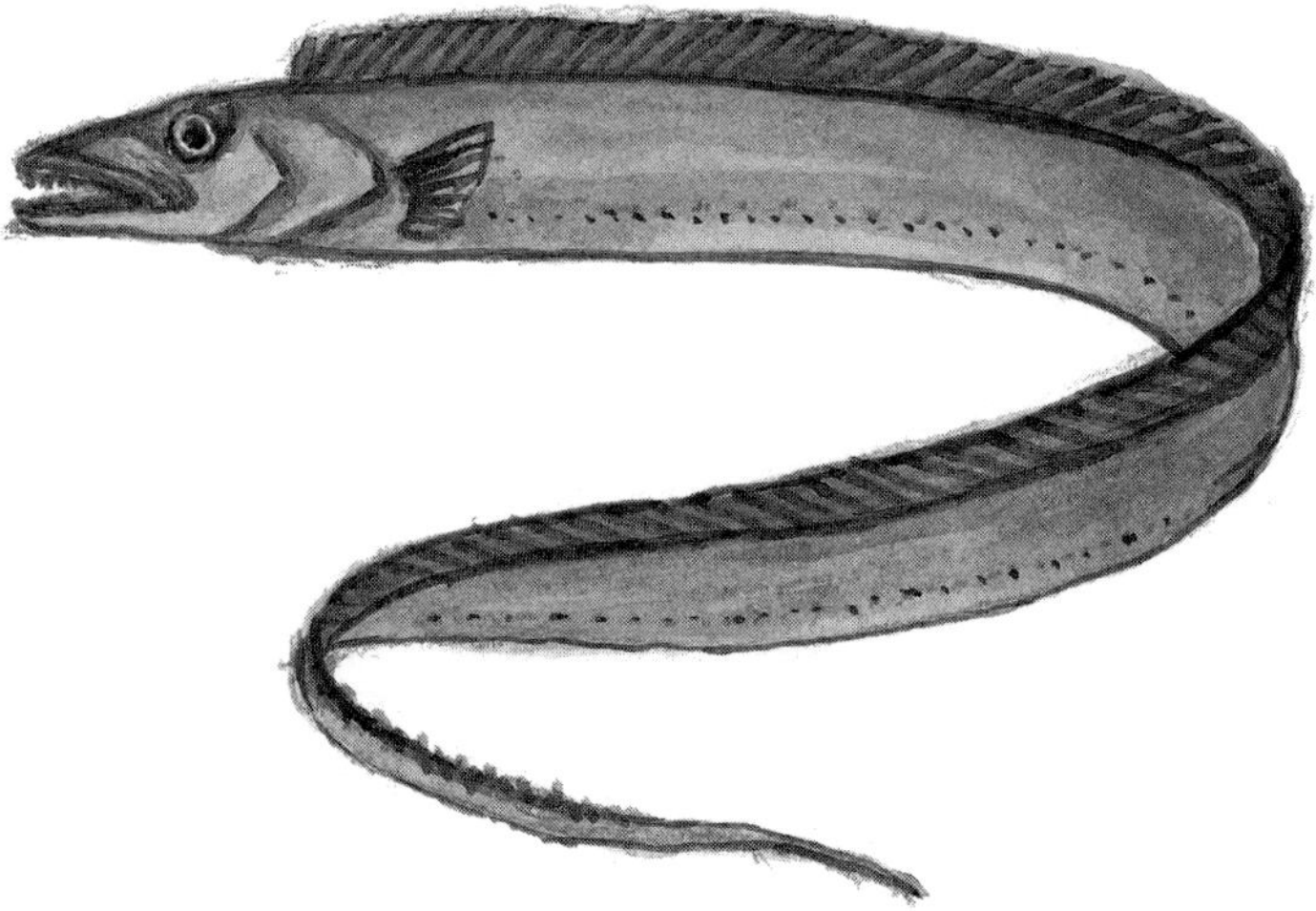

潮流を横に受けて直線状に投入する。一般にタチウオは昼間は表層へ深浅移動するので、本漁具は魚群の遊泳層に釣針を合わせるため、浮子と重りの調節が必要である。また、遊漁の釣りは、鋭い歯でハリスをかみ切られることが多いので、針の軸を長くするか、ハリスの部分をワイヤーにする必要がある。波止場の夜釣りは活きた小アジやイワシを背掛けにして電気ウキで流して釣る。

タチウオは鮮度が落ちると銀色も剥げる。肉は白色で軟らかい。新鮮なものは刺身にする。脂のあるものは塩焼き、照焼き、唐揚げなどにする。塩焼きは、タチウオの銀箔を包丁でとって水洗いし、頭や内臓を除いて、適当の大きさに筒切りにして、塩をふって焼く。体の表面は、普通の魚のような硬い鱗はなくグアニン箔（タチ箔）という薄い銀色の膜に被われている。タチウオには、このグアニン箔が体全体を被うことによって体を保護している。模造真珠は、タチウオからとれるグアニン箔をガラス玉に塗ってつくったものである。

太刀魚のはねずなりたる砂の上　　原　石鼎

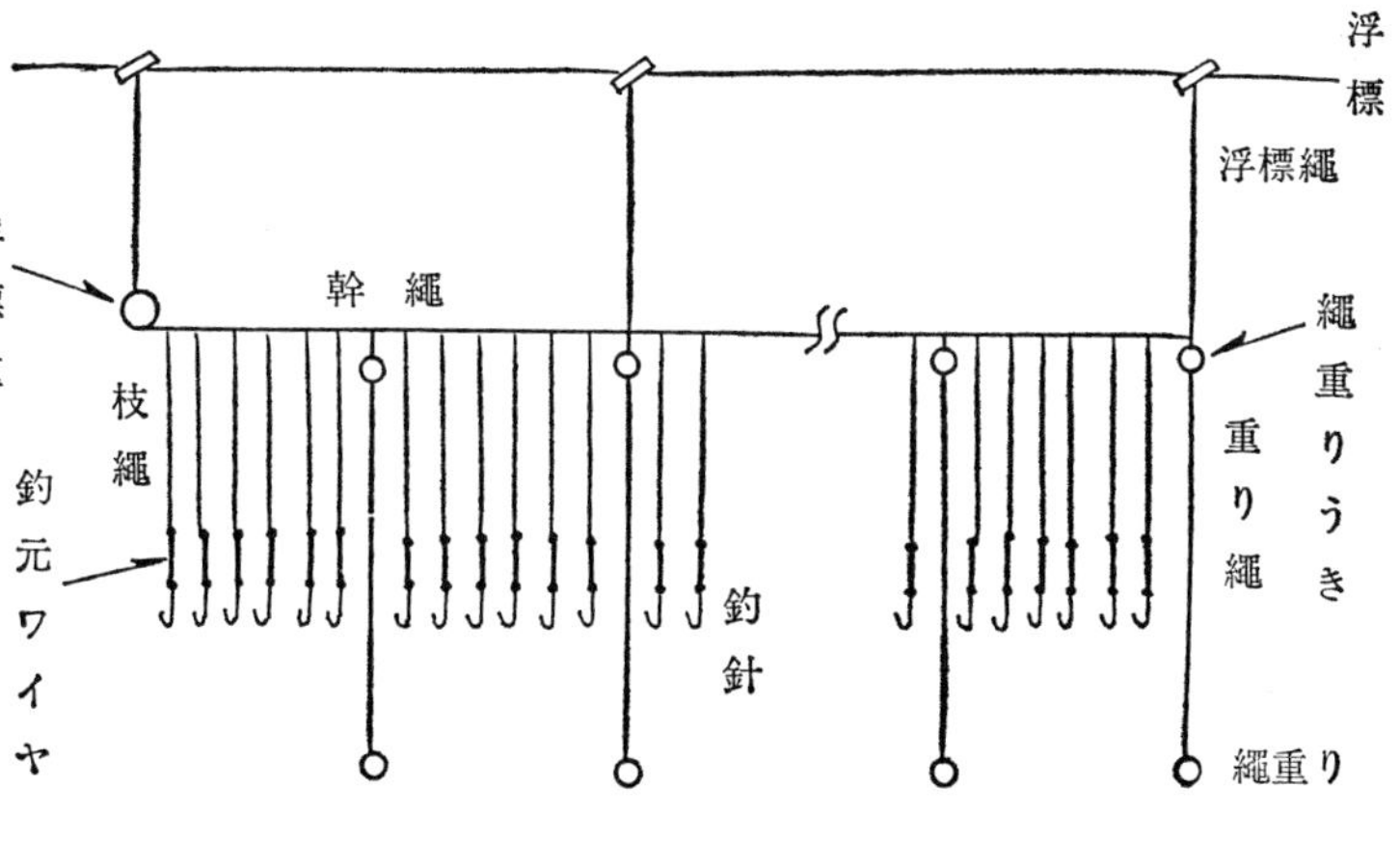

泥鰌（ドジョウ）

名の由来は、水底の泥土から生まれるの意味の「土生《どじょう》」から転訛したする説やドジョウが土の中でも成長することから、土長《ドチョウ》が転訛したとする説がある。地方名称では、ドゾウ（青森）、ドンジョ（仙台）、ママドジョウ（千葉）、ムギナ（長野、新潟、富山）、アジメ（長野）などがある。

ドジョウは、腸で空気呼吸をする習性があってよく酸素欠乏にも耐える。空気を飲み込むためにときどき水面まであがり、空気を飲み込む。肺がないために腸で呼吸する。口から飲み込んだ空気は胃を通って腸へいく。腸の周辺には毛細血管が集まっており、それが肺の役目をして、酸素を吸収する。排気は肛門から気泡になって外に排出される。水温が高くて気圧の低い時には水中の酸素が少ない。このために腸呼吸が盛んになって、空気を飲み込むために上下運動が活発になる。

かつてドジョウをを獲るのに変わった漁法として「鯲《どじょう》挟み」と

いうのがあった。はさむ場所に刻み刃を付けて用いていた。当時は炎暑の夜に松明を照らして、水面に浮いているドジョウを挟んで獲っていた。また、「どじょう網」（図面参照）というのがあるが、ドジョウなど淡水魚類の来遊経路に設置し、迷入した魚を捕獲するものである。

ドジョウの料理には、柳川鍋や泥鰌汁がある。柳川鍋は、文政初年に江戸南伝町の万屋某なるものがドジョウを裂いて鍋煮にして売り出したのが骨抜き泥鰌鍋のはじまりだといわれている。その後天保初年横山同朋町に「柳川」という店が開業して評判になり繁盛したという。当時の柳川鍋は二重の土鍋を使っていた。上の鍋に泥鰌の卵とじを入れて春慶塗の蓋をし、熱い湯を入れた下の鍋にすっぽりはめ込んで冷めぬようにしていた。泥鰌汁は、濃いめの味噌にだし汁を加え、つまの牛蒡、大根などとともに煮たものである。変わったものに「泥鰌地獄」という鍋に豆腐と生きたドジョウを入れて煮る残酷な料理がある。

わがことどせうの逃げし根芹《ねぜり》かな　内藤丈草

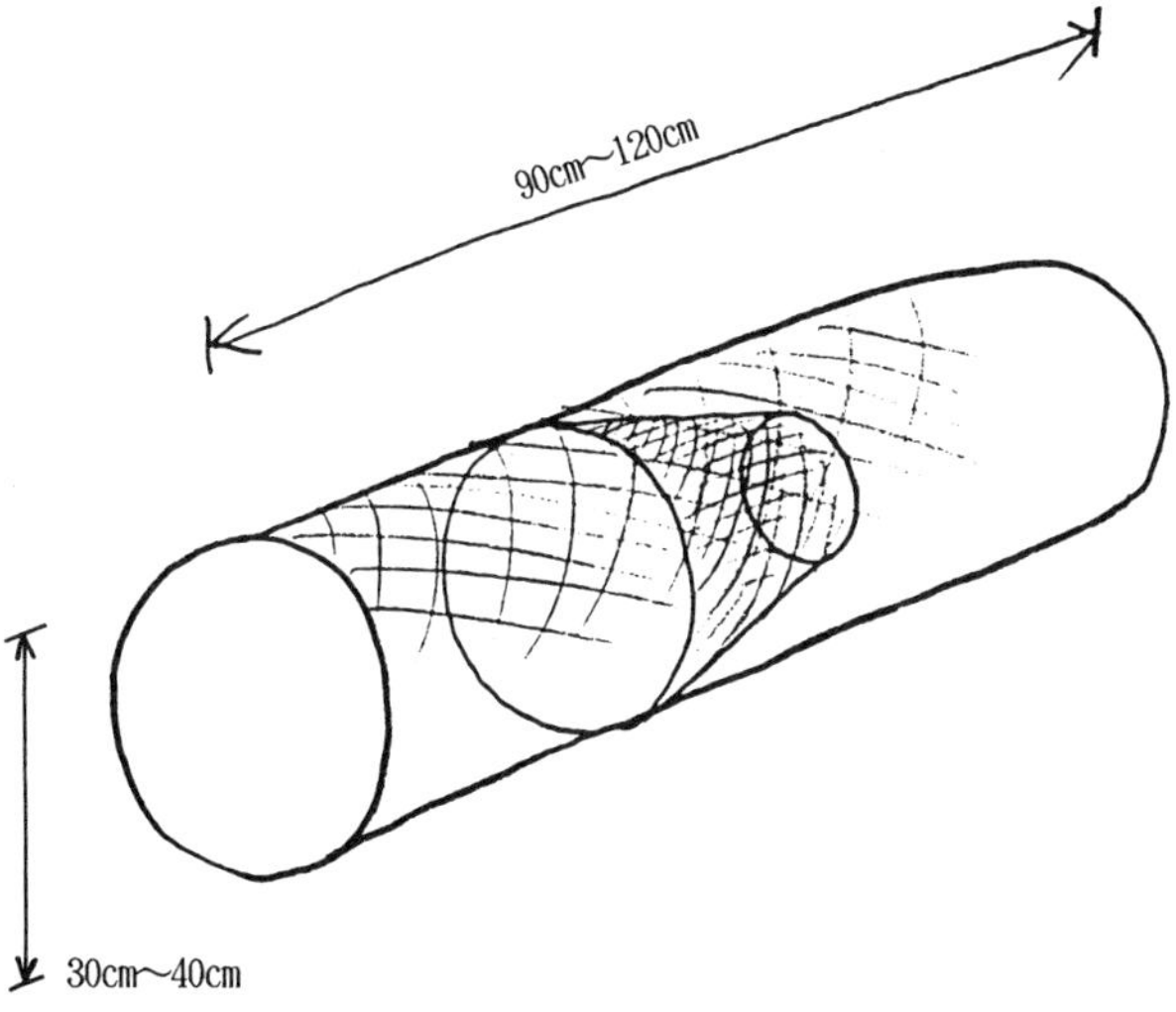

飛魚（トビウオ）

名の由来は、漢字で飛魚と書くが、海面から高く飛行することから名付けられた。別名でアキツトビウオ、トビノウオ、ホントビといい、地方名称では、トビ（東京）、アゴ（西日本）、ツバクロ（石川、豊後）ウズ（白浜）、トブー（沖縄）などという。西日本ではアゴと呼ばれて親しまれているが、これは「顎《あご》が落ちるほど美味い」という意味である。

トビウオの背中は平坦で腹側が細く尖っていて頭の方から見ると逆三角形になっている。体長の五分の四にも達する胸鰭は、丈夫な鰭膜が幅廣く広がって翼状になっている。飛ぶのには、まず尾鰭を左右に強く振って水面上を急速に泳いで水面上に飛び出し、同時に胸鰭と腹鰭をいっぱいに広げて、尾鰭の下葉で水面を打ち続けて空中に浮揚する。羽ばたきはせず、グライダーのように空中を滑空する。この時速は七〇キロメートルだという。世界的な観測記録によると、高さ一〇メートル、距離は四〇〇メートル、

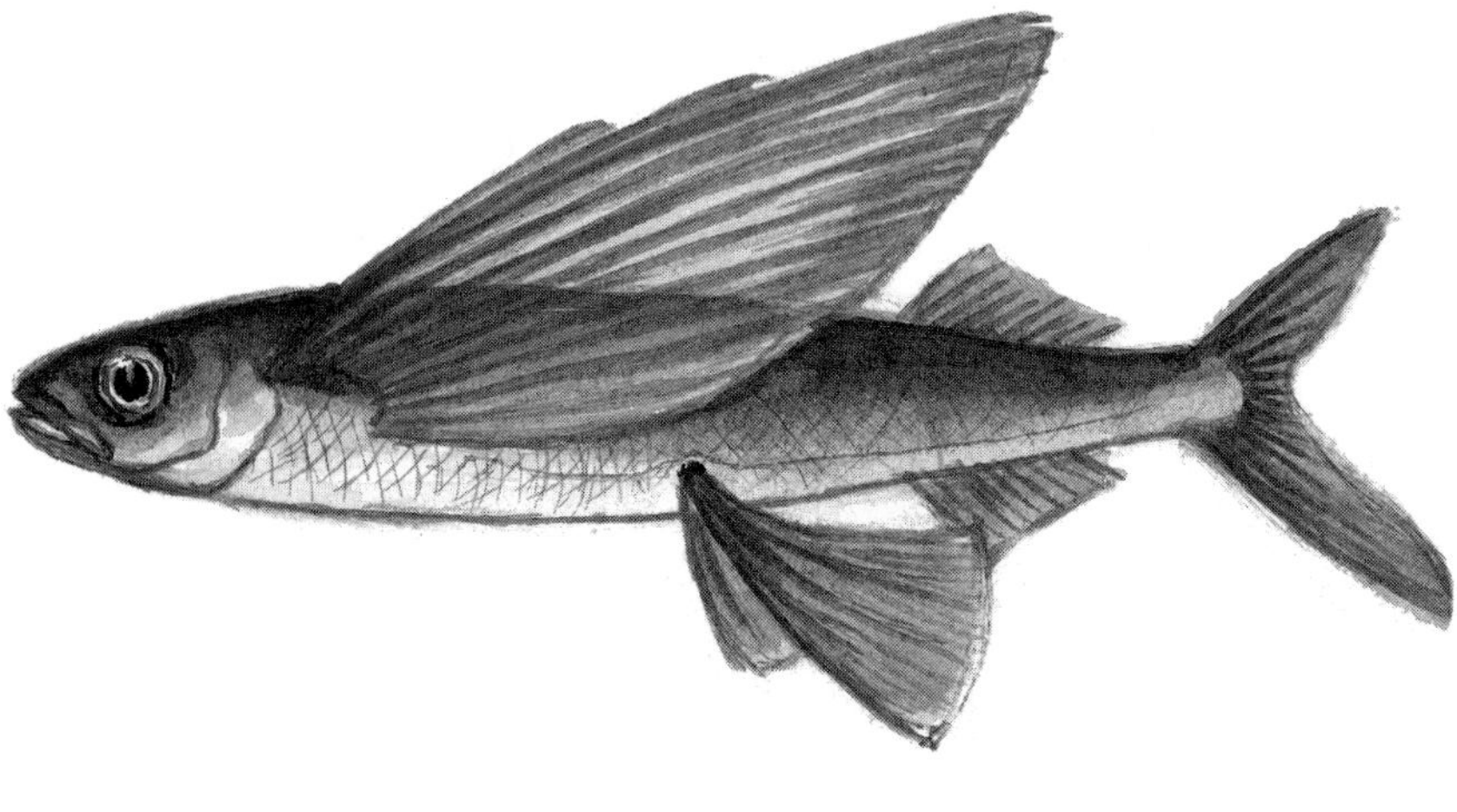

滞空時間は四二秒である。トビウオは飛翔することから縁起のよい吉兆の魚とされ、神饌に捧げられることもある。たとえば伊勢市の猿田彦神社では毎年五月五日の御田祭には無形文化財に指定されており、神饌として献上される風習がある。

棒受網、刺網、延縄、まき網、定置網などで漁獲する。刺網は網を流しながら刺させる「流し網」(図面参照)を使用する。魚群の飛翔を視認して、その前方に網を張るが、沈子を前方に、浮子を後方にして船首にある網を航走しながら投入する。陸岸側から沖はに向け「かき」から投網し、「せめ」は潮下に屈曲させる。

トビウオの旬は初夏から夏である。脂肪分が少なく淡白な味で、塩焼き・唐揚げ・つみれ汁などにして食べる。新鮮なものは、極上の刺身として美味である。トビウオを原料とした竹輪は「あごちくわ」と呼ばれ、鳥取県・島根県・兵庫県の特産である。長崎県には「アゴのかまぼこ」がある。トビウオの卵は「トビッコ」と呼ばれ、珍味や寿司ネタになる。

飛魚の波高ければ高く飛び　関　圭草

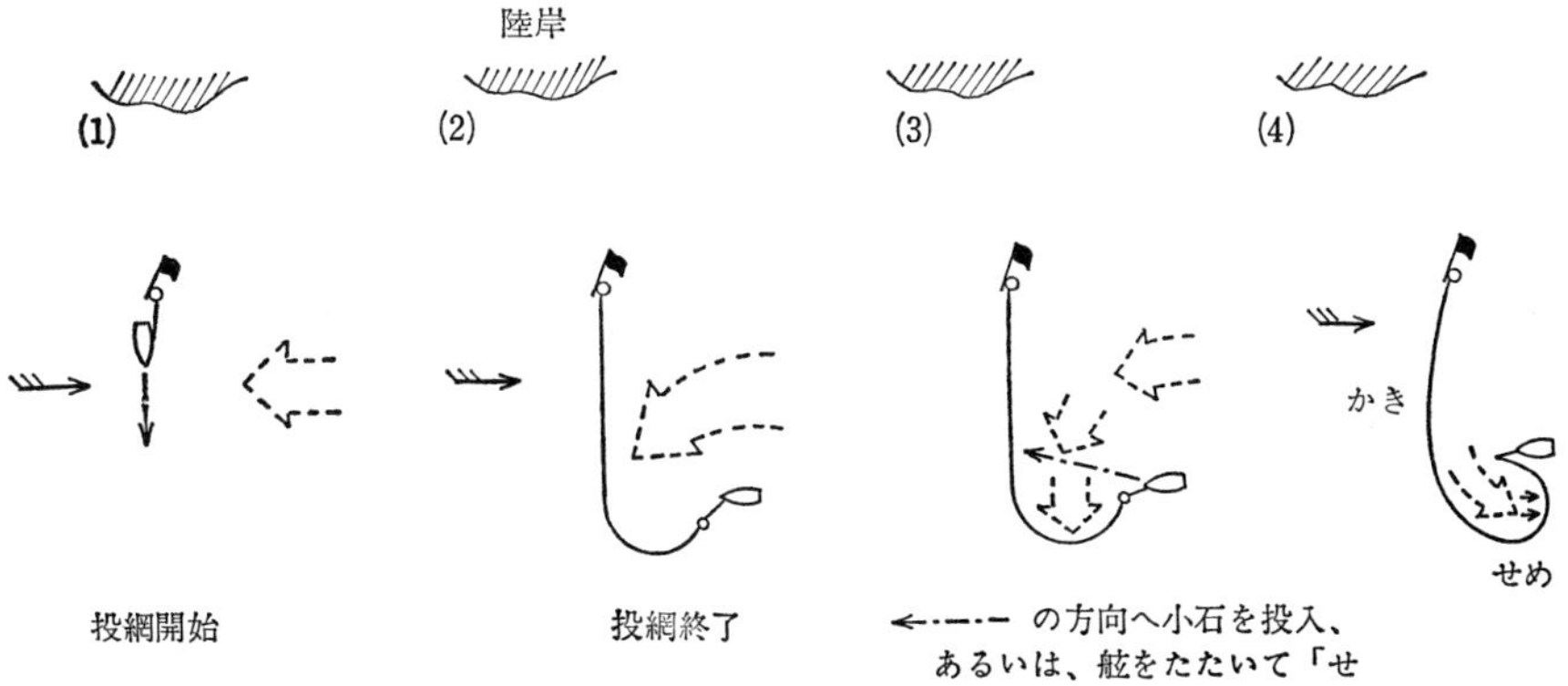

鯰（ナマズ）

名の由来は、「ナマ」は、鱗がなく滑らかな魚の「滑らか」の意で、「ず」は、川や沼の泥底に棲むことから「泥や土」の意であり、「滑らかな泥魚」から転訛したものだという。別名はマナマズといい、地方名称はカワッコ（千葉県豊成）、ザシン（富山）、ショウゲンボ（千葉県長生）、アカナマズ（琵琶湖）などという。

ナマズは地震や天候変化に敏感なために、昔から地震を起こす力があるとか、地震の予知能力があるなどとの伝承がある。安政の地震や大正一二年の関東の大地震の際にはナマズが騒いだという記述がある。ナマズと地震の関係について学問的には立証されていないが、生物学的には、魚体の両側には側線神経という神経があり、昼夜の別なく微弱な電流が流れていて、魚が興奮すると電流は強くなるといわれている。

釣りのシーズンは産卵期の梅雨期で、夜行性だが、雨後の水の濁ったときには日中でもルアーで釣れる。低層近くを滑らすのが

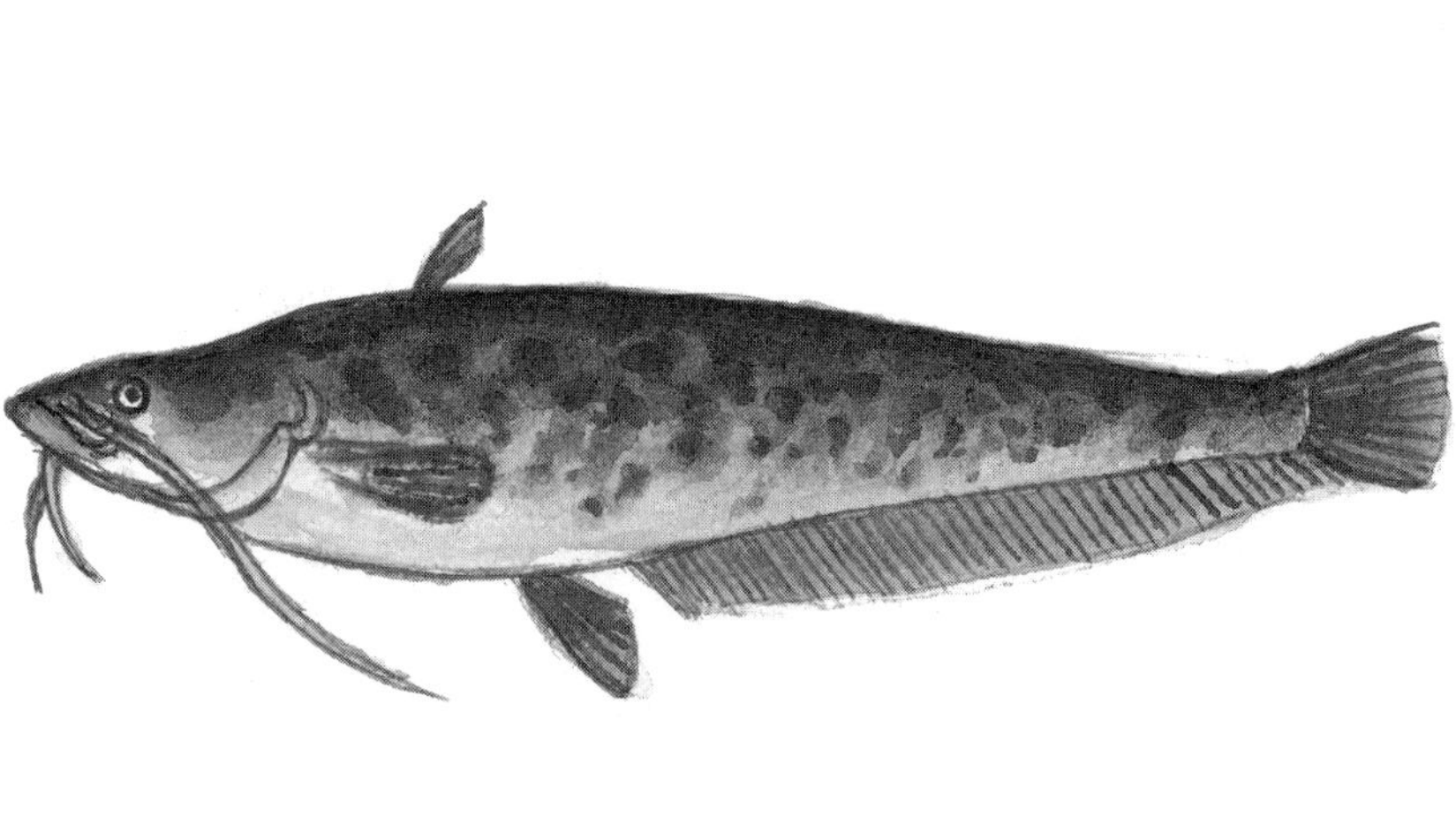

コツである。生きた蛙を使ったポカン釣りは、江戸時代から今に伝わる伝統漁法として有名である。川柳に「あやつりの蛙鯰を浮かし出し」というのがある。『日本水産捕採誌』（農商務省水産局、明治四三年〈一九一〇〉）には「漁法は蛙の足より頭の方へ向け針を刺し（図面参照）、之を水面に引き廻し其自ら遊泳するが如く為すこと数回に及べば鯰は水底に在りて蛙を認め忽ち水面に浮かび之を嚥んで水底に去る可し。此の時直ちに竿を挙ぐることなく彼が沈み去るに任せ之を少時にして其十分に嚥下し深く針の腹中に入りたる頃を測り腕力を極めて之を釣り揚ぐる」とある。

料理は、天ぷら、素焼き、蒲焼き、煮物などにする。下ごしらえは、塩でこすってヌメリを取り、頭部をたたいてしめる。胸鰭の棘に注意しながら腹を割り、ワタを取って水洗いする。スッポン煮はナマズを炒めておいてから、濃いめの煮汁で炊く。うど、ふき、牛蒡などをつき合わせにする。地方によって、独特の料理法があり、たとえば福井のかき焼き（砂糖醤油をぬって焼いたもの）、千葉のひっこがし（煮たナマズの身をはがして大根などの野菜とさらに味噌煮にする）などがある。

鯰の子已が濁りにかくれけり　五十崎故郷

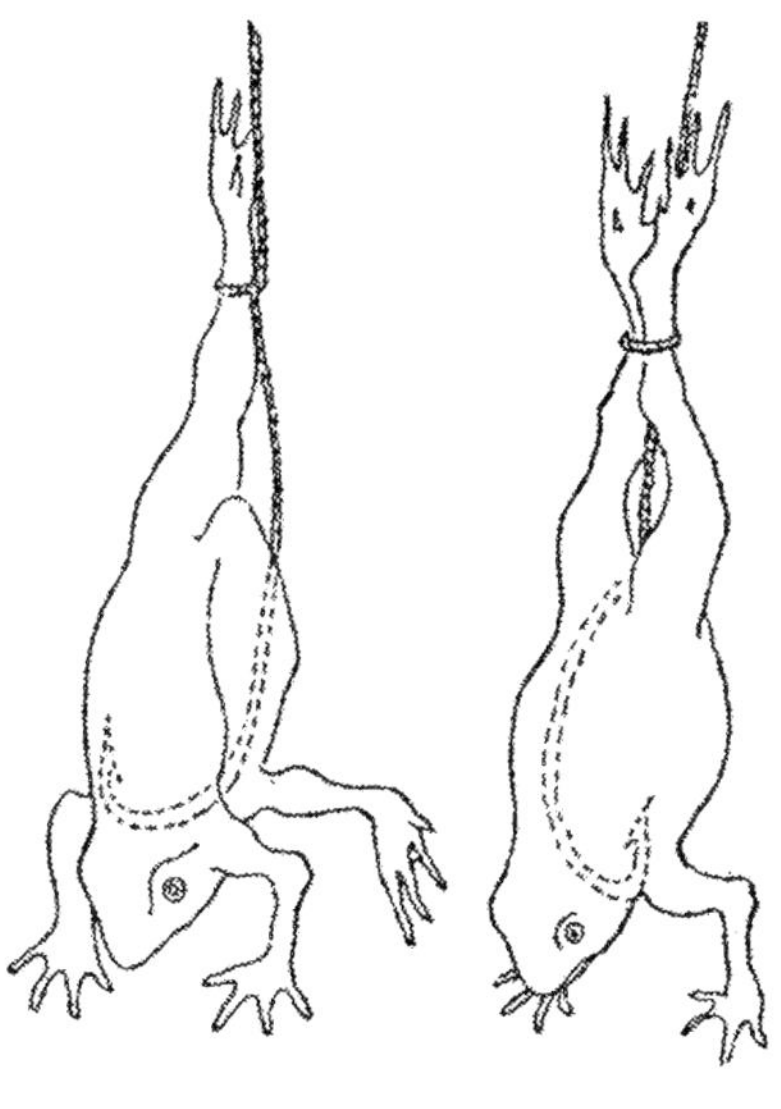

鱧（ハモ）

名の由来は、ハモは鋭い歯で魚を食べることから、「食《ハ》む」から転訛したとする説がある。また、鱗がなく肌が見える（ハダミユ）、歯持《ハモ》ちなどの転訛したとの説もある。鱧の古名は「ハム」で、室町時代から「ハモ」になったという。地方名称には、ハム（広島・愛媛・高知・沖縄）、コンギリ（長崎県）、ウミウナギ（北九州）、タツハモ（京都府宮津）、ジャハム（石川県宇出津）などがある。

漁法は、ハモ胴、延縄、底曳網などで漁獲する。ハモ胴（図面参照）は返しのある円筒状のパイプの中にイワシなどの餌を入れて延縄式に海底に敷設して採捕する。敷設方法は、たこつぼ、はえ縄とほとんど同じで、敷設は日没と同時に行い、引き揚げは日の出と同時に行う。かごは幹縄三〇センチ間隔に一個の割ではえ縄式に取り付ける。漁期は五月から一〇月で、とくに産卵期になると沖合から群をなして接岸する。

ハモにはコンドロイチンの含有量が多く、肌の若返り、老化防

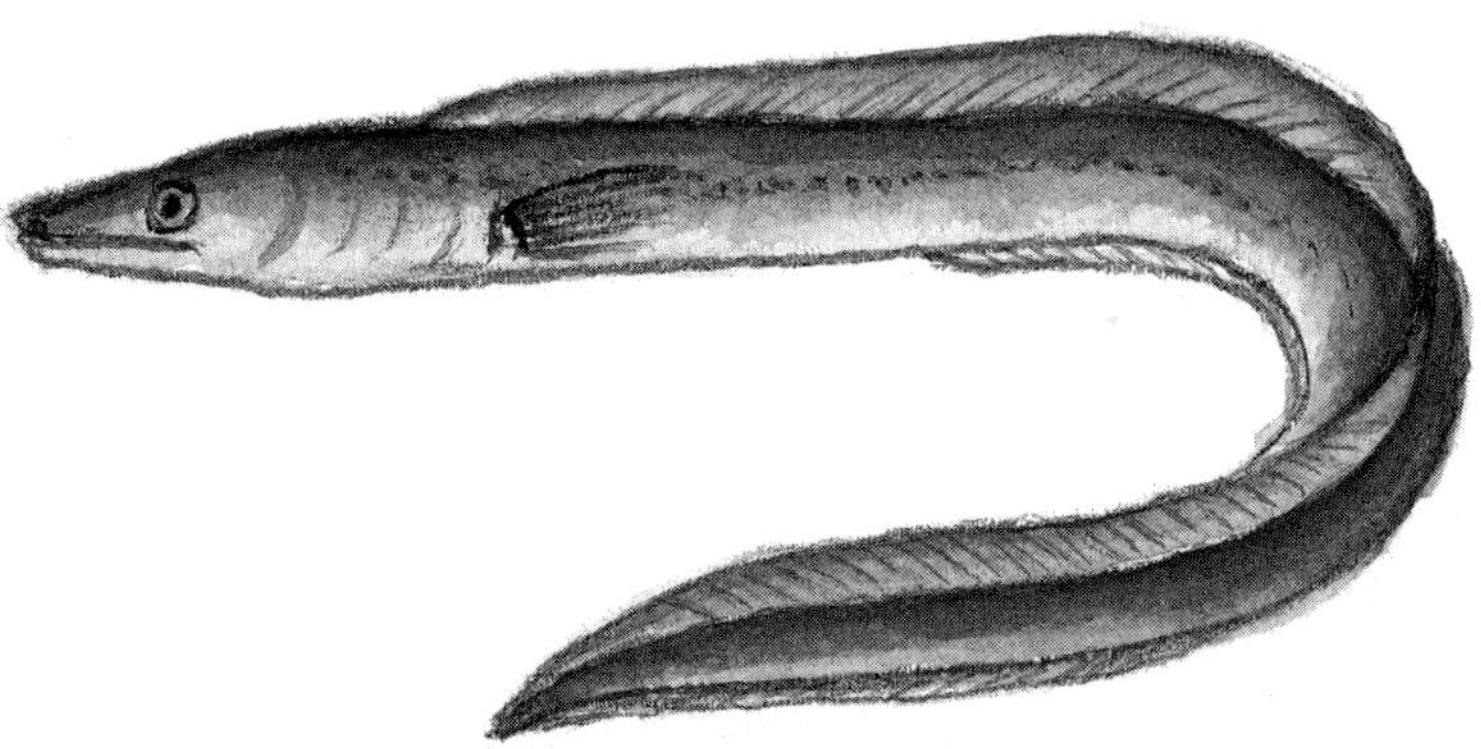

止にもよいという。ハモのはしりは五月頃で「水鱧」という。梅雨の時期の六月下旬から約一か間が特に旬で、味は淡白で酢物、天ぷら、ハモちり、ハモ落とし、ハモ鮨、つけ焼、吸い物などがある。ハモは骨がかたく小骨が多いため、一寸（約三センチ）に二五本の切り目を入れる「ハモの骨切り」と呼ばれる包丁目を入れてから調理される。湯引きは、ハモちり、ハモ落としなどとも呼ばれ、骨切りしたハモに熱湯を通し、はぜたものに梅肉だれを添えて食べる。ハモの付け焼きは、骨切りしたハモを切り落とし、金串を打ち強火で皮側から焼く。さらにたれをつけて焼き、粉山椒、柚の皮などを振りかける。吸い物では、包丁の入れ具合でその身が牡丹のように開くものを「牡丹づくり」という。京都の祇園祭、大阪の天神祭には欠かせないものとされている。また、ハモは蒲鉾などにするが、その際の皮を焼いたものが「鱧の皮」である。細かく刻んでキュウリもみと合わせる。京阪地方の夏の惣菜として愛用される。

焼きたてて庭に鱧するくれの月　　松尾芭蕉

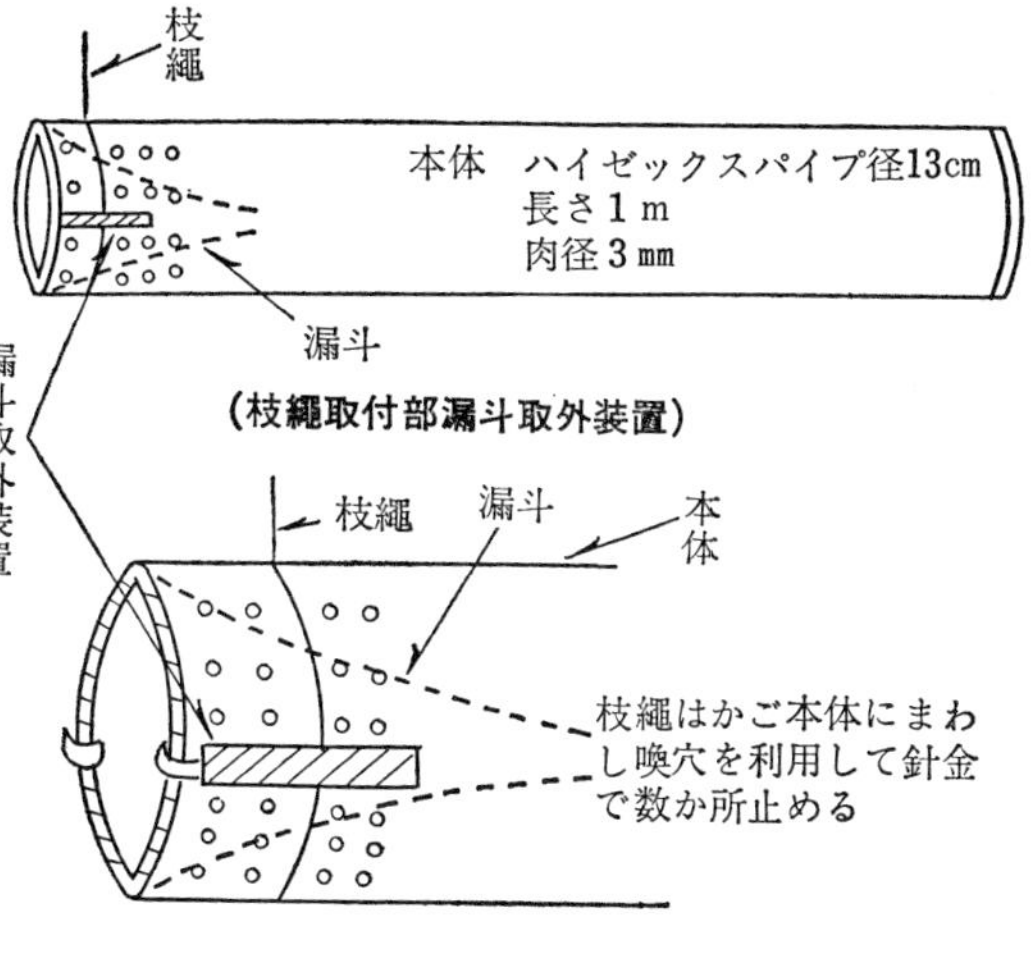

真鰺（マアジ）

名の由来は、アジは味がよいことに由来して名付けられたとする説がある。また、漢字の鰺は、参（三）月頃が旬である魚であるためだという説がある。また、マアジの「マ」は同類中の代表的なものを表す。別名をアジという。地方名称は、アカアジ（広島、田辺、小坪）、オオアジ（神戸、松江）、カキノタネ（江ノ島）、ジャコ（紀州）、ジンダコ（神奈川）、ゼンゴ（伊豆）ヒョッコ（東北）などがある。

マアジは、いわゆる「ぜいご」と呼ばれる稜鱗（楯鱗《じゅんりん》ともいう）が側線部に発達すること、背鰭と尻鰭の後方に小離鰭がないことなどが特徴である。

マアジは、回遊性多獲魚類の一つで各地の沿岸・沖合漁業の重要な魚種となっている。特に晩春頃から産卵のため沿岸に寄り、夏から秋にかけてが漁期である。張網、棒受網などの敷網や刺網（図面参照）でも漁獲されるが、最近は大半がまき網で採られて

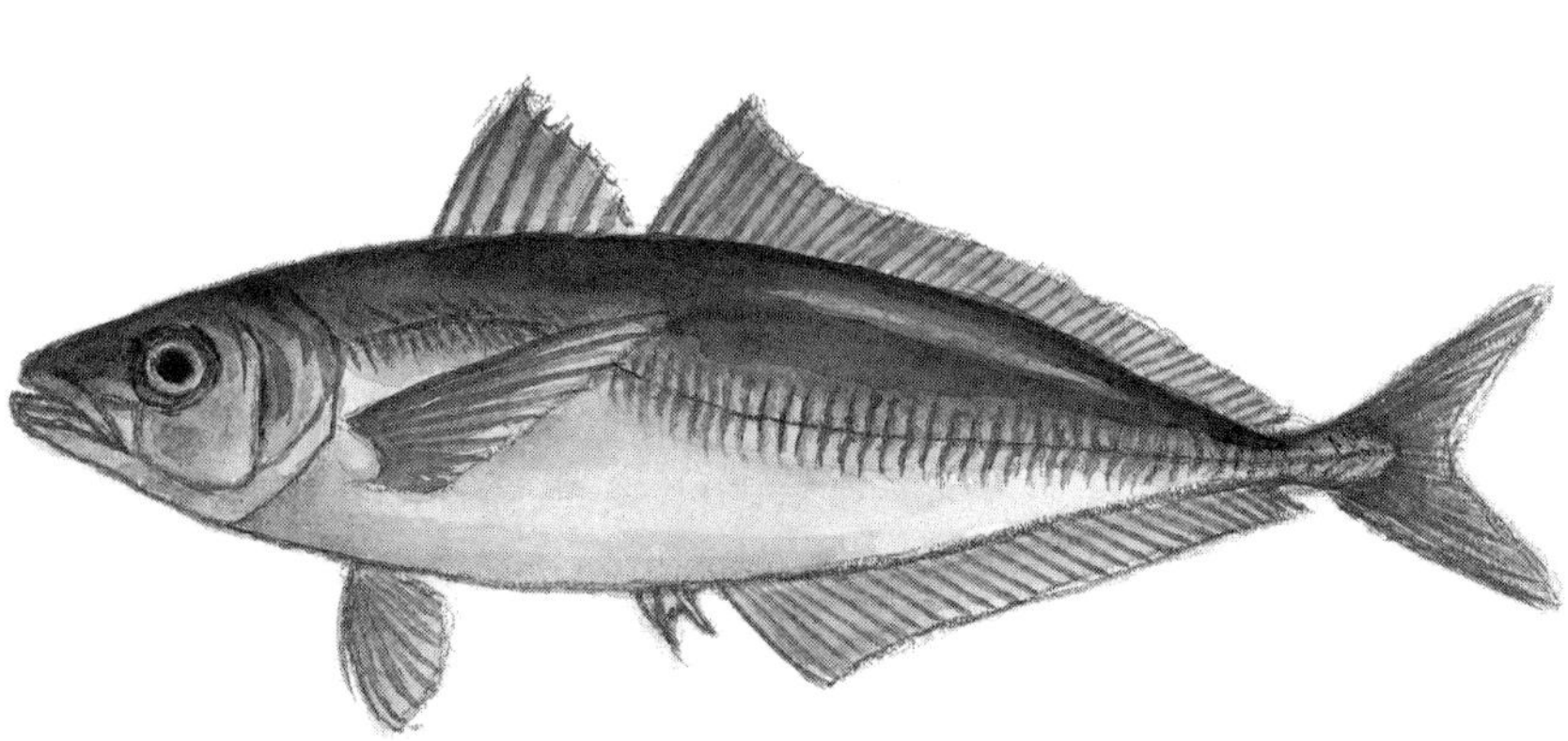

いる。そのほか定置網、底曳網、釣り等でも漁獲されている。かつてアジ網で四艘張り網というのが行われていた。網船四隻が漁場でそれぞれ投錨し、網の四隅を四隻の船が待って網を張り海底に降ろす。つぎに別の船が魚を擂り潰した餌を潮上から網の中に撒き、アジが集まったのを見計らって揚網し漁獲する。

　アジの身のクセがなく美味い理由は、旨みの決め手となるイノシン酸がタイ、ヒラメより多いためである。このために旨みにコクもあるのである。塩焼、煮付、刺身、たたき、天ぷら、フライ、唐揚、酢物その他用途は広い。「なめろう」という房総地方に古くから伝わる漁師料理がある。これは、アジを三枚におろし、皮をはいで身を細かくたたき、味噌、葱、生姜、大葉などをみじん切りしたものに和える。味噌と薬味で生臭さが消えて美味である。

「なめろう」の語源は、あまりにも美味いので、皿までなめたことから名付けられた。「なめろう」を焼いたものを「さんが焼き」といい、酢をまぜたものを「酢なめろう」という。

鯵網や夕汐さこやぎ二た処　　高浜虚子

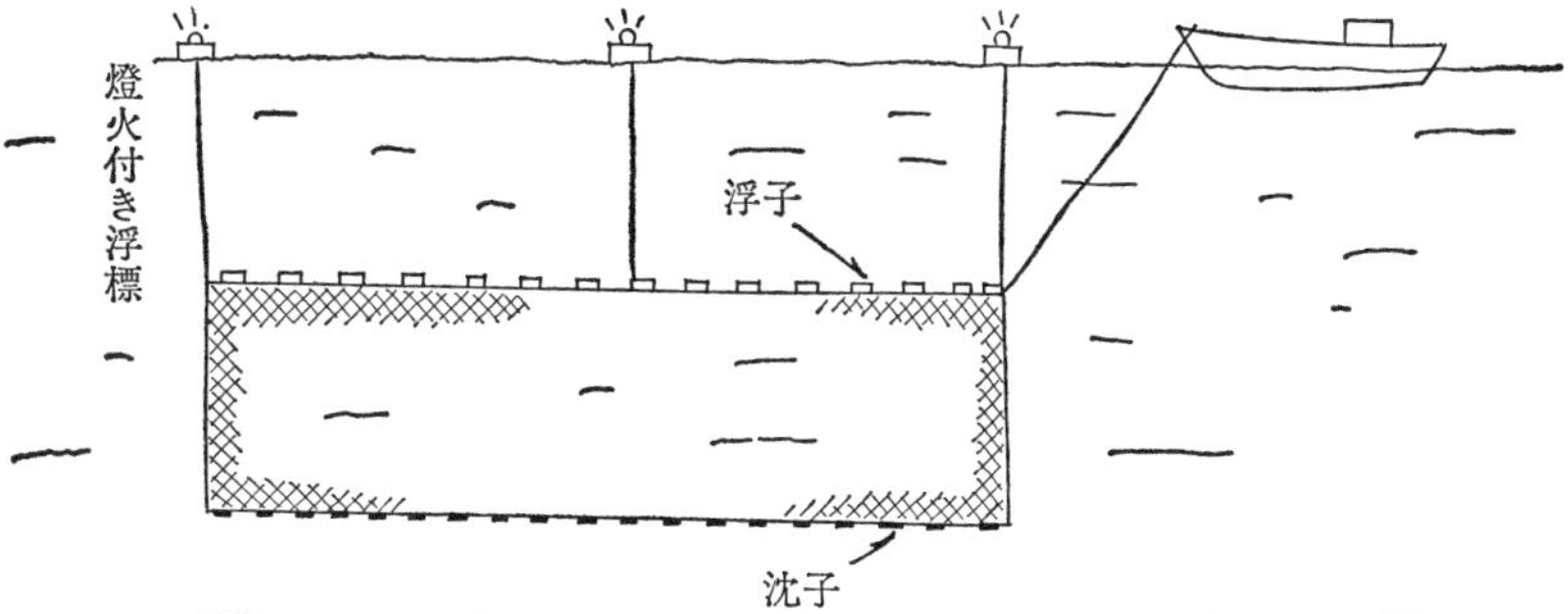

真穴子（マアナゴ）

アナゴの名の由来は、晝間は岩穴や砂の中に生息する夜行性の魚であることから、「穴子《アナゴ》」と呼ばれるようになったとする説、「穴籠《あなごも》り」がアナゴに転訛したとする説などがある。マアナゴの「マ」は同類の代表の意である。地方名称は、カリメ（東京市場）、ゴマ（小野田）、ドグラ（有明海）、トヘイ（勝浦）、ベヘラ（岡山）、メジロ（名古屋）、メバチ（高知）、ハカリメ（東京、神奈川）などがある。ハカリメは、体側には側線孔および背側に白色点が並んでいるが、これが竿秤の目盛のように見えるからである。

産卵期は春から夏にかけてで、産卵場所は沖の島の南方海域であるといわれていアナゴの幼生もウナギやウツボと同様にレプトファウルス（葉形幼生）と呼ばれ柳の葉のような美しい形態をしている。レプトファウルスは冬から春にかけて沿岸に群れをなして姿を現す。その全長は最大一二センチに達するが、形が側扁して透明なところから「タチクラゲ」また「シラウオノオバ」とも

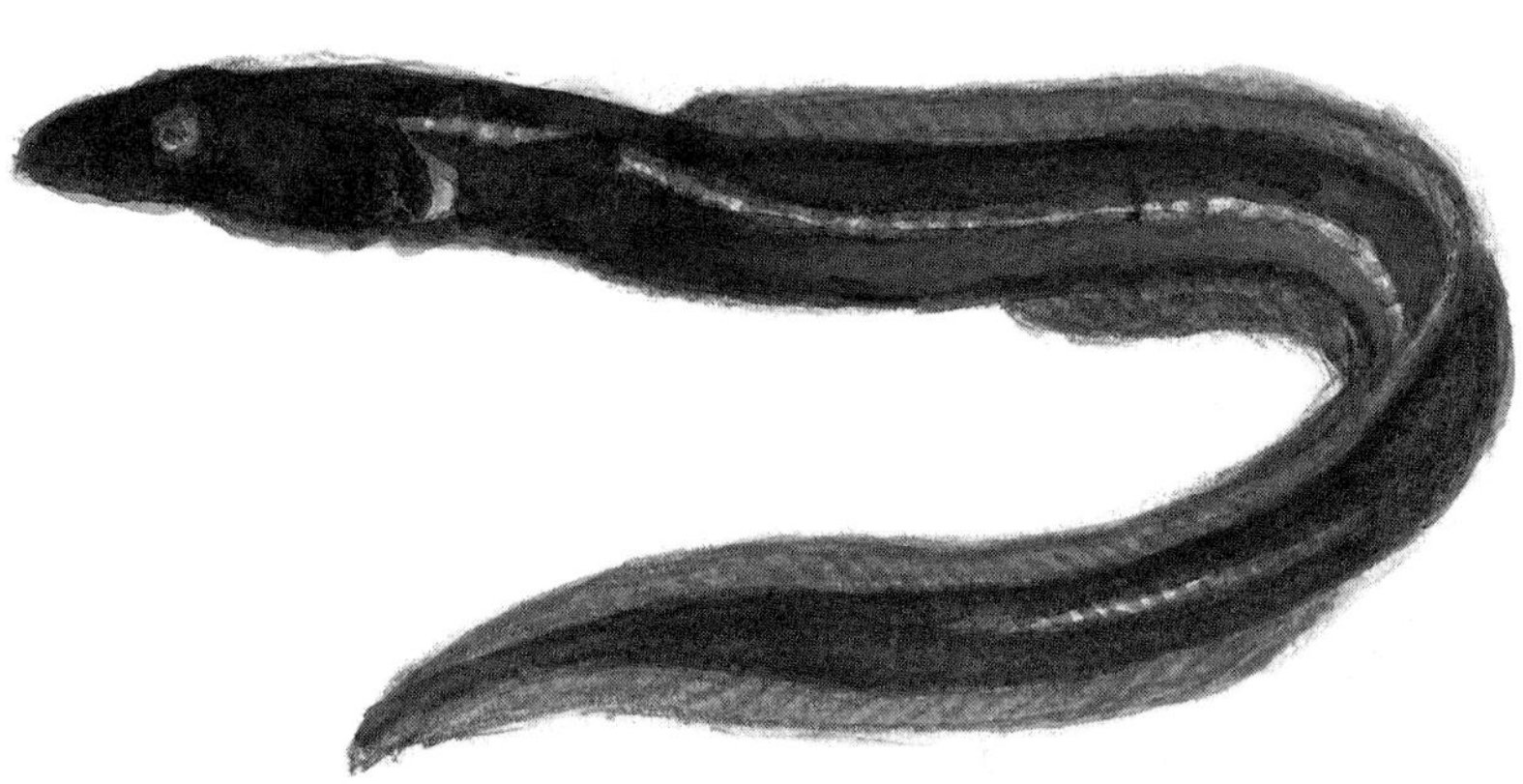

いわれる。また、高知県や消費地の大阪などでは「ノレソレ」と呼び、生のままポン酢につけて賞味される。

漁法は、底曳網、釣り、延縄、筒（籠）などがある。アナゴ筒（図面参照）は、塩化ビニール製の筒の端にロートと呼ばれる三角形の形をした蓋を取り付けて筒に餌をいれておき、これを延縄式に漁場に敷設しておいたものに餌を求めて筒の中に入ったアナゴがでられらいような仕組みになっている。アナゴは夜行性なので前夜仕掛け、翌日これを引き揚げて漁獲する。

アナゴの旬は夏である。細身のものは上半身が味がよく、太いものは下半身が美味いとされる。肉質は白身で淡泊である。マアナゴは脂肪分を多く含み、アナゴ類中では最も美味い。料理は、背開きにして骨、わた、ひれなどを除き、天ぷら、すし種、蒲焼、八幡巻き、煮物などにする。すし種は薄味に煮ておいたものを使い、軽く炙って握る店もある。とくに「江戸前の鮨」は東京湾のアナゴは欠かせない逸品である。

穴子釣闇に声して遠ざかる　　鈴木鶉衣

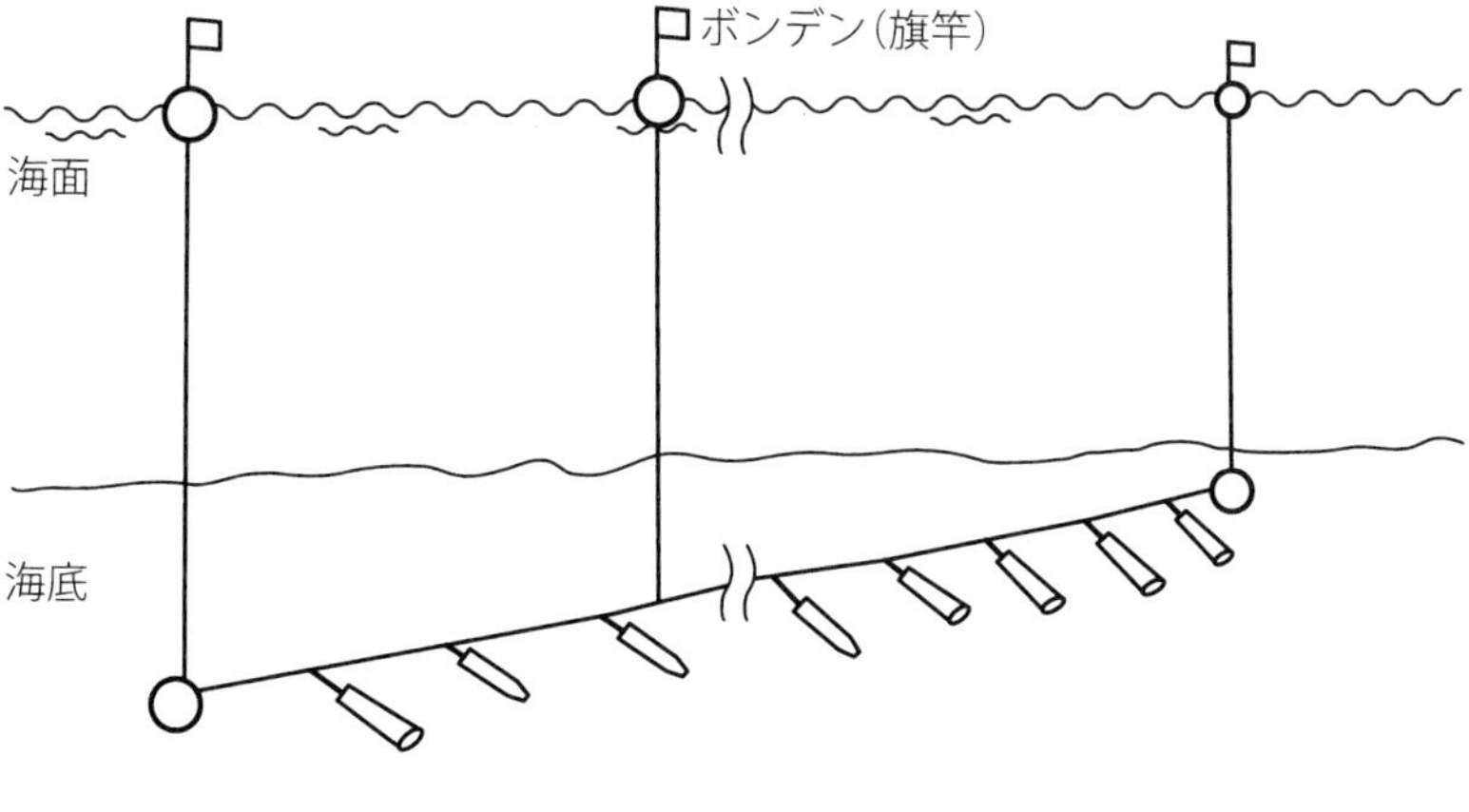

真梶木（マカジキ）

カジキの名の由来は、カジキトウシ（剣のように尖った上顎で舵木または梶木〈船側や船底近くの船板〉を突き通す意）から転訛した。マカジキの「マ」カジキ類の代表の意である。地方名称は多いがたとえば、アキノイヨ（奄美）、アチヌイグ（沖縄）、アメナシ（対馬）、オイラギ（関西）、サシ（北陸）、ダイナンボウ（房州）、テングザワラ（宮津）などがある。マカジキは縄文時代にも食用とされていたようで、その上顎が貝塚から出土している。

体は側扁し、吻は円錐形に突出し、紐状の腹鰭と二本の尾柄水平突起があるなどの特徴がある。体長三メートルに達する。南日本、インド・西太平洋域の外洋域に広く分布する。熱帯から温帯海域の表層を単独回遊し、南日本には黒潮にのって夏に現れ、秋に南下していく。主に魚類や頭足類を食べる。

漁法は、突棒、延縄、流網がある。突棒の銛《もり》は鋼鉄製、長さ六〜七・五センチの翼状になった二枚の羽の外縁は鋭利な刃となっており、

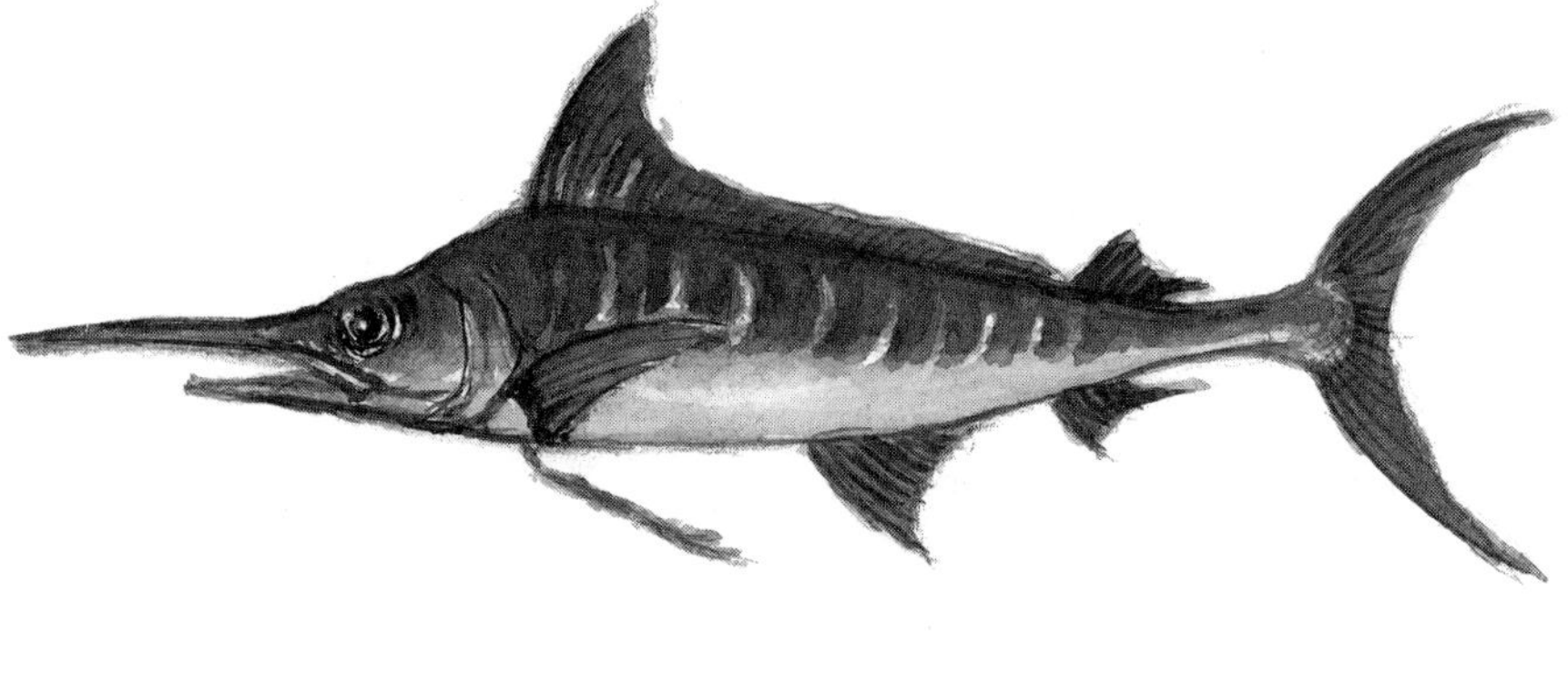

筒状をなす胴部の後部は外側にそりをもつ銛尾が付いている。

突棒（図面参照）の漁船は、一般に一五〜三〇トンで乗組員は一〇〜一五人である。漁場が広範囲であるから出漁前に魚群の回遊状況らその他の出漁船の漁況を参考にし、最適と思われる漁場を選ぶ。漁場で魚見台に老練な漁夫が乗り、背後から近づいて塩蔵サバ、アジ、サンマなどの餌を投げる。魚と七メートル以内の投射距離に入ったら、魚の胸部を目がけて銛竿を投げる。命中すると、魚は驚いて疾走するので銛綱を繰り伸ばし魚の逃げる方向に船を操り、疲労させてから次第に引き寄せ、魚かぎで船内に引き入れる。また、トロリングとしてスポーツフシングの好対象魚でもある。

肉は淡紅色で舌触りもよく美味である。鮮度のよいマカジキは刺身によく、脂肪が少なく淡泊な味でマグロよりも美味であるといわれ、寿司だねにも使われる。ねぎま鍋にもされる。その他、照焼き、鍋物、ムニエル、バター焼きなどにもされる。

木村芳子

かぢき漁もり打つ男いさぎよし

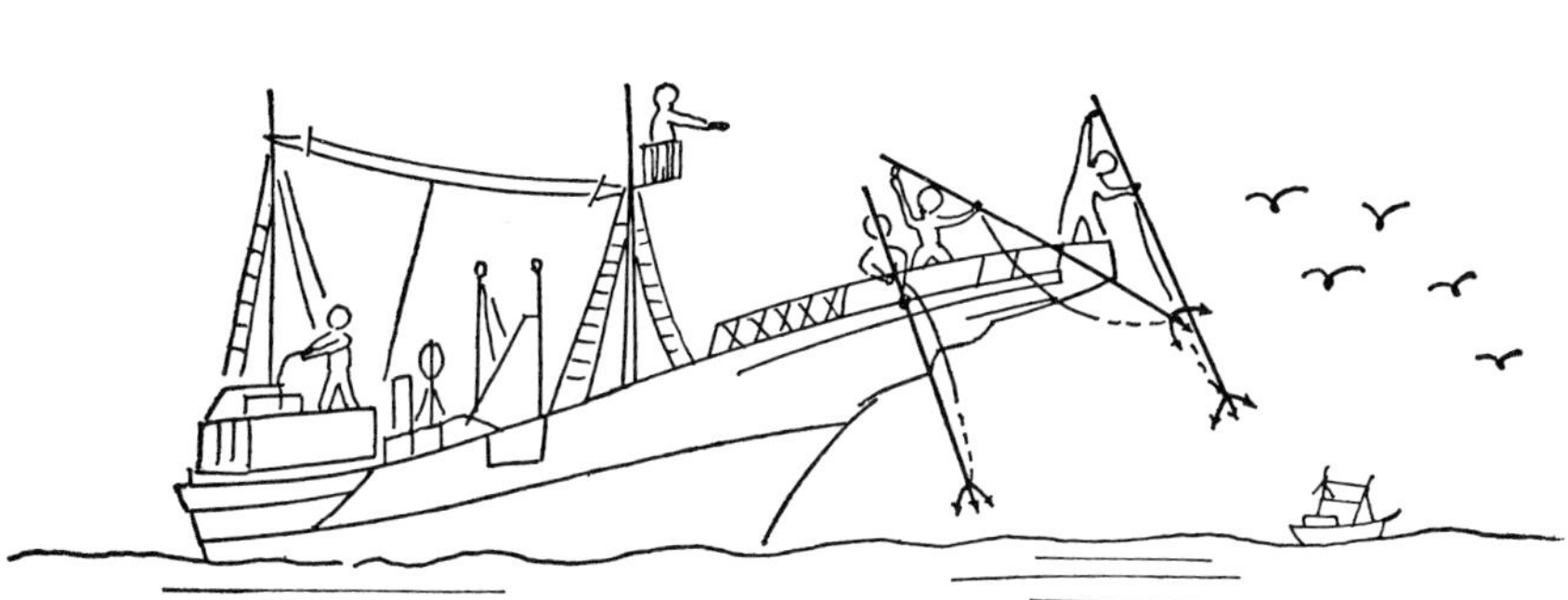

真鯒（マゴチ）

コチの名の由来は、形が神官のもっている笏《しゃく》に似ており、笏を「こつ」とも呼んだことから転訛したとする説がある。また、コチの骨が硬いことからコツ（骨）と呼ばれたことから転訛したとする説もある。マゴチのマは同類の代表の意である。別名をコチという。地方名称は、ガラゴチ（瀬戸内海）、クチヌイユ（沖縄）、シロゴチ（豊前海）、シラゴチ（明石）、ゼニゴチ（長崎）、ホンゴチ（和歌山）、ヨゴチ（新湊）などという。

本州中部以南の内湾で外洋に面した浅海の水深三〇メートル以浅の砂泥底に生息する。性質は貪食で小魚、エビ・カニ類、イカ・タコ類などを食べる。砂泥にもぐって越冬し春になると活動を始める。

漁法は、釣り、延縄のほか刺網、定置網、底曳網などで採捕する。コチ延縄（図面参照）は、幹縄に八メートル間隔に親子サルカンを用いて長さ一尋（一・五メートル）の枝縄を取り付け、釣

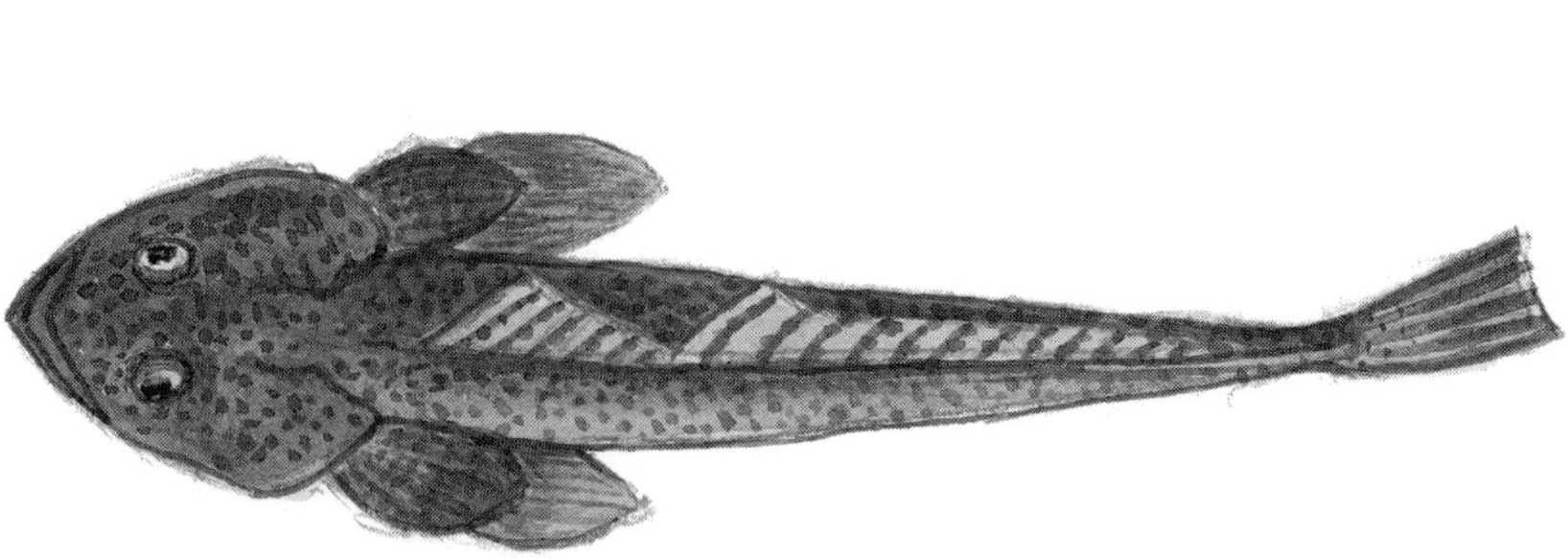

針を結び付ける。一鉢分の長さは五二〇～七二〇メートルで、通常は二鉢分を連結して用いる。小型漁船で一人乗りで早朝に出港し、活きたイワシをつけて投縄する。

白身の魚で身が引き締まり、大変に美味である。「コチの頭には姑の知らぬ身がある」の俗諺もある。「コチの頭は嫁に食わせろ」というのは、コチの頭は骨ばかりで「嫁いびりの言葉」ともとれるが、反面、「コチの頭には姑の知らぬ身がある」の言葉の通り、頬にはカサゴなどと同じように美味い身がつまっていて「嫁を大切にする言葉」でもあるという。『本朝食鑑』（人見必大、元禄八年〈一六九五〉）には「コチは胃を開き、食をすすめ、肌肉をすこやかにする。渋り腹、切り傷、下痢に効き、血をめぐらし、肌を生かし、腹下しを止め、小水を通じ、両腎を補い」とある。

マゴチの旬は夏で、洗いや薄造りにし、ポン酢醤油、梅肉醤油、山葵醤油などで食べる。また、焼き物、煮物、天ぷら、ちり鍋などにするほか、酒の肴としてなますにもする。

鯒釣るや涛声《たうせい》四方に日は滾《たぎ》る　飯田蛇笏

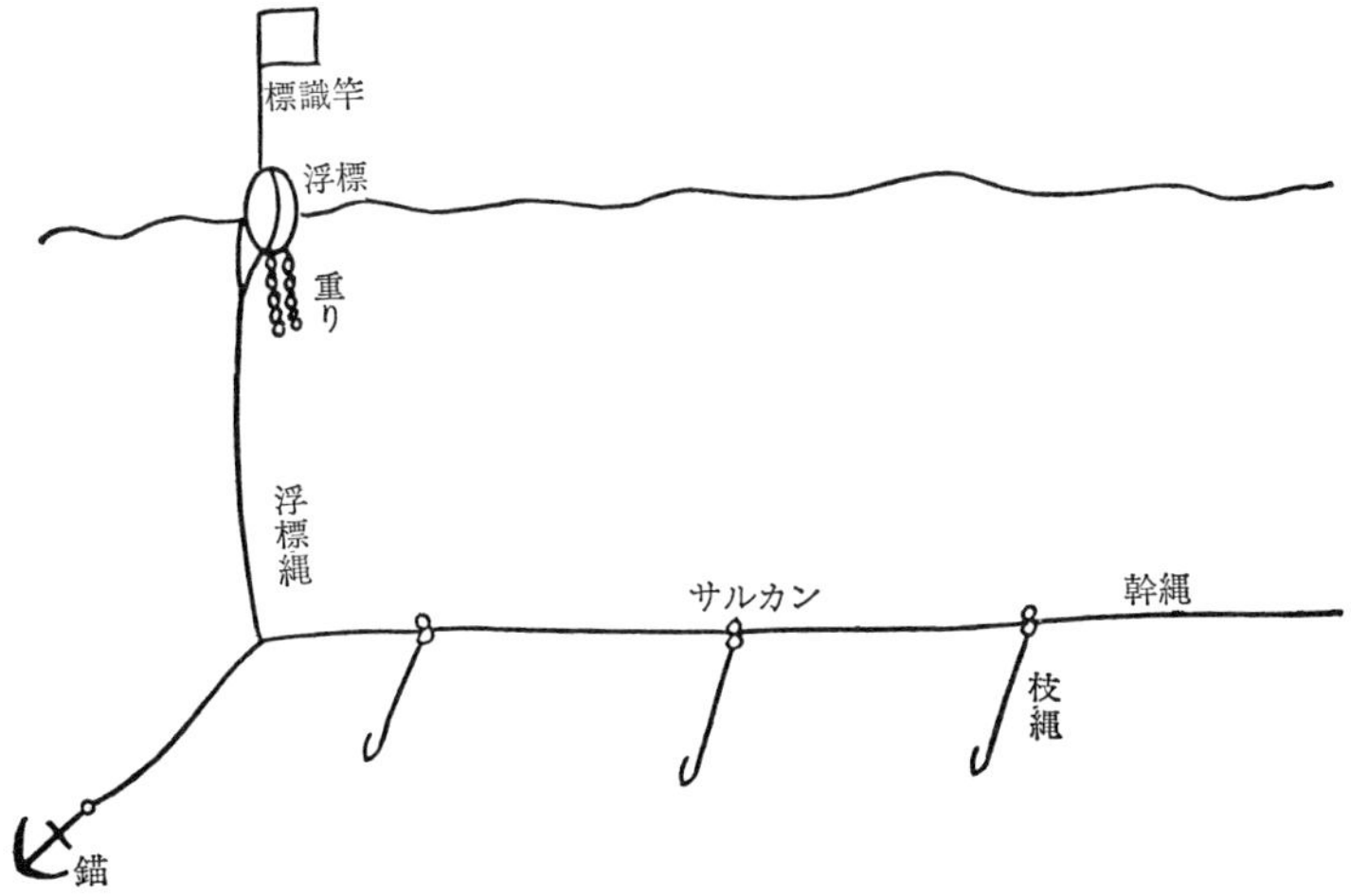

真鯖（マサバ）

サバの名前の由来は、サバの歯が他の魚に比べて小さいことから、小歯がサバに転訛したという。このほかに、アイヌ語でサバを「シャンバ」と呼ばれていたのが、サバに転訛したという説もある。マサバのマはサバの代表という意である。漢字の鯖は、サバの色が青いので日本で作られた文字で、中国では「青鼻魚」がサバにあたる。マサバには地名のついたブランド品が多い。豊後水道の「関サバ」、「岬《ハナ》サバ」、屋久島の「首折れサバ」、土佐清水の「清水サバ」、三浦市松浦の「松浦サバ」などがある。

マサバは春から初夏にかけて日本各地で産卵する。夏の産卵後に越冬準備のために栄養を十分に取り、秋になると段々と脂がのり味はよくなる。この頃のサバを「秋鯖」という。「秋鯖は嫁にくわすな」ということばがある。これはサバの産卵後の秋サバには全く子種がないことから、大切な嫁に子どもができなくては大変という縁起のことばである。美味い秋鯖を嫁いびりのために食

べさせないということではない。

マサバの漁法は趨光性（光に集まる性質）を利用して、江戸時代においては篝火を焚いてサバを集め手釣りで行われていた。戦後には集魚灯を利用してサバのはね釣漁業およびサバたもすくい網漁業というのがあったが、近年では大型のサバのまき網漁業が出現して、これらに変わって漁獲の多くはこのまき網漁業が占めるにいたった。たもすくい網漁業（図面参照）は、魚群探知機で魚群を発見したら、集魚灯を点灯しながら撒き餌を行い魚群を集めて、たもですくいとる漁法である。

料理としては、味噌煮、塩焼、しめサバ、サバずし、フライなどにされる。京都名物で知られる「サバずし」は、若狭の浜でとれたばかりのものに薄塩を施して京都まで運んだひと塩のサバを原料として作られた。塩サバを背開きにして二尾ずつ竹串に刺したものを「刺鯖」という。昔は祝いの膳には生魚でなく刺鯖が用いられた。刺鯖の形は、羽を広げた鳥や着物の袖に似ていた。

刺鯖も広間に羽をかはしけり　宝井其角

真鮹（マダコ）

タコは、腕（足ともいう）が多いことからタコに転訛した。『魚鑑』（武井周作、天保二年〈一八三一〉）には「多股《たこ》。あし多しき義なり」とある。マダコのマは同類中の代表を表す。

マダコの形態は丸くて頭とみなされる腹部を持つ点で、一種奇怪な擬人的生物として漫画などで鉢巻をした「タコ坊主」として扱われる。禿頭の人や赤ら顔の酔漢などを連想させるあだ名ともなっている。古川柳に「鮹はらみ頭へしめる岩田帯」というのがある。タコの体は胴・頭・腕からなり、俗に頭と呼ばれる頂端の丸いところは胴部で、中には心臓・肝臓・胃・腸・鰓などがある。「タコの体は七変化」といわれるほど、タコは環境や状態の変化によって様々な色に変化するだけではなく、体の凹凸や形態まで変化させる。

漁法は、タコ壺、一本釣り、延縄、かぎ漁、銛突、樽流しなどがある。代表的なものは、タコの習性を利用

したタコ壷である。樽流し漁業（図面参照）は、漁場に到着後樽流しの先端の針に冷凍サンマなどを餌付けをし、潮流の方向を確認し、潮上より約一五メートル間隔位に順次投入する。潮流に流すがタコがかかると樽が止まるか、他の流れより遅くなるのでこれを引き揚げ、タコをはずす。

マダコは「土用のタコは親にも食わすな」という諺があるほど夏が美味である。タコの成分で特徴的なのはタウリンを多く含んでいることである。タウリンはコレストロールの増加を抑える作用が強く、視力の強化にも効果がある。タコは茹でた後に刺身、煮物、炒物などにする。『料理物語』（作者不詳、寛永二〇年〈一六四三〉）には、タコの料理として桜煎、駿河煮、なます、かまぼこの名がある。桜煎は足を薄切りにし、だし汁で薄めたたまりで煮るもので、後には桜煮と呼んだ。タコの加工品としては干しダコがある。干しダコは明石（兵庫県）や下津井（岡山県）などが有名であるが、最盛期は明石では夏であるのに対し、下津井では冬である。

蛸壷やはかなき夢を夏の月　松尾芭蕉

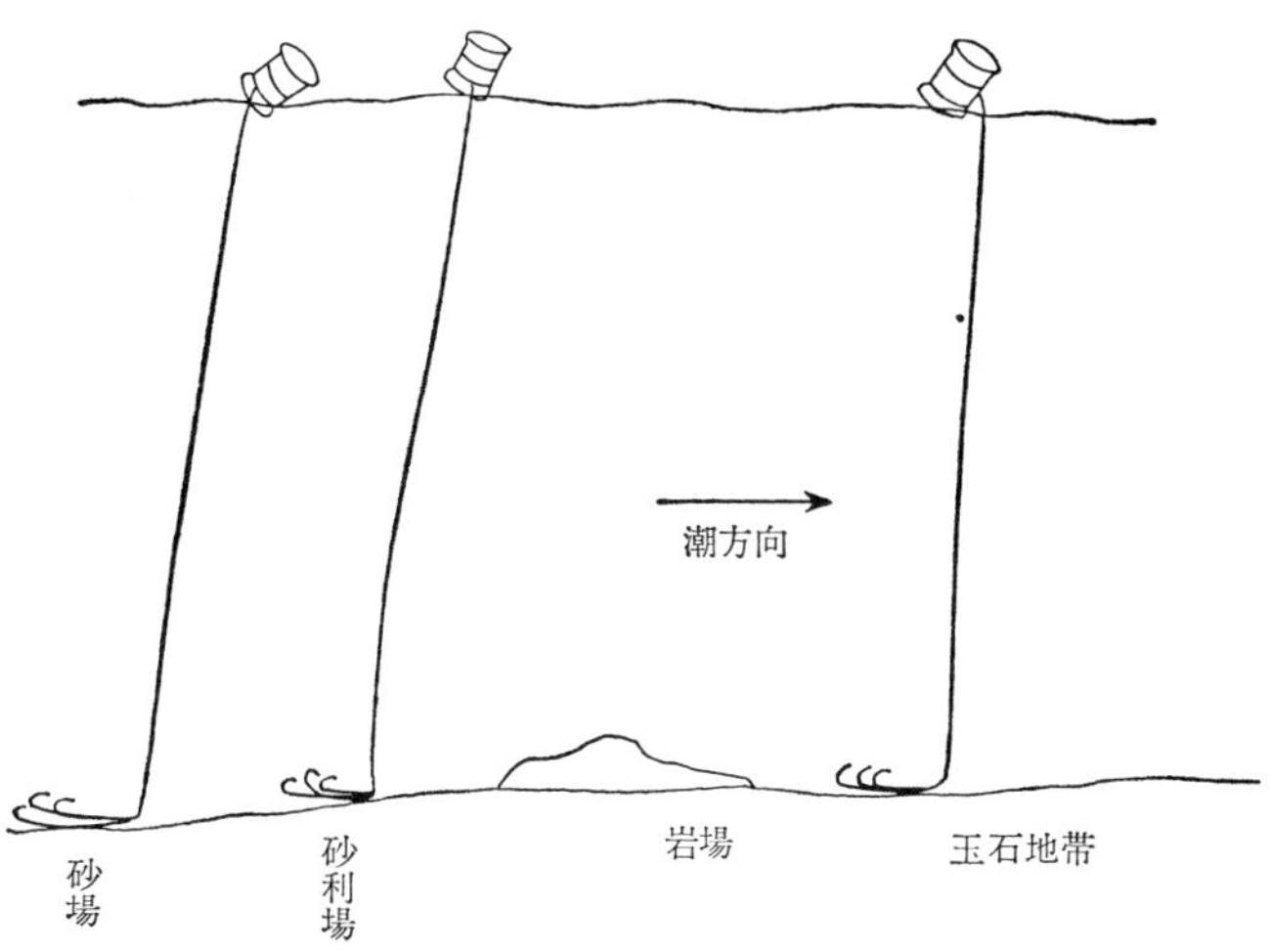

真海鞘（マボヤ）

名の由来は、昔の香炉や手あぶりなどの上を覆う蓋を火屋《ほや》といったが、その形に似ているので名付けられたといわれている。また、一説には岩などに付着している姿がヤドリギ（異名をホヤという）に似ているからともいう。マボヤの「マ」は同類中の代表の意である。

ピラウ科の原索動物で東北地方に多く、気仙沼湾や船越湾などでは垂下式の養殖が盛んである。体長は一五センチ、直径一〇センチほどの卵形で、

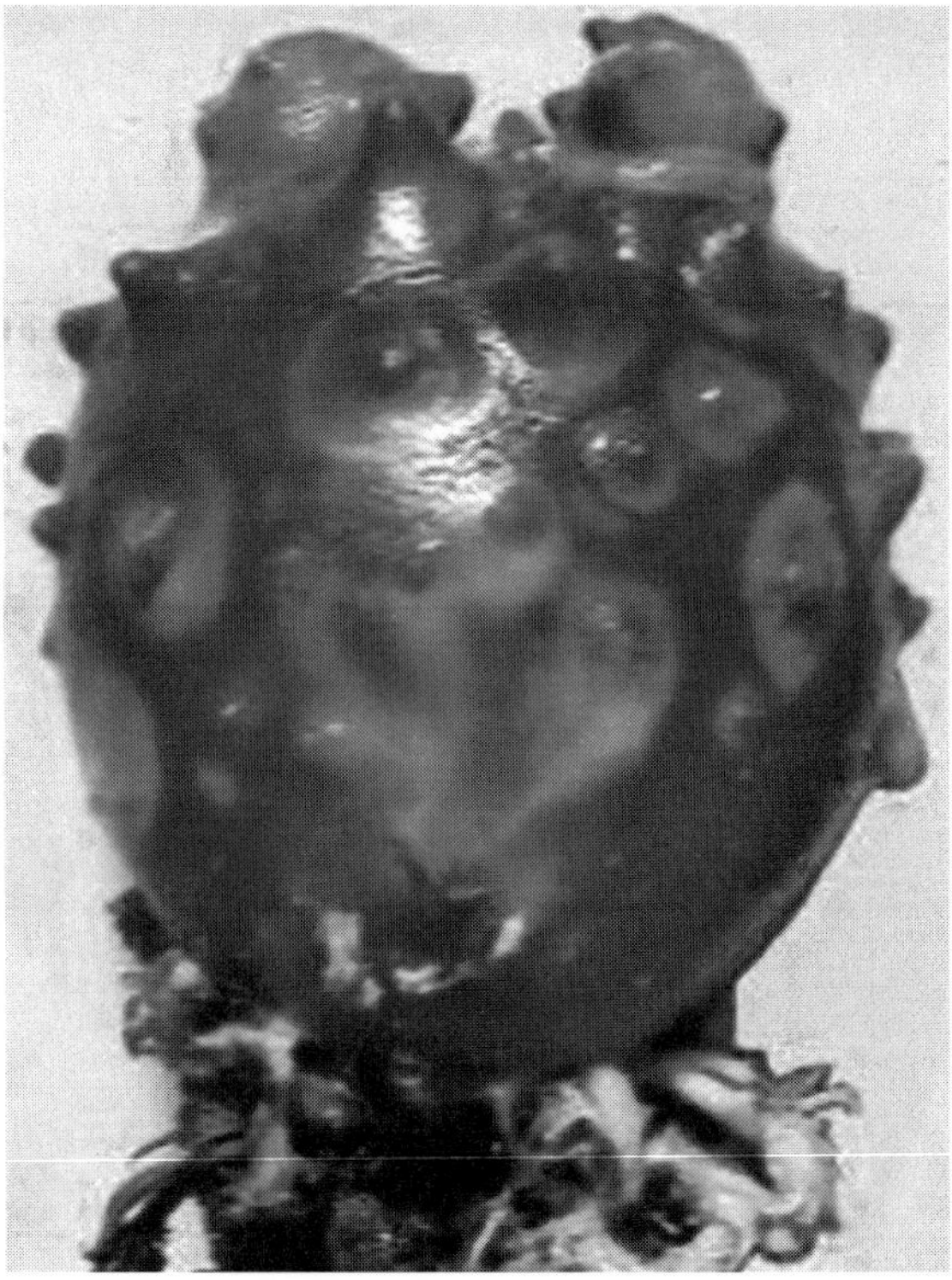

「海のパイナップル」ともいわれている。主に浅海の岩礁に着生して生息し、海水を吸い込んでプランクトンを食べる。

ホヤはすべて雌雄同体で、生殖腺は中央に卵巣、その周辺に精巣があり、体外受精と体内受精の場合がある。卵の大きさは、ほぼ直径〇・三ミリメートルで、マボヤは一日に約一万二千個の卵を二週間にわたって産むという。産卵期は一〇～一月である。

漁法は、底びき網（桁網）や刺網などで漁獲される。刺網は、「ホヤ片側留刺網」（図面参照）といい、網の片側をアンカで留め、一方を動力漁船により引き廻しホヤを刺させる。漁期は四月〜翌年三月（最盛期七〜八月）である。

「ホヤはきゅうりとともに肥える」とか「ホヤは藤の花の咲く頃から味がのる」といわれているように、夏が最も美味い。生で酢の物や山葵醤油で食べると磯の香りが楽しめる。煮物、吸物、味噌焼き、唐揚げなどにもされる。また、塩辛にも加工される。筋肉には多くのグリコーゲンが含まれており、二枚貝のカキの二倍の量をもっているといわれている。「ホヤホヤ笑う」ということで、仙台地方には、お目出度いときにホヤを食べる風習がある。

『魚鑑』（武井周作、天保二年〈一八三一〉）には「生なるもの。膾となして、味美し」とある。ホヤは古くから珍品として賞味されていた。『土佐日記』（紀貫之、承平五年〈九三五〉）にも登場している。

海鞘むきの手袋の中爪をたて　　小枝秀穂女

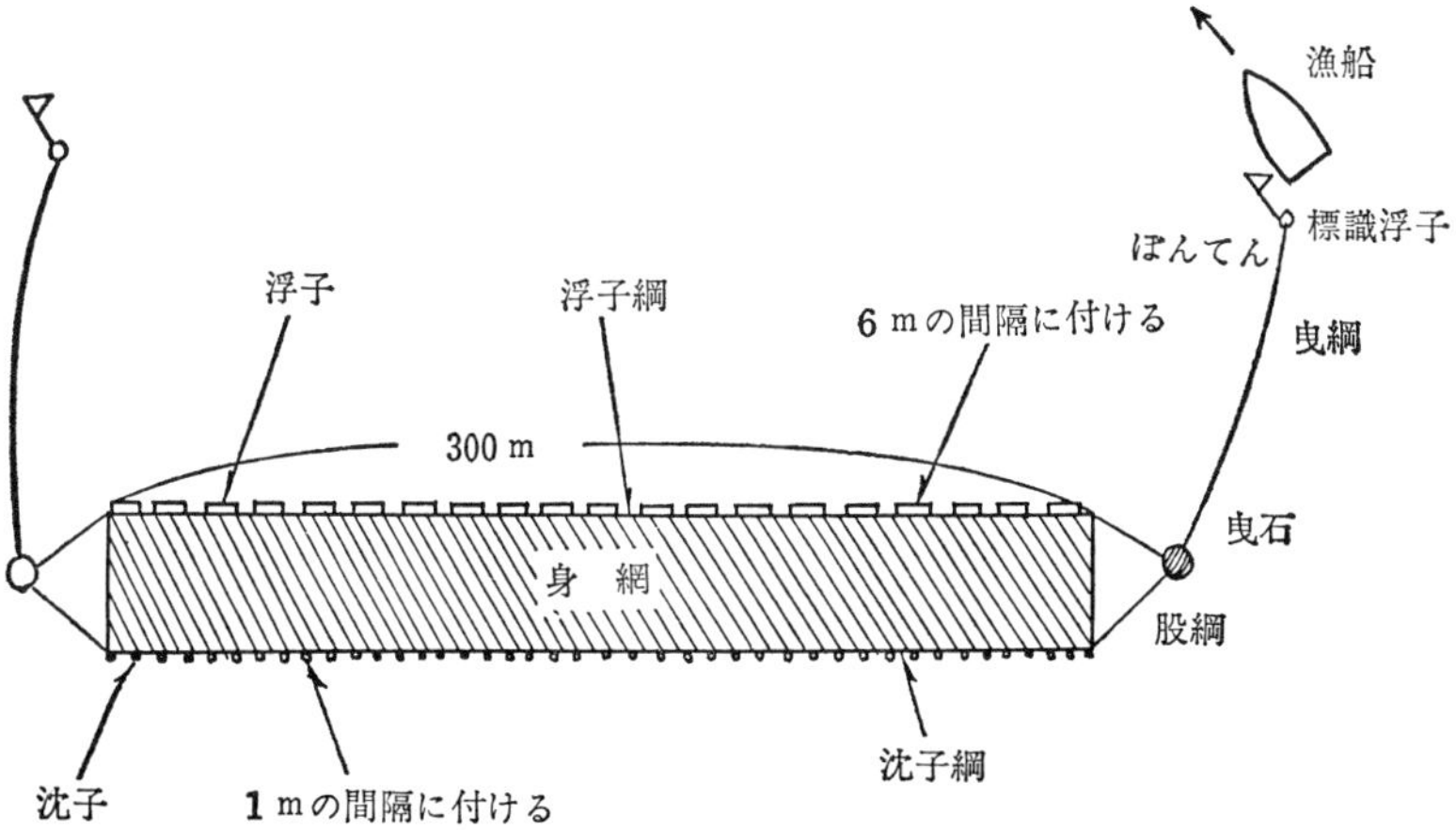

秋の魚

Autumn

赤魳（アカカマス）

名の由来は、口が大きく開くことが叺（穀物などをいれる筵）に似ていることから名付けられた。カマス科には、アカカマス、ヤマトカマス、アオカマスの三種類がある。普通カマスといえば、アカカマスをさす。地方名称ではオキカマス（高知）、アカマサー（沖縄）、カマス（東京、富山、高知、鹿児島）、ホンカマス（東京）などという。

沖縄を除く南日本から南シナ海に分布する。細長い円筒形で、頭部は長く、鋭い歯をもっている。沿岸の岩礁域の表中層を群遊し、小魚、甲殻類を食べる。

漁法は、定置網、刺網、敷網、釣りなどがある。カマス刺網（図面参照）は、岸から沖に向けて投網し、六割程度投網したところで、残り四割を潮流を受けてわん曲に投網する。漁場は、岩礁付近の砂、泥地で水深一一～二二メートル付近である。

遊漁の釣りシーズは八～九月で、「一尾釣れば底千匹」といわれ、

群れをなして泳いでいる。釣り方には、「落とし釣り」と「疑餌釣り」がある。落とし釣りは、ハリスをかみ切られないように、麻糸か軸の長い針を使う。疑餌釣りは、シラスの擬餌針を使い、絶えず仕掛けを動かすか、船で引き廻すようにする。『釣技百科』（松崎明治、昭和一七年〈一九四二〉）には「関東沿岸から南にかけて広く分布し、水深十五尋以内の内海で主に海藻などのある岩礁附近に棲み、いつも中層以下にいる。なお餌を追うて上層に出て跳ねるようなこともあり、海面の曳縄釣にカマスが釣れることはしばしばであるから相当水面に浮くことが多いらしい。東伊豆網代港を中心に行われている釣法で船を流しながら手釣りで釣る」とある。

　カマスは淡泊で塩焼きにすると美味である。しかし、水分がやや多いので干物にすると肉がしまってさらに美味くなる。カマスの干物は、鰓・わたを取って洗ってから二〜三時間ほど立て塩にする。その後で二〜三時間天日干しにする。

産み月の海女が魳を並べ干す　大嶋志葉

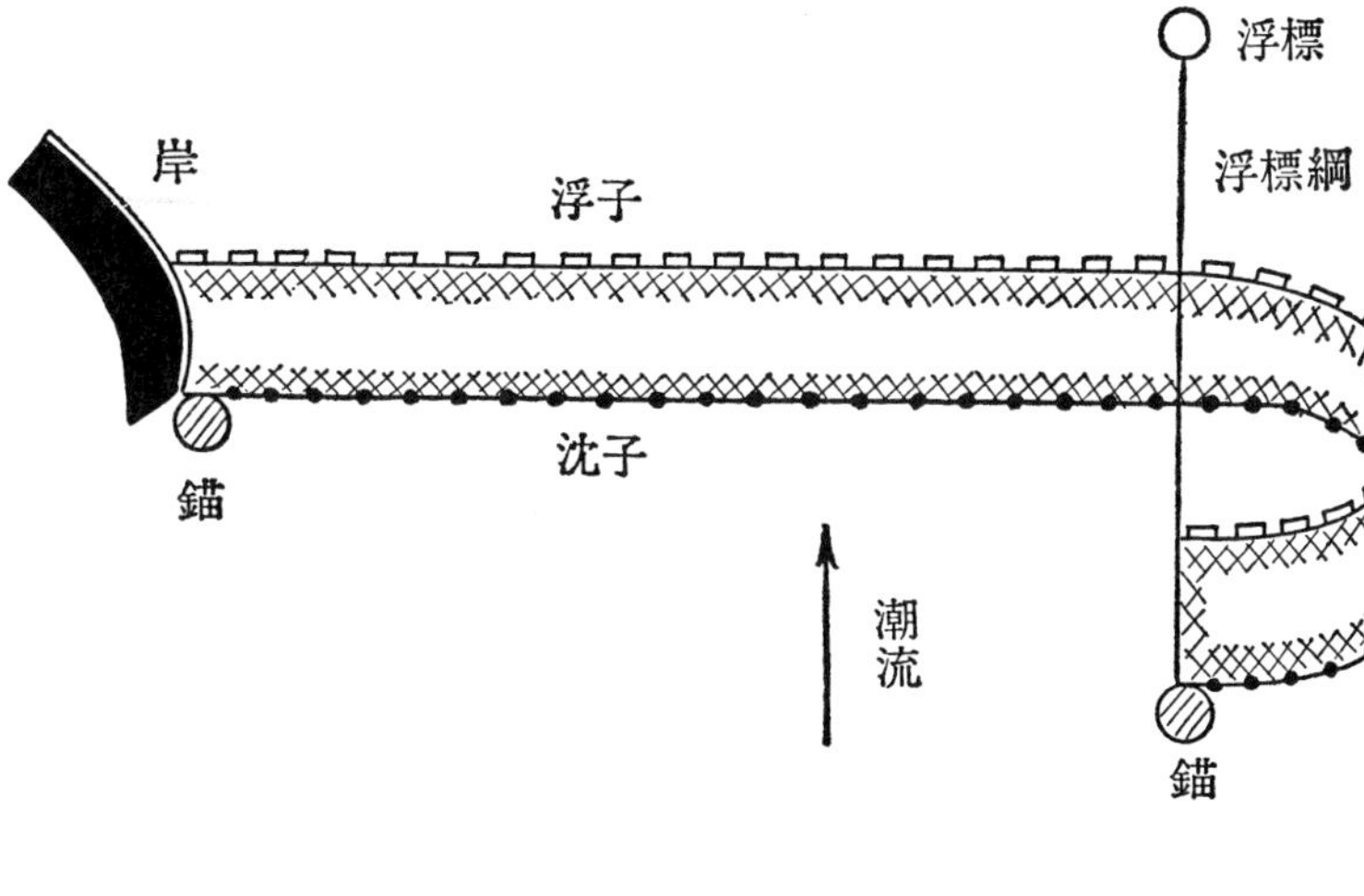

鰍（カジカ）

カジカは河鹿蛙と外見が似ているので、近世まで混同されていたため、この名がつけられた。『日本釈明』（貝原益軒、元禄一三年〈一七〇〇〉）には「河鹿なり、山河にある魚也、夜なきて其音たかし」とある。地方名称は、アイカイ（紀州）、アブラドカン（関西）、キス（青森）、ゴリ（北陸）、ウシヌスト（岡山県湯原）、タカノハ（和歌山）、ドンボ（福岡）などという。

カジカ（ゴリ）を獲る漁法には、下流に網を受けて、上流で棒でカジカを脅して追い込む「カジカ（ゴリ）押し漁」というのがある。「ごり押し」という言葉の由来は、この漁法が転じて無理やり相手にいうことを聞かせ、強引に物事を進めることをいうようになった。『日本山海名産図会』（木村孔恭、宝暦一三年〈一七六三年〉）には「漁捕は筵二枚を継ぎて浅瀬に伏せ、小石を多く置き一方の両方の耳を二人して持ちあげいれば、又一人川下より長三尺余りの撞木を以て川の底をすりて追登る。魚追われて筵の上の小

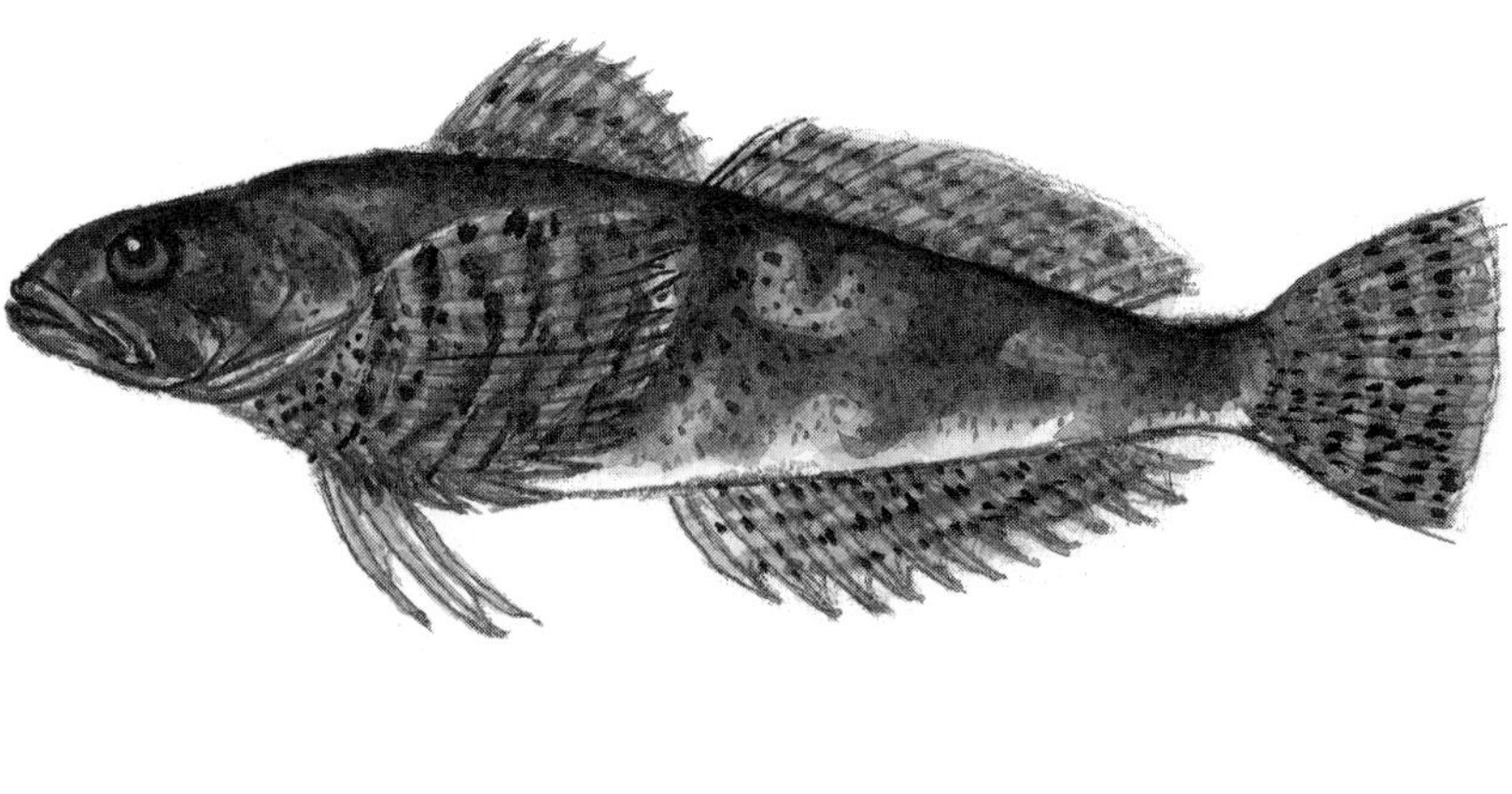

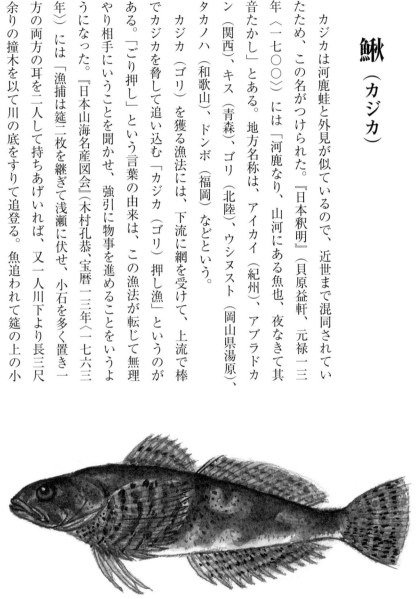

石に附き隠るを、其儘石とともにあげ採るなり。是を鮴押《ごりおし》という」（図面参照）とある。

料理は煮物、焼物、揚物、味噌汁、佃煮などがある。揚げ物は、小骨が多いので、竹串などでわたを取り出した後に丸ごと唐揚げにする。味噌汁はぶつ切りにして煮込むが、だしが効いて美味い。金沢の犀川・淺野川の「ごり汁」「ごりの佃煮」は有名である。ごりの佃煮は、米飴と醤油で炊き上げた佃煮で、甘さを押さえてあり、ごり本来の風味を楽しむことができる。『わくかせわ』（方竟楼千梅、宝暦三年〈一七五三年〉）には「石斑魚なり。種類多し。加茂川に極小なるをゴリと云ふ。京師の茶人賞翫して羹とす。膩《あぶら》多くはなはだ美味なり。また一種、イシブシ、これも一寸に満たず小なり。同、加茂川および江東の川々に多し。江州の俗、チンコといひ、あるいはチチカブリといふ。ゴリより小、膩《あぶら》すくなく味かろし」とある。また、『本朝食鑑』（人見必大、元禄八年〈一六九五〉）には「小水を利し水唾を消し虫を殺し熱淋を治す」とある。

あやまりてきゝうおさゆる鰍《かじか》かな　松倉嵐蘭

片口鰯（カタクチイワシ）

名の由来は、下顎が上顎より極端に短いために片口にみえるところから名づけられた。別名をカタクチ、セグロイワシ、ヒシコイワシという。地方名称は多いが一例をあげれば、アオイワシ（土佐）、アタマアカ（土佐）、エタリイワシ（有明海）、オオカミイワシ（静岡）、カエリ（大阪）、ガクハリ（伊勢湾）、カナヤマ（下関）、コシナガ（肥前、大阪）、スイビロ（宮古）タレクチ（鳥取）などがある。

背が青黒く、腹部は銀白色である。体はやや円筒形で、上顎は眼の後方まで開く。海の牧草の名で呼ばれるように一生を通じて多くの魚の餌になり、海の食物連鎖の重要な位置を占めている。

漁法は、巾着網、船曳、定置網などで漁獲されている。瀬戸内海では、機船船曳網（図面参照）は、二隻の網船を使用して、魚群を魚群探知機で探知しながら潮流とほとんど平行に曳網する。水深三メートル以下では操業できないが、春から夏にかけては中

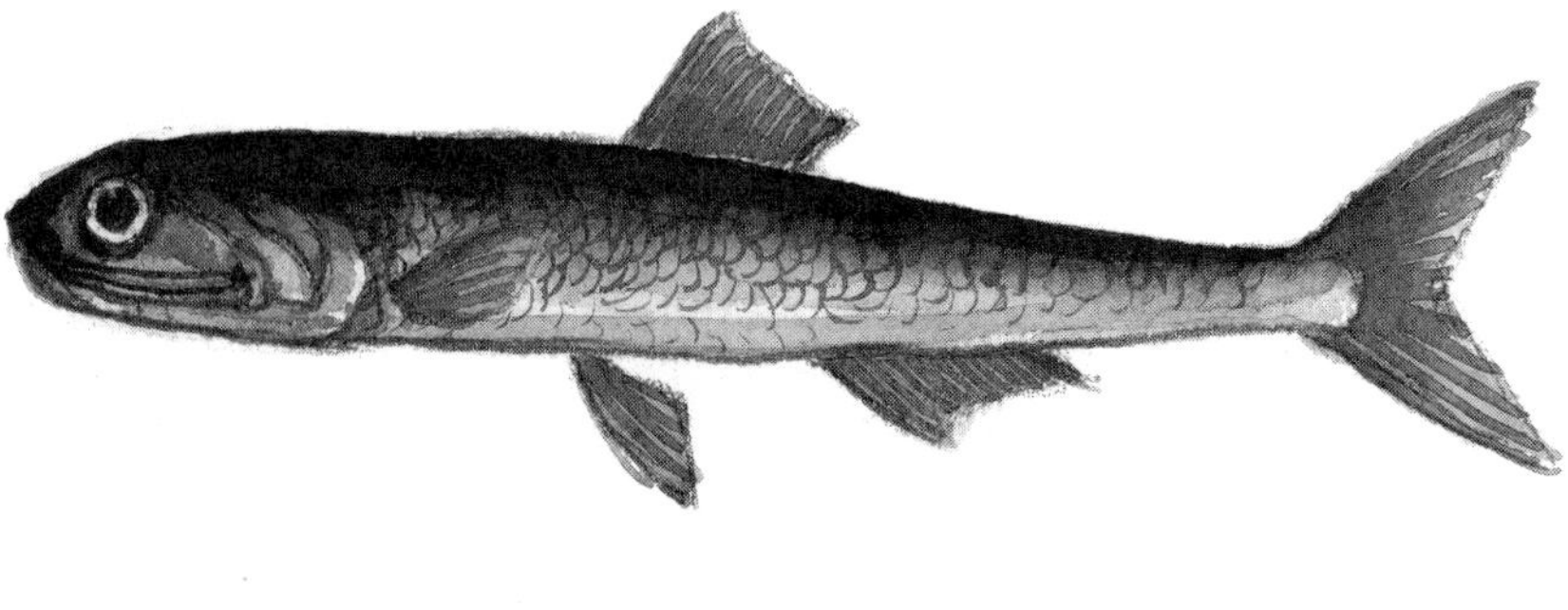

層より下層、秋から冬にかけては中層より表層を曳網する。

料理は、刺身、つみれ、塩焼き、煮魚などにする。刺身は、脂肪が多いので手開きにしてさっと酢に漬けてから食べる。加工品には、田作、ひしこ漬けなどがある。「田作」はカタクチイワシ（ヒシコ）の幼魚を洗って、天日乾燥してつくったものをいう。田作の語源は、昔は田の肥料としたことからである。田作を炒って、砂糖、醤油、味醂などで味付けして煮つめてつくったものを「ごまめ」といい、古くから正月料理として欠かせない縁起物とされた。ごまめの語源は、豊作を祈念して「五万米」または「伍真米」が転訛したものである。また、「ひしこ漬け」は新鮮なカタクチイワシを塩漬けにしたものである。

『本朝食鑑』（人見必大、元禄八年〈一六九五〉）には「乾かすものを号して鱓《ぜん》といひ、伍真米《ごまめ》と訓ず。稲粱を種うる者、乾鯷《ひしこ》を灰に和してこれに培ふ。ゆゑに稲粱豊盈、米甘実なり。よりて乾鯷を号して、田作といふ。また乾鰯を用ふるもまたあり」とある。

善き酒を吞《おし》む主やひしこ漬　　正岡子規

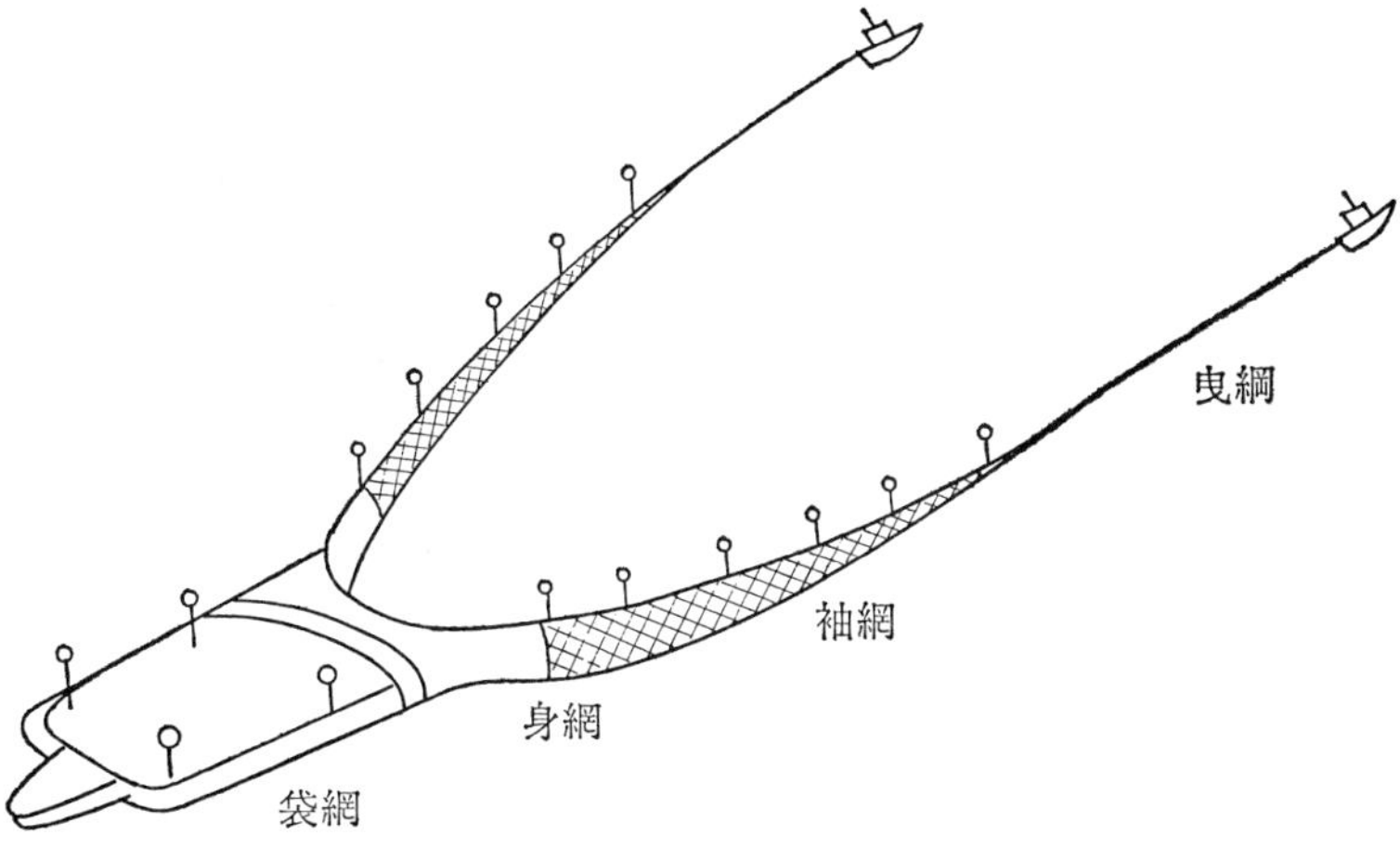

皮剥（カワハギ）

名の由来は、かたい皮をはいで食膳に供するところから名づけられたといわれている。カワハギの地方名称は多いが一例をあげれば、アンボウ（下関）、ウシズラ（鶴岡）、ガイ（沖縄）、カワムキ（福岡）、ギシロハゲ（田辺）、ギッパ（伊東）、ギハギ（宮城、三重）、キンチャク（浜松、明石）、ギンマ（志摩）、ゲバ（高知）などがある。

体は黄灰色の地に黒褐色の不規則な斑点が散在しているが、仲間同士の闘争で勝者は体全体が黒みが増し、敗者は淡色となる。沿岸近くの浅場から水深一〇〇メートルまでの岩礁と砂地の混じった海底に生息する。成魚は小さく尖った口から強く水を吹きだして海底の砂を払い、ゴカイ類や甲殻類を補食する。

漁法は、特殊な釣具や網具を使用して行われる。『日本水産捕採誌』（農商務省、明治四三年〈一九一〇〉）には「皮剥は東海その他にては賤魚として特に之を捕るのみを目的とする漁具なしと

雖も瀬戸内海の西部及び山陰道に在ては頗る此の魚を賞味し随って之を漁するに専用の具あり。其の漁法は網を以てするあり、又手釣りもある」とある。カワハギ網（図面参照）の漁具の構造は、直径一・六五メートル、長さ約五メートルの円筒形の網を付け、網口にかえりを付けたもので、網の上部に吊し網を、下部には七・五キログラム程度の自然石を付け沈子とし、この先に針金で小型の錨を取り付ける。漁法は、一そうの漁船で数個の漁具を使用し、水深二〇～九〇メートルの岩礁上で船から漁具を吊し、二～三時間放置したあと、引き揚げ中に入った魚を袋尻から取り出す。餌はクラゲを使用し、吊し網の網口近くと、網の内側にくり付ける。釣りの場合には、かかっても上下の両顎の硬い歯で糸を食いちぎって逃げることが多いので、漁師からは餌取り名人といわれている。

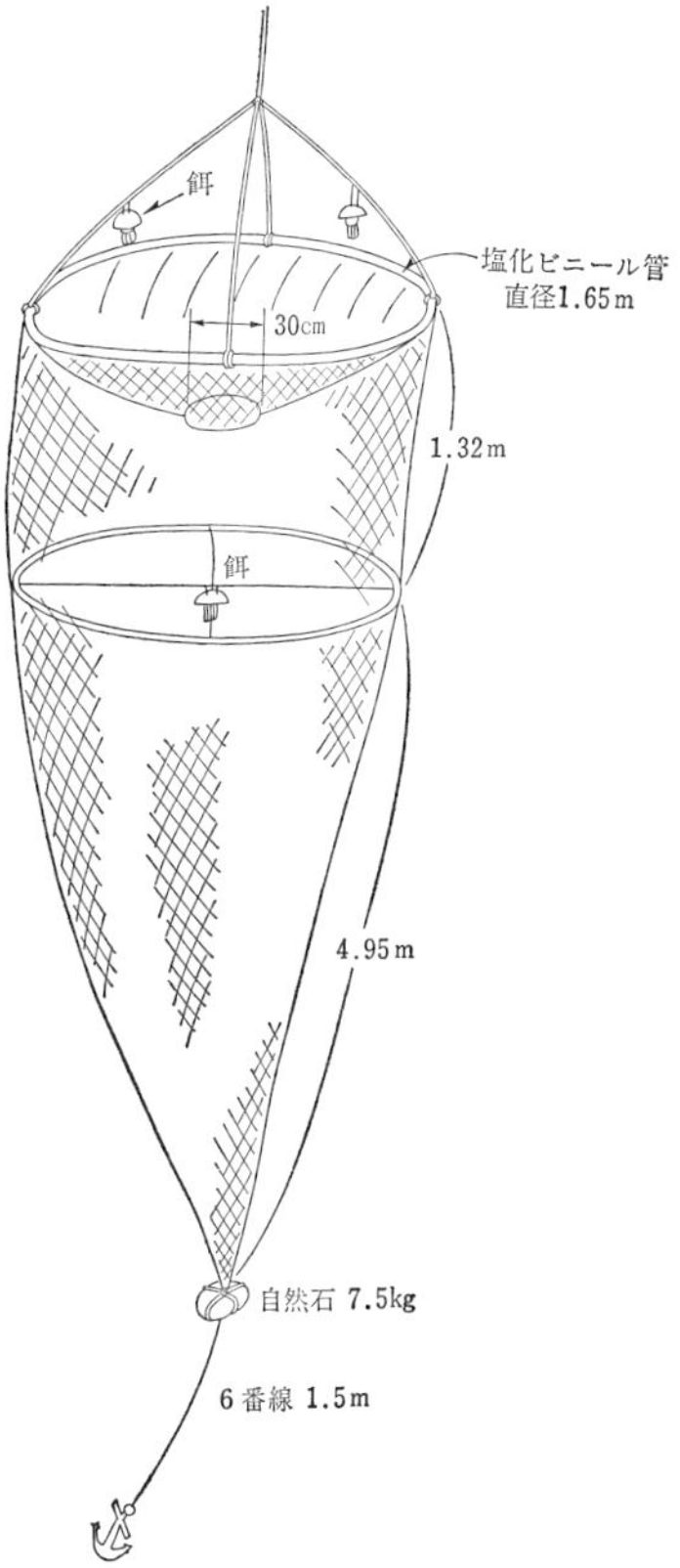

　料理は刺身、煮魚、ちり鍋などとする。肝臓は身以上に美味で、刺身とともに和え物、味噌汁などにする。

皮剥の捨てられてゐる石畳　松村砂丘

鰶（コノシロ）

名の由来は、「焼くにおいが人を焼くにおいと似ているいるところから、この魚を焼いて子の代わりとした」という説がある。武士の間では、コノシロを食べることは「この城を食べる」ことに通じるとして嫌われ、コハダと呼んだという。これとは逆に『江戸懐古録』（熊田葦城、大正七年〈一九一八〉）には「道灌が江ノ島弁天に詣でての帰途、船にコノシロが飛び込んできた。そこで道灌は『九城（コノシロ）我が手中に入る。これ我が武を輝かす吉兆なり』と喜び、その時に江戸城の築城を思い立った」ともある。出世魚で、東京ではジャコ・シンコ→コハダ→コノシロという。地方名称では、ツナシ（関西）、ドロクイ（高知）、ナカツ（神戸）、ニブゴリン（鳥取）、ハビロ（有明海）、ベットウ（石川）、マズナシ（大阪）などがある。

松島湾、佐渡以南から東シナ海北部にかけて分布し、沿岸から内湾の浅海域に生息する。定置網、まき網、刺網（狩刺網、流し

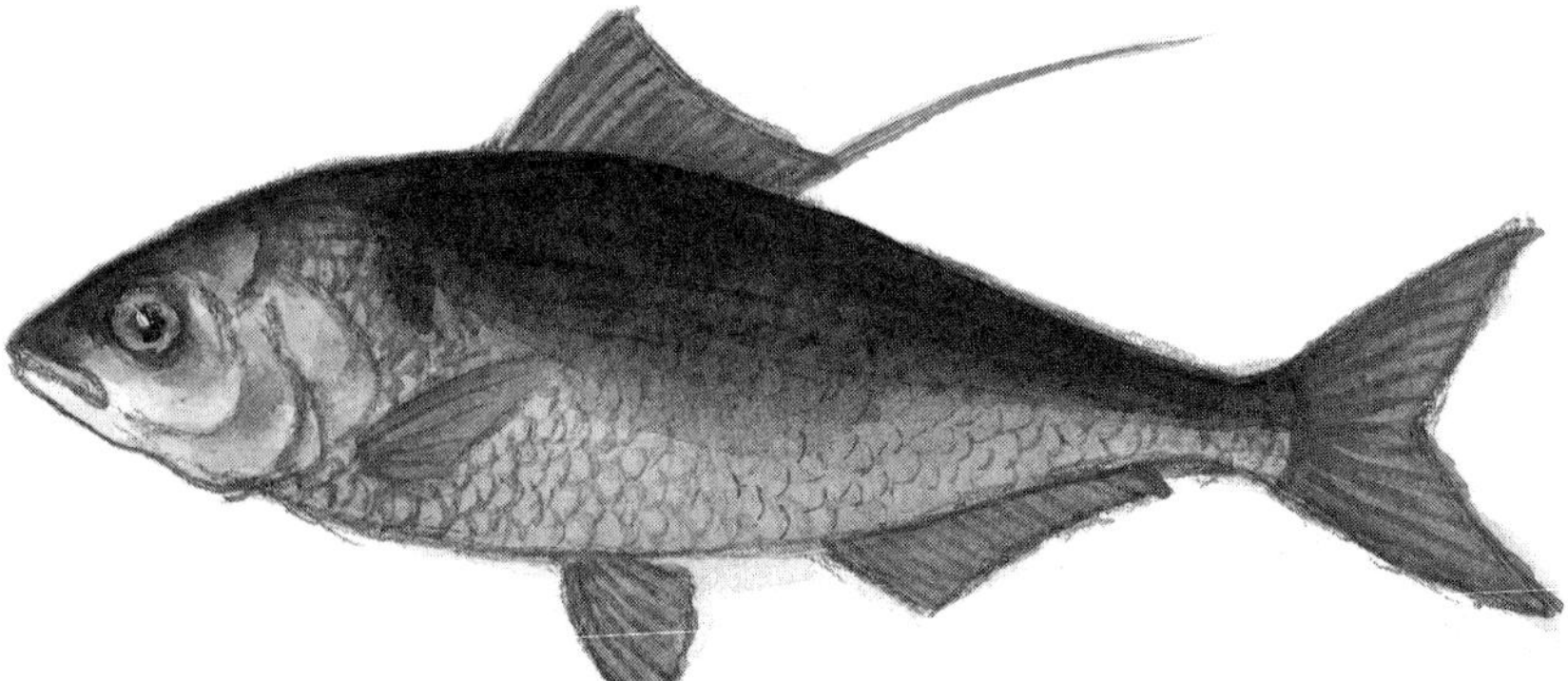

網）、地曳網などで漁獲される。狩刺網漁（図面参照）は、漁場において魚群を発見したら二隻の網船が共同で網を入れ、船べりを叩いたり、竹、木で海面を叩いたりして魚をおどし、追い込み、刺させて漁獲する。一回の操業については、一時間から二時間半を要する。

コノシロは、秋が旬で関西では塩焼き、煮つけ、粟漬けなどにする。「粟漬け」は、強めに酢じめにしたコノシロに、黄色く着色して蒸した粟と小口切りの赤唐辛子をまぶして漬ける。東京では一〇センチほどのものをコハダと称し「コハダの握り鮨」は江戸前の定番である。コハダの握り鮨の前身といえるものに「当座鮓」というのがある。当座鮓は早鮓、押鮨とも呼ばれ、宝暦（一七五一年）の頃から出回り始めた。これは、飯と具を桶に入れて押さえて漬けるようにして、そのまま食べるもので、簡便さをねらったものである。コハダの当座鮓は安価な鮨として庶民に愛されたという。夏になると鮨箱を重ねたものをかついだ行商が、江戸のあこちで売り声賑やかに訪れたという。

鍛冶の火に鰶焼くと見て過ぎぬ　山口誓子

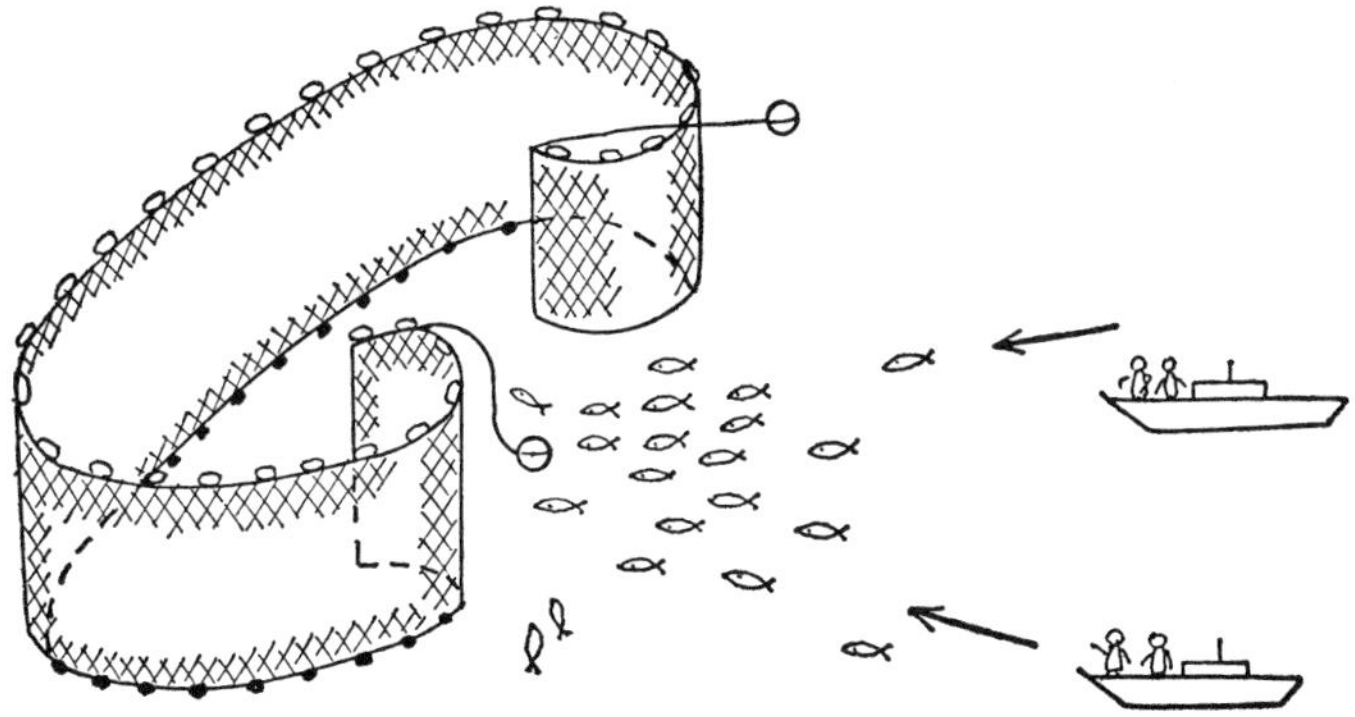

鮭（サケ）

サケの語源について『日本釈明』（貝原篤信、元禄一三年〈一七〇〇〉）には「サケは裂なり」とあり、その肉片が裂けやすいことから転訛されたという。また、身が酒によったように赤いので「酒気（サカケ）」からの転訛説、瀬を遡上する「瀬蹴《セゲリ》」からの転訛説などある。別名をアキアジ、オオスケ、シロザケ、トキシラズといい、地方名称をピン（北海道）、サケノイオ（石川）、イヨボヤ（新潟県村上）シャケ（東京）、サケノオ（仙台）などという。

サケは、北洋で大きく成長して生まれた川、母川を目ざして再び帰って産卵する性質をもっている。この習性を回帰性と呼んでいる。サケが母川に回帰するのは、その川の水の臭いを覚えているからだといわれている。

サケの漁獲は、大きく分けると海で穫る場合と川で穫る場合がある。海での漁獲は魚食利用の上から重要な役割を果たしている。

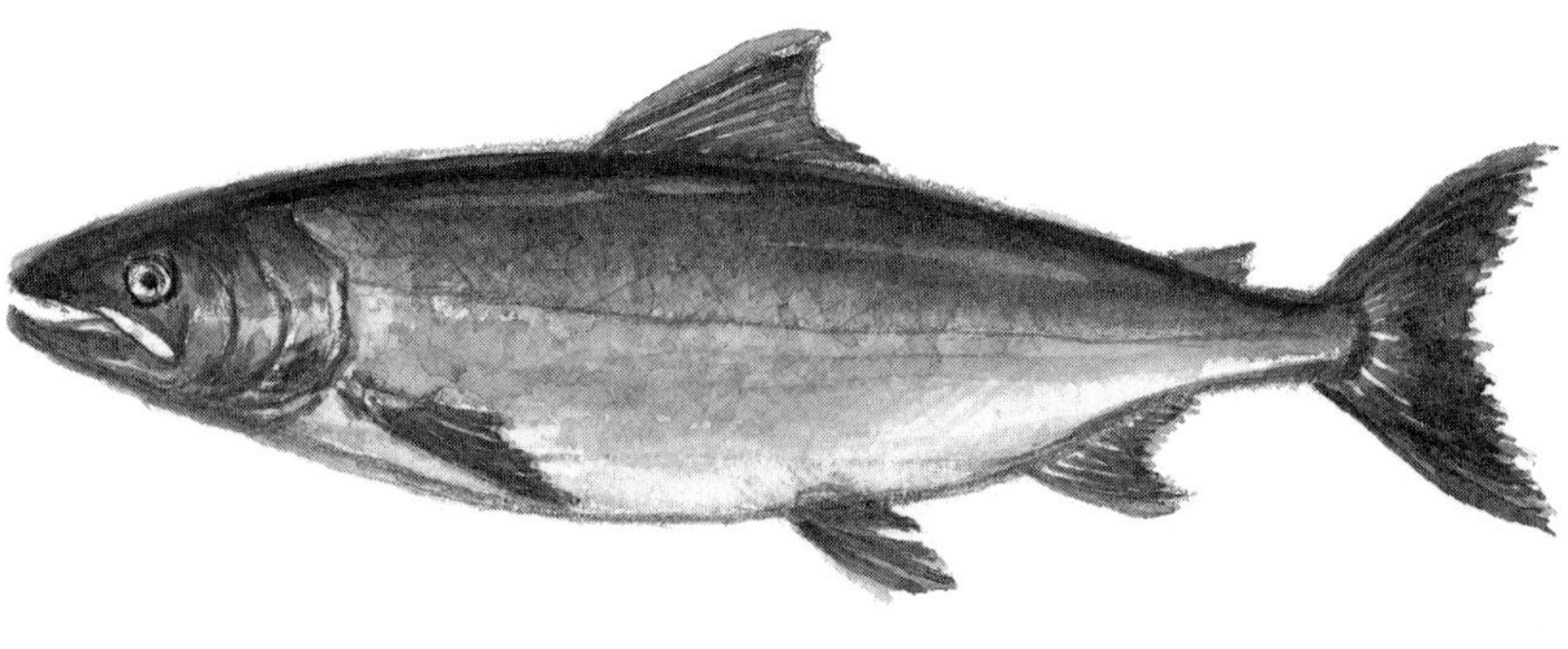

川の場合には現在では、サケの魚食目的よりも資源保護の上から人工ふ化事業を実施するための漁獲である。サケの海での漁獲の一つは産卵のために母川に回帰するサケを沿岸で漁獲するもので、定置網（図面参照）で穫るほか延縄を使っても穫る。他の一つは北洋の海域などで索餌回遊中のサケを五～八月頃に大規模な流し網を使って穫るものがある。

料理としては、切り身にして塩焼き、照焼き、フライなどに、変わった食べ方として、氷頭《ひず》なます、ちゃんちゃん焼、鮭とばなどがある。氷頭とは、サケの鼻先の軟骨の部分で、氷のように透きとおって見えるのでこの名がある。氷頭をなますにしたものが「氷頭なます」で、コリコリとした独特の歯触りが昔から好まれ、食事のおかずとしても酒の肴としても「北国の珍味」として昔から好まれる。また、サケの「ちゃんちゃん焼」は、鮭などの魚と野菜を鉄板で焼いた料理である。「鮭とば」は、乾鮭の一種で秋鮭を半身におろして皮付きのまま縦に細く切り、海水で洗って潮風に当てて干したものをいう。北海道・東北地方での冬の風物詩ともなっている。

鮭に酒換へてうき世をえぞしらぬ　　与謝蕪村

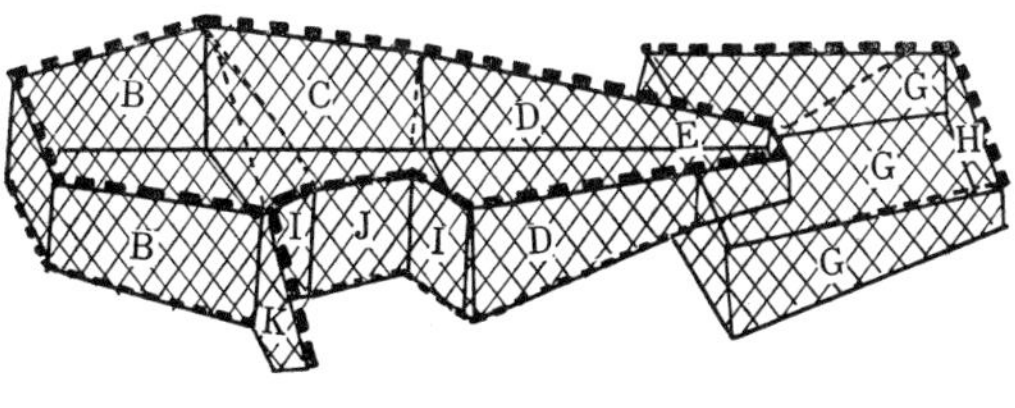

A　下の立場
B　胴網の側
C　突き当りの側
D　外登網
E　内登網
F　半立場及び底窓
G　箱網側及び敷
H　魚取立場
I　障子網
J　胴の敷
K　垣網

鮫（サメ）

名の由来は、体の大きさに比べて目が小さいことから「狭目《サメ》」、「細目」、「小目」から転訛したという説がある。また、多くのサメ類（ネコザメ〈写真参照〉など）の体表に、斑点や斑紋があるところからイサ（斑）とメ（魚）からなる「斑魚《イサメ》」の転訛したものともいう。関西ではフカ、山陰ではワニと呼ばれることがある。

サメの交尾は他の魚類と大いに異なっている。雄は雌の体にかたく巻き付いて、腹鰭の一部が変形した軟骨をもった交尾器を、雌の体内に挿入して精液を注入する。この際にサメのザラザラしたサメ肌が雄、雌の交尾に役立っている。水中で絡み合って離れないためにサメ肌が有効であるといわれている。ネコザメ、トラザメ、ジンベイザメは卵生であるが、その他のサメ類は卵胎生で、数か月から一年近くも雌の腹の中で育って、サメの姿になって生まれてくるのである。

サメは一本釣りのほか刺網、延縄で採捕される。サメの延縄（図

面参照）は、サメの歯から糸を保護するために枝縄と釣針の間に一五センチ位の針金を取り付ける。

肉は、高蛋白、低脂肪であるうえに、骨は軟骨で軟らかく食べやすい食材で、これまで食用の習慣のなかった地域でも新しく見直されてきている。サメは体液の浸透圧調節に尿素を用いており、その身体組織には尿素が蓄積されている。しかし、アンモニアがあるために腐敗が遅く、一部の山間部では古くから海の幸として珍重されていた。サメの利用の多くは練製品の材料とされ、なかでもノコギリザメの蒲鉾は高級品とされる。各地に多く出回っている竹輪は北海道や能登地方でつくられており、北の海でとれるアブラツノザメを材料とされる。ネズミザメ、ホシザメ、シロザメなどは切り身で売られているものもあるが、一般的には乾物とされる。たとえば、三重県の鳥羽市、伊勢市などでは「サメのタレ」（「さめんたれ」とも）と呼ぶサメの干物を食べる風習がある。伊勢神宮にお供えする神饌の一つとしても古くから珍重される。

鮫船の腹に魚群れ潮澄めり　　水原秋桜子

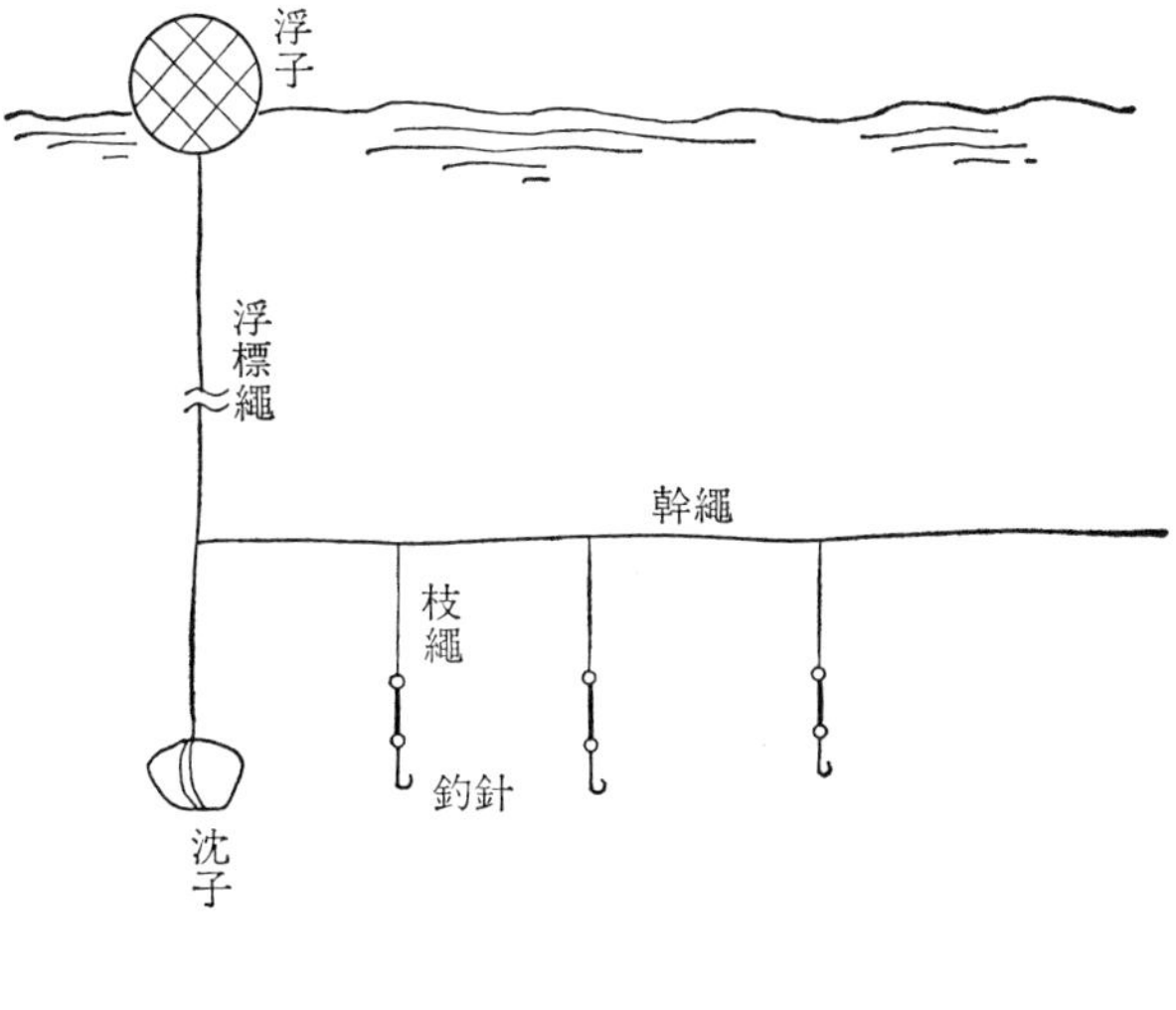

秋刀魚（サンマ）

名の由来については諸説あるが、その体型が細長い魚の「狭真魚《サマナ》」あるいは大漁祈願の供物「祭魚《サイラ》」の音便約という説、サンマはたくさんのサンとまとまるのマからとの説などある。地方名称は、サイラ（和歌山、鹿児島、長崎、高知）、サイリ（大阪、三重、和歌山）、サヨリ（愛知、和歌山、富山）、セイラ（長崎）などがある。

日本近海のサンマは千島、サハリンから九州、沖縄までと日本海を主な生息水域とする。大平洋側では、春から夏にかけて北上し、オホツク海に至るが、秋になると濃密な群れをつくり、親潮に乗って南下する。このため、サンマ漁場は八月末~九月初に北海道から始まり、南に移っていく。漁獲に適した水温は摂氏一四~一八度で、魚群が東北から関東の沖を通る一〇~一一月が最盛期である。

サンマは餌として動物プランクトンを食べる。釣りの漁法によって獲ることができない魚である。江戸時代にはサイラ網というまき網の一種のサンマ網が普及したが、明治時代には能率のよい流し刺

網が全国的に普及した。ところが戦後になって集魚灯を利用した棒受網が出現してからは様相が一変し、九〇％以上がこの棒受網で漁獲されている。近年では集魚灯も効率のよい発光ダイオード（LED）が利用されている。このような中にあって一風変わった「サンマ手づかみ漁」（図面参照）という伝統漁法がある。この漁法は古く江戸時代から行われているもので、新潟県佐渡沖に春に来遊してくるサンマを対象にして海藻を吊るした米俵、または簀の子を海面に浮かべて、産卵のために集まったサンマを、俵の間に手を入れてつかんで捕るという漁法である。「秋刀魚が出ると按摩が引っ込む」という江戸時代の諺がある。「さんま」と「あんま」の語呂合わせの洒落で、秋刀魚の出回る秋になると、涼しくなり食欲も出てきて健康を取り戻し、按摩にかかる人がなくなるということである。サンマの旬は秋で、脂肪含有量は北海道東方沖では多く、九月の太ったサンマでは二一％に達する。この脂ののった大型サンマの塩焼は、秋を代表する味である。

夕空の土星に秋刀魚焼く匂ひ　川端茅舎

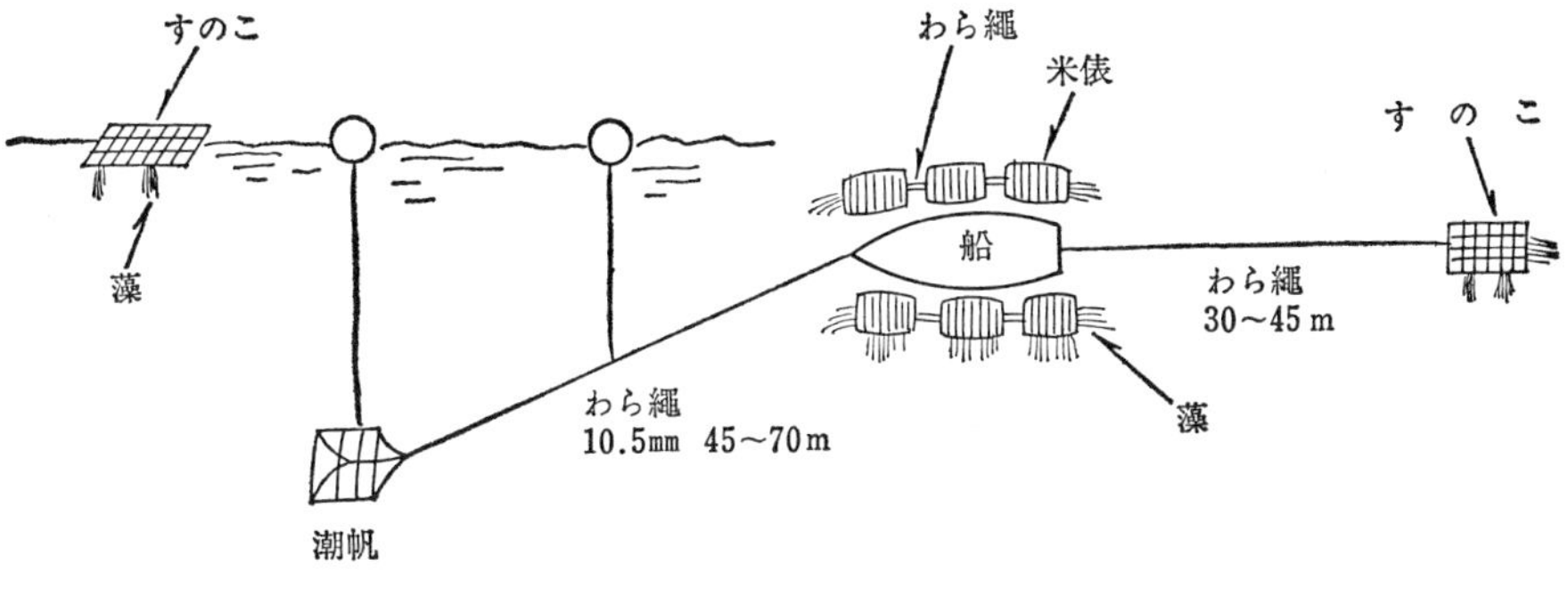

柳葉魚（シシャモ）

名の由来は、シシャモの形が柳の葉に似ており、アイヌ語のスセム（柳の葉）から転訛したという。地方名称でスサモ、スシャモ（厚岸）という。北海道の太平洋岸だけに分布する。体長はほぼ一五センチで、体色は銀白色で柳の葉に似て細長くて美しい。しかし一〇～一一月には産卵に川に遡上し、雌は普通の銀白色なのに、特に雄は黒色を帯びて、いわゆる第二次性徴が顕著になる。

シシャモは、アイヌの人々が飢饉で困っていたときに、神が河畔の柳の葉を、川に投げ、魚に変えて飢饉を救ったという伝説がある。また、天上の神の庭にあった柳の葉が、間違って地上に落ちたところ、その葉が枯れてしまうのを可愛そうに思った神様が、これを魚に変えたともいわれている。

シシャモは、沿岸の水深二〇から三〇メートル附近に生息する。漁法の「シシャモ桁網」（図面参照）は、木または鉄などの枠で網口を固定させた袋網を有する小型の底曳網によって行われる。「ししゃ

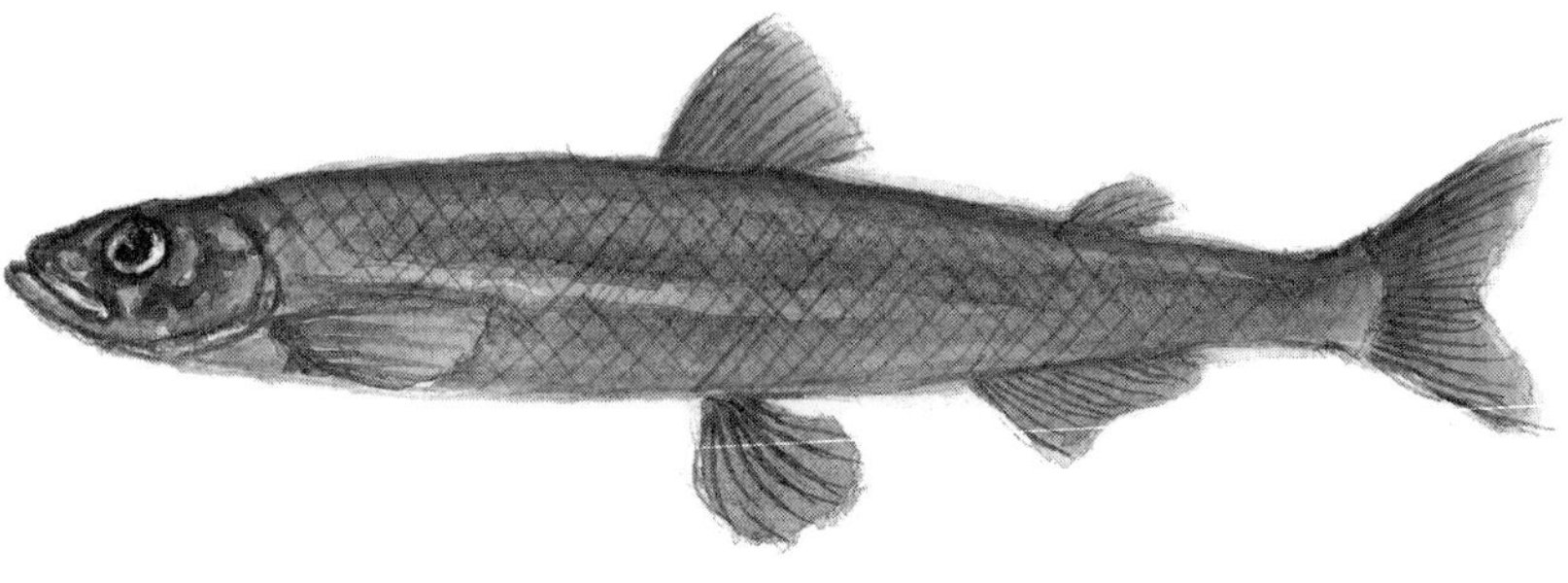

も荒れ」と呼ばれる一〇月の木枯らしが吹くと、シシャモ漁がはじまる。シシャモが海岸に集まって遡上をはじめ一か月ぐらいの短い季節的な漁で、まさに秋から冬への風物詩といえる。『武四郎廻浦日記』（武浦武三郎、安政三年〈一八五六〉）には「七の川、十月頃迄鮭漁有り、その後に及びてシシャモといえる小魚多く群来る也、群来るや夷人共、皆たも網を以て舟に汲み候由なり」とある。

産卵期は一〇から一二月で、河川にのぼり、砂礫底に卵を産み付ける。産卵期のシシャモはとくに好まれ、子持ちシシャモとして生干しや丸干しなどとして珍重される。生干しは軽く焙って丸ごと食べる。少々の酒を振りかけて焼くと風味を増す。水揚げ直後のものは刺身、押寿司やルイベにすると美味である。一般には塩焼き天ぷらフライなどにする。

北海道産のシシャモの生産量は一、三〇〇トンほどしか漁獲されていないので、内地で販売されているシシャモ、子持ちシシャモの多くはカラフトシヤモである。北海道産は少なく市売品の多くは、ノルウエー、カナダなどから輸入品である。

柳葉魚焼く学徒や唄に故郷あり　　桂樟蹊子

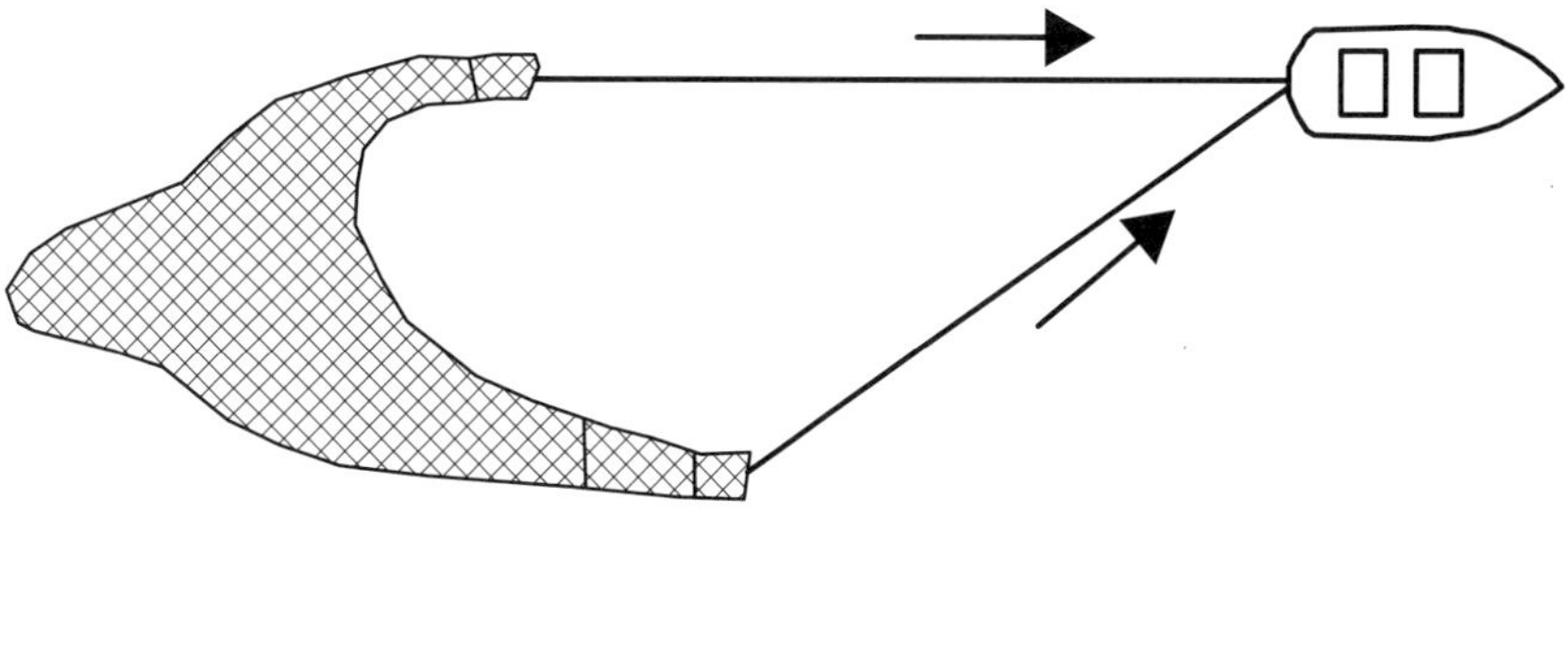

鱸（スズキ）

名の由来には諸説がある。たとえば『日本釈明』（貝原益軒、元禄一三年〈一七〇〇〉）には「その身白くてすすきたつように清げなる魚なり」とある。この「ススキ」が「スズキ」に転訛したとする説がある。また『東雅』（新井白石、享保二年〈一七一七〉）には「スズは古語で小さいという意味、スズキの名は口が大きいわりに尾の小さい魚に由来する」とある。スズキは出世魚といわれ、東京付近ではコッパ（一〇センチ）→セイゴ（二五センチ）→フッコ（三五センチ）→スズキ（六〇センチ以上）→オオタロウ（老成魚）という。

古くからスズキは縁起のよい魚とされている。『本朝食鑑』（平野必大、元禄八年〈一六九四〉）には「古くは山城の国これを貢献す。式の大膳部に詳らかなり。平の清盛伊勢の安濃津より船に乗り、熊野の祠に詣づ。時に中流鱸魚躍りて船に入る。清盛喜んで曰、白魚武王の舟に入りて遂に敵に克ち、周を保つといひて手

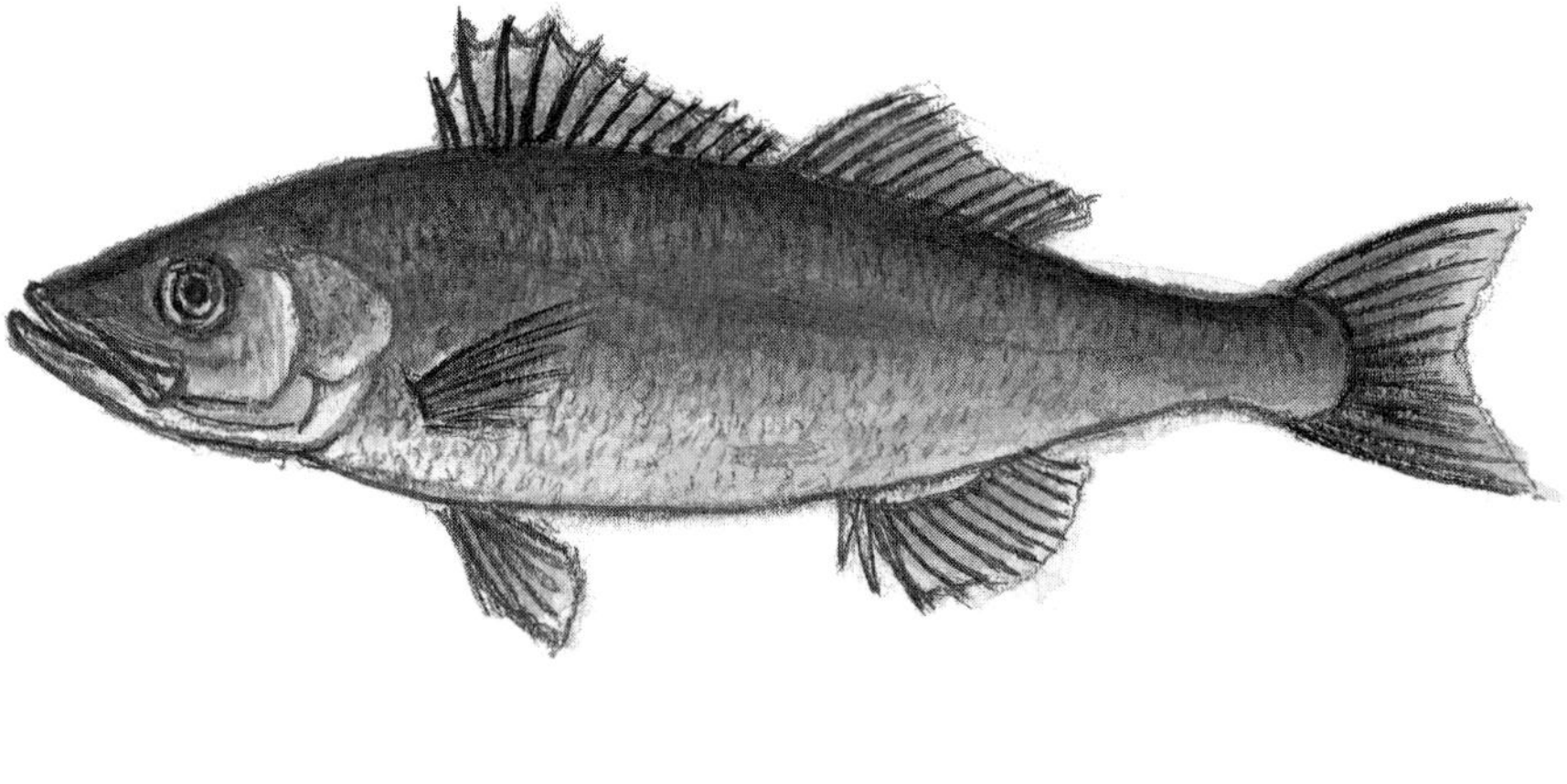

づから調へ食してその余を悉く家族に饗す」とある。

漁法は、まき網、地曳網、磯刺網、定置網などで漁獲する。定置網の一種で「簀立て」（図面参照）というのがある。網の代わりに真竹を一センチ幅に割り、縄で編んだもので、これで囲いを作り、魚群を魚取部へ誘導したのち、タモですくい上げる。遊漁としても疑似餌釣り、ルアーフィッシング、流し釣り、ブッコミ釣りなどに人気がある　スズキは釣り上げると大きな口をあけて跳ねる。これを「スズキの鰓洗い」といい、釣人にとって釣り上げた瞬間の醍醐味である。

スズキは、あらい、刺身、湯引きなどとし、セイゴは焼物、煮物にする。スズキは成長するほど美味くなるが、産卵後は「枯れスズキ」といって脂が抜け味が落ちる。松江の名物で「奉書焼」がある。和紙の奉書紙を水に濡らし、魚体を二～三重に覆い包み、旨味を逃がさないように天火や焙烙で蒸し焼きにしたものである。たれにつけて食べる。

鱸獲て月宮に入るおもひかな　　与謝蕪村

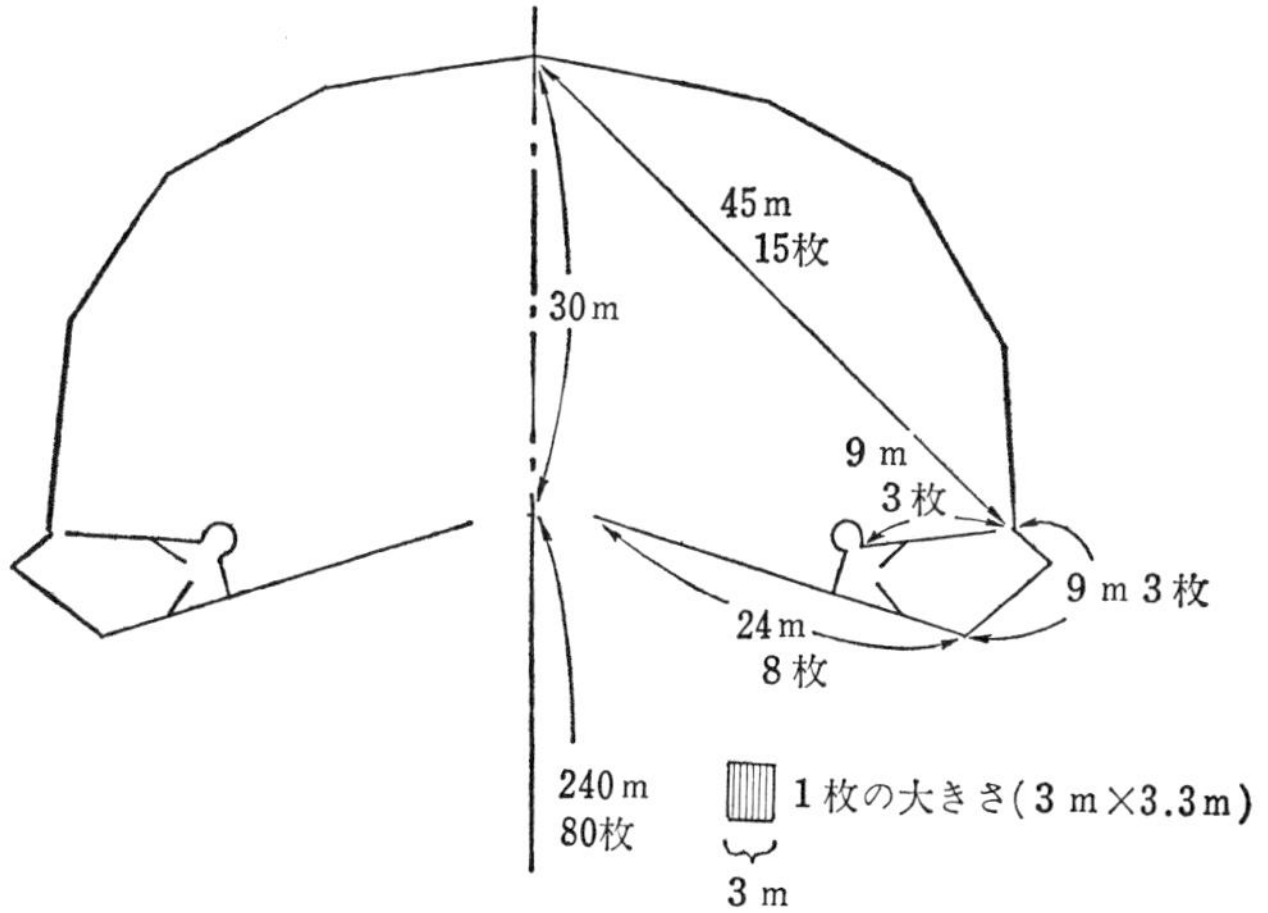

平政（ヒラマサ）

アジ科のブリと同属の海産魚である。名の由来は、ブリより平たいことから名付けられた。「マサ」は柾目《まさめ》からきている。地方名称は、ヒラ（宮津、鳥取、愛知）、ヒラス（九州、関西）、ヒラソ（島根）、ヒラブリ（鳥羽）、テンコツ（鹿児島）、ハマス（高知）、マサ（東京）などという。

体はブリに似るが、上あご後端の上部の角が丸味を帯びていること、胸びれが腹びれより短いこと、中央に縦帯の黄色が濃いなどの特徴がある。表層にもいるが、主に沖合い岩礁域の中、底層に棲む。ブリのような大きな群れをつくらない。幼魚は流れ藻につかない。全長一メートル以上になり、大きいものは二メートルに達する。

漁法は、まき網、定置網、一本釣りなどである。一本釣りで「かっぽり釣り」（図面参照）というのがある。鉄棒の上部には目（貝殻）を入れて光りを出させる。鉛棒の頭部に針金を付け両方に一本ず

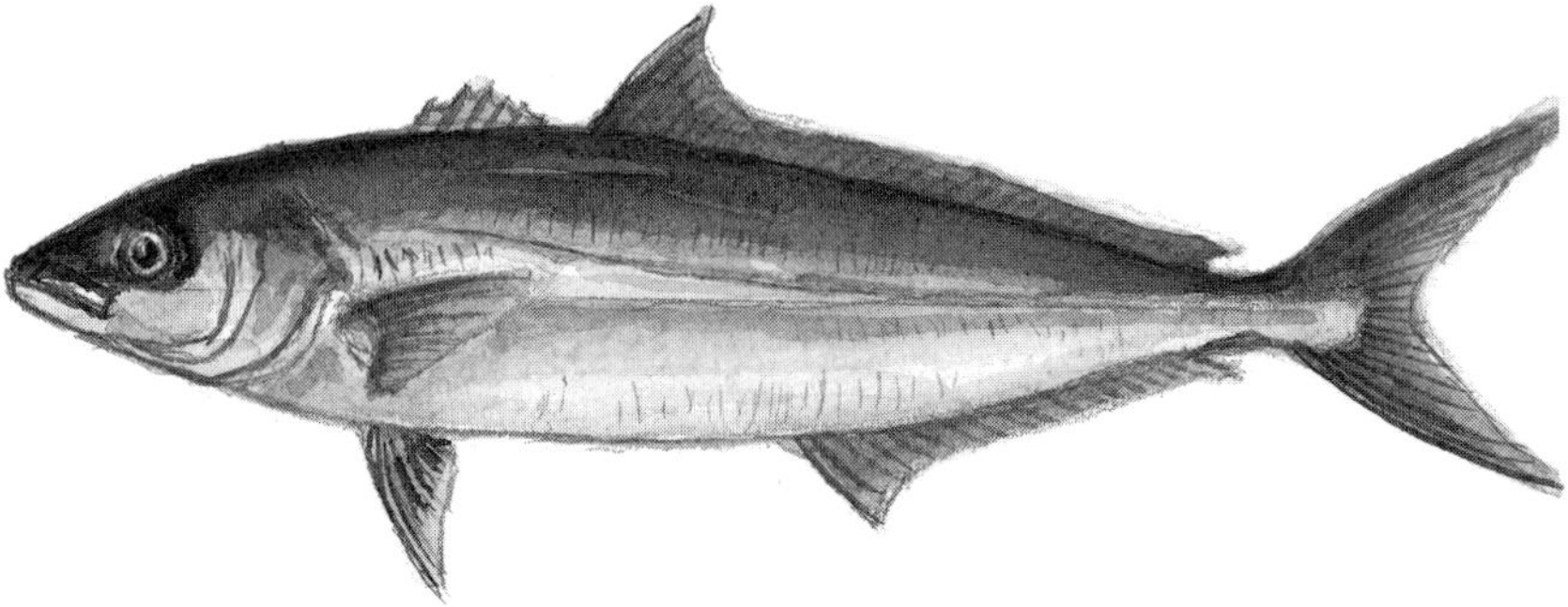

つ流すようにしておく。漁場に到着するとともに帆を上げて風に立てて潮に船を流させる。餌はいらないので、漁具を海中に入れて海底より一五〜二三メートルの所を上下させる。遊漁の釣りは、磯釣り、船釣りともにシマアジと並ぶ人気がある。磯釣りはコマセを使うフカセ釣りとかご釣りが、船釣りは浮き仕掛けのかかり釣りと片天秤仕掛けのカモシ釣りが人気がある。

ヒラマサはブリとは逆に夏が旬で、夏にはブリより美味とされる。冬は味が落ちる。刺身、すし種、照焼き、煮付けにされる高級魚である。「かぶとのちり蒸し」は、かまに強めの塩をふって一〜二時間おき、霜降りにする。昆布を敷いた蒸し器にかまをのせ、酒をふって一三〜一四分ほど強火で蒸す。あさつき、おろしなどの薬味とちり酢（橙の果汁に醤油を加えた合わせ酢）を添える。一般に、魚は太っているほうが脂がのって美味いといわれているが、ヒラマサは、あまり太っているのは大味で、二・五〜四キログラムのものがよい。

あざやかな平鰤をどる甲板に　　松村砂丘

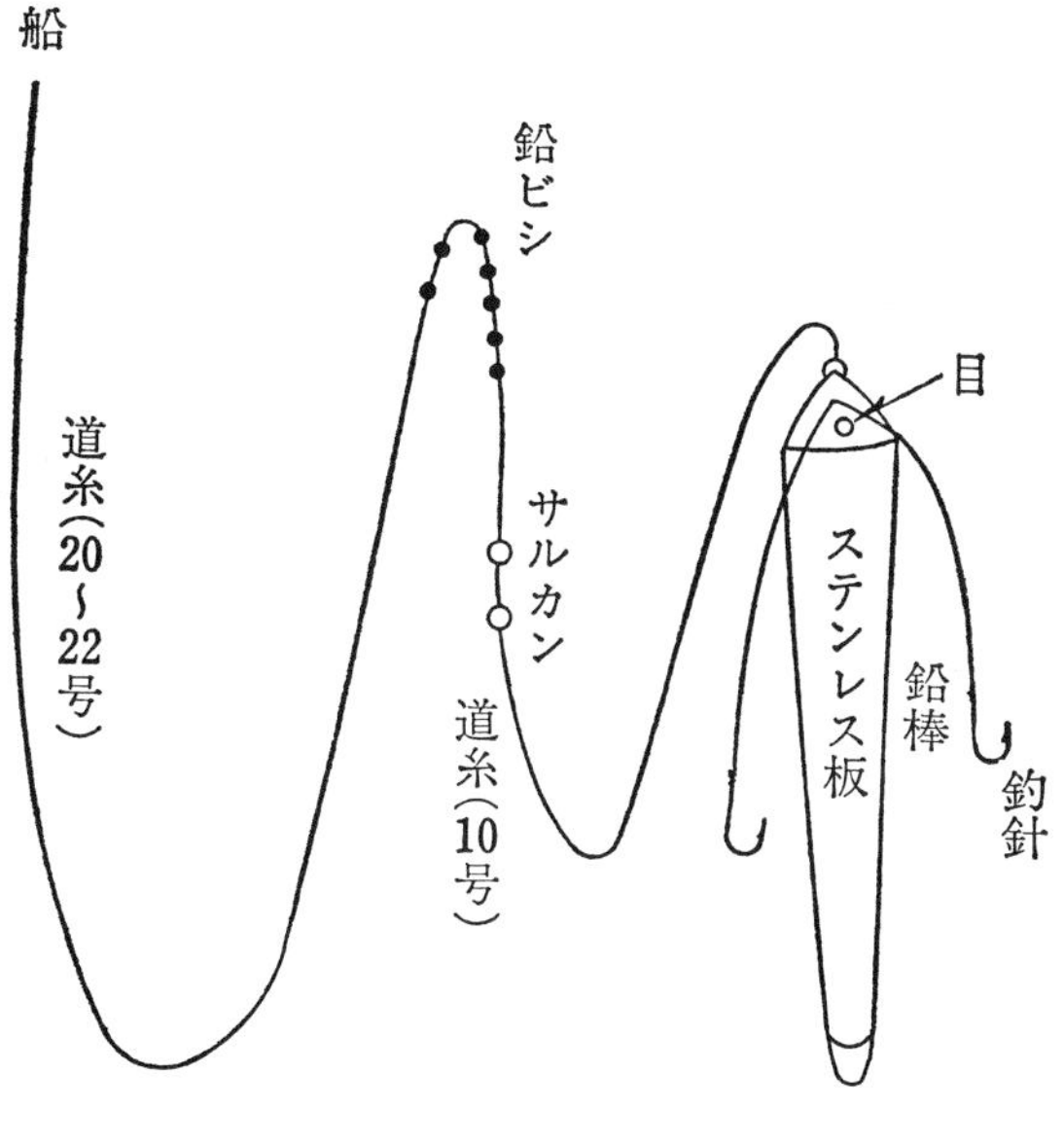

真鰯（マイワシ）

イワシの名の由来は、ほかの魚に食べられる弱い魚というところから「ヨワシ」が「イワシ」に転訛したものという説がある。また、イワシは卑しい魚ということから「イヤシ」が「イワシ」に転訛したとする説もある。マイワシの「マ」はイワシ類の代表格という意である。マイワシは大きさによって、大羽イワシ（二〇センチ以上）、ニタリイワシ（一八～二〇センチ）、中羽イワシ（一五～一八センチ）、小中羽イワシ（一二～一五センチ）、小羽イワシ（八～一二センチ）、タックリ・ヒラゴ（五～八センチ）、カエリ（三・五～五センチ）、シラス・マシラス（三・五センチ以下）と呼ばれている。体形はほぼ円筒状で、体側に小黒点が縦に数個並ぶ。このためにナナツボシと呼ばれる。餌は植物及び動物プランクトンで、表層を大きく口を開けながら泳ぎ、プランクトンを密生した鰓耙でこし取って食べる。

鰯雲は、秋空に小さな白雲がさざ波状にあつまっている巻積雲

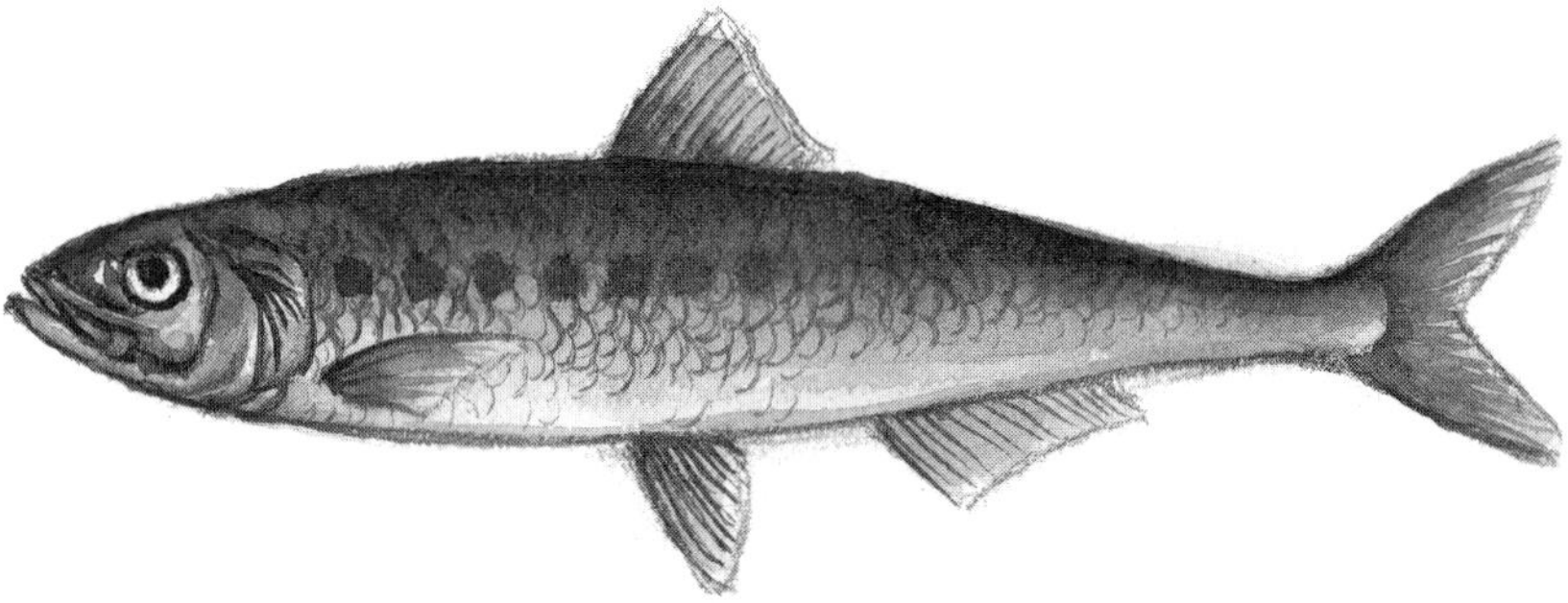

で巻雲の一種である。イワシが群れているように見えるので「鰯雲」「鱗雲」という。この雲は前線付近に発生するので、降雨の前兆もいわれる。また鰯雲が発生するとイワシの大漁が期待されるという。漁法は、流し網、まき網、定置網など多様化しているが、古くは地曳網（図面参照）や船で引く鰯網が主なるものであった。

マイワシは人間の活動に必要な各種ビタミン（A、B、D、E）やカルシュームなどのミネラルを豊富に含んでいる。また近年、EPA（エイコサペンタエン酸）やDHA（ドコサペンタエン酸）が血中のコレステロールを低下させ、心筋梗塞、脳梗塞などの成人病を予防することで注目を浴びている。『本朝食鑑』（人見必大、元禄八年〈一六九五〉）には「腸を盛んにし陰を滋い気血を潤し筋肉を強め臓腑を補い経路を通じ老を養い弱を育て人を肥健せしめる」とある。マイワシの料理の定番は、塩焼、煮付、刺身、なます、揚物、つみれ汁などがある。イワシの代表的な干物の一つに目刺がある。

失せてゆく目刺のにがみ酒ふくむ　高浜虚子

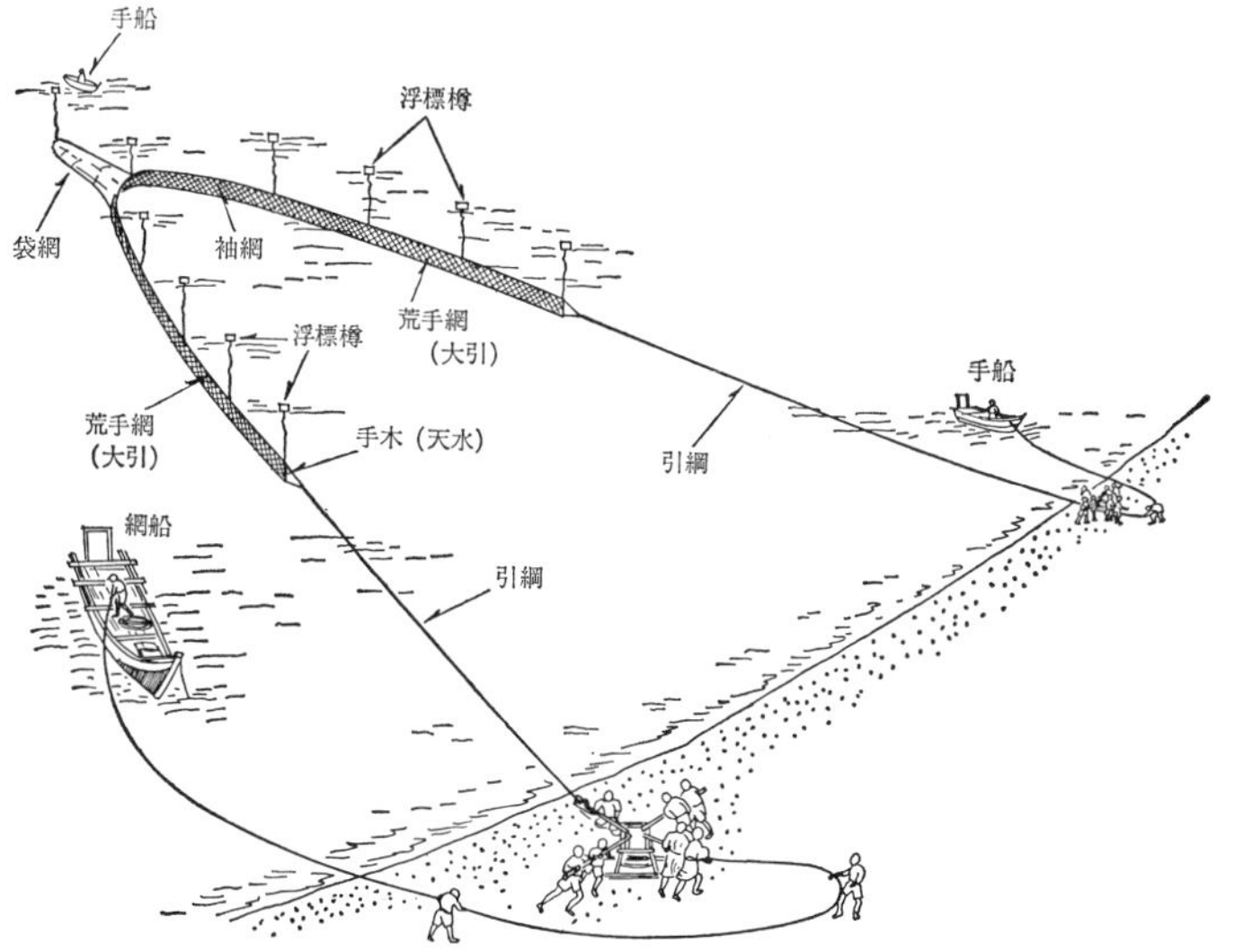

真鯊（マハゼ）

ハゼの名の由来は、陰茎を表す古語の「ハセ」に形が相似しているからとの説がある。『大言海』には「沙魚・彈塗魚、自らはじける義なり、カラハゼというあり」とある。マハゼの「マ」はその代表の意を表す。一般にハゼといえばマハゼをさす。マハゼは一年魚である。その年に生まれたもので五～八センチのもを「デキハゼ」「デキ」といい、その前の年に生まれたものを「ヒネハゼ」「残りハゼ」「越年ハゼ」という。季節によってデキハゼ→彼岸ハゼ→オハグロハゼと呼び名が変わる。地方名称はカジカ（宮城）、カマゴツ（米子）、カワギス（富山、石川）、グンジ（男鹿）、ゴツ（米子）などという。

ハゼは、延縄や釣で漁獲される。沿岸各地で周年にわたって漁獲されるが、夏から秋が最盛期である。ハゼは貪食性なので釣りの好対象魚で、遊漁として初心者にも釣り易い魚である。秋の彼岸頃から釣人が押しかけ、東京湾などでは初秋の風物詩となっている。この頃のハゼを「彼岸ハゼ」といい、彼岸の中日に釣ったハゼを食べ

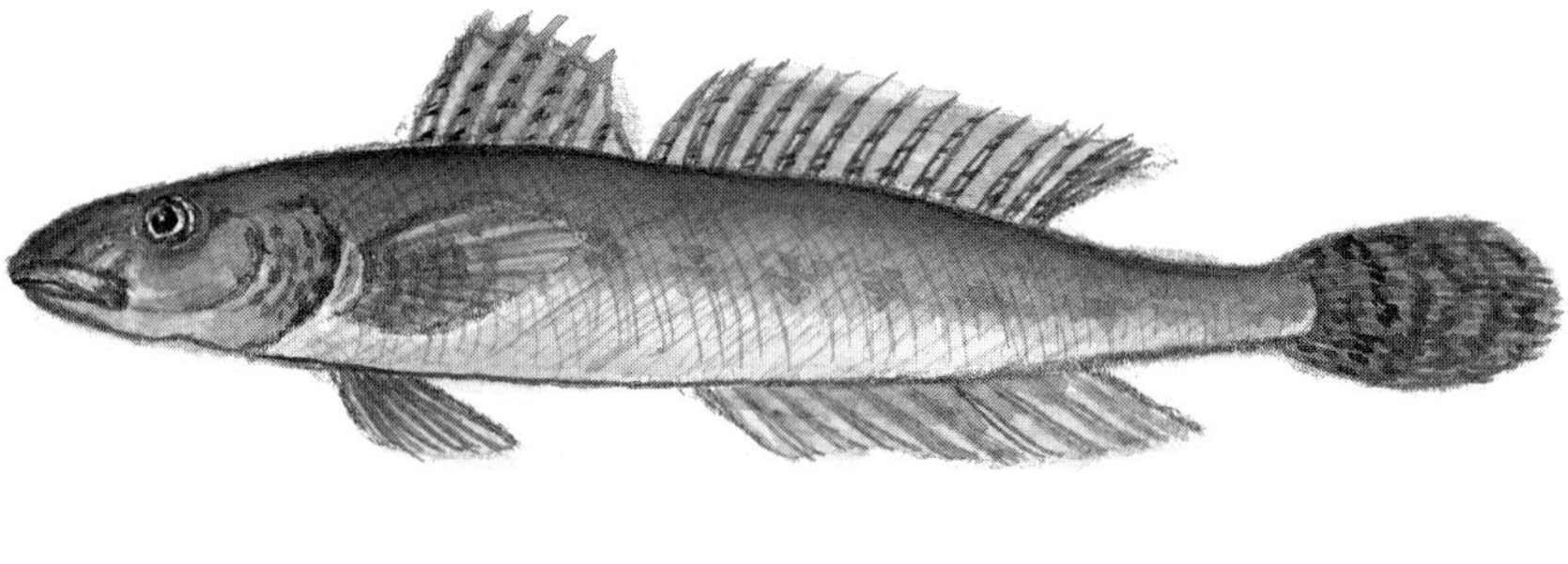

ると中風にならないといういい伝えがある。ハゼは秋の彼岸前後がよく釣れるので、この頃の晴れた日を「鯊日和」という。

江戸時代に浮世絵（図面参照）にも描かれたハゼ釣りは、女性まで竿をもって楽しむのはハゼ釣りの特色であった。『本朝食鑑』（人見必大、元禄八年〈一六九五〉）には「江戸の士民・好事家・遊び好きの者は扁舟に棹さし、蓑笠を着け、銘酒を載せ、竿を横たえ糸を垂れ競って相つっている」とある。

料理は、天ぷら、唐揚げ、刺身、洗い、鮨、和え物などがある。保存食としては、焼干、甘露煮、昆布巻などがある。ハゼは江戸前の天ぷらとして、メゴチ（雌鯒）、シロギス（白鱚）と並んで三大天ぷらの種の一つである。ハゼの天ぷらは、ハゼの皮の持つ香ばしさを生かすためにやや高温で揚げるのがコツだという。ハゼは生きている間は黒ぽく、鮮度が落ちるに従って白くなる。刺身の場合はとくに黒っぽく鮮度のよいものを選ぶ必要がある。仙台など一部では、焼き干しは伝統的な雑煮の出しとして利用されている。

ひらひらと釣られて淋し今年鯊　　高浜虚子

𩸽（ホッケ）

名の由来は、「ホク」は北、「ケ」は魚を表す語で、「北魚」の意を表す。地方名称でタラバホッケ（室蘭）、ドモシジュウ（佐渡）、ホッキ（青森）、ボッケア（松江）、ロウソクボッケ（男鹿）などという。

北海道に多いが、南サハリンから対馬海峡付近および茨城県まで分布する。体色は暗黄色か暗褐色である。漢字で魚偏に花と書くが、幼魚が鮮やかな緑色で美しいからである。沿岸から沖合の水深一〇〇メートルくらいの岩礁域に生息する。紡錘形で、全長三〇～五〇センチで、測線は五本で、尾びれは二叉する。

産卵期は九～二月で北の方が早い。浅い岩礁域で小さなくぼみや石の間に沈性卵を産み雄が保護する。幼魚をアケボッケといわれ表層に群がるが、満一年になるとローソクボッケといわれ海底生活に入る。二年魚はハルボッケといわれ、春に濃密な群れをつくって海面を泳ぐ。成魚はネボッケ（タラバボッケ）と呼ばれ、沖合の岩礁地帯に根付く。魚類、甲殻類、イカ類、二枚貝類など

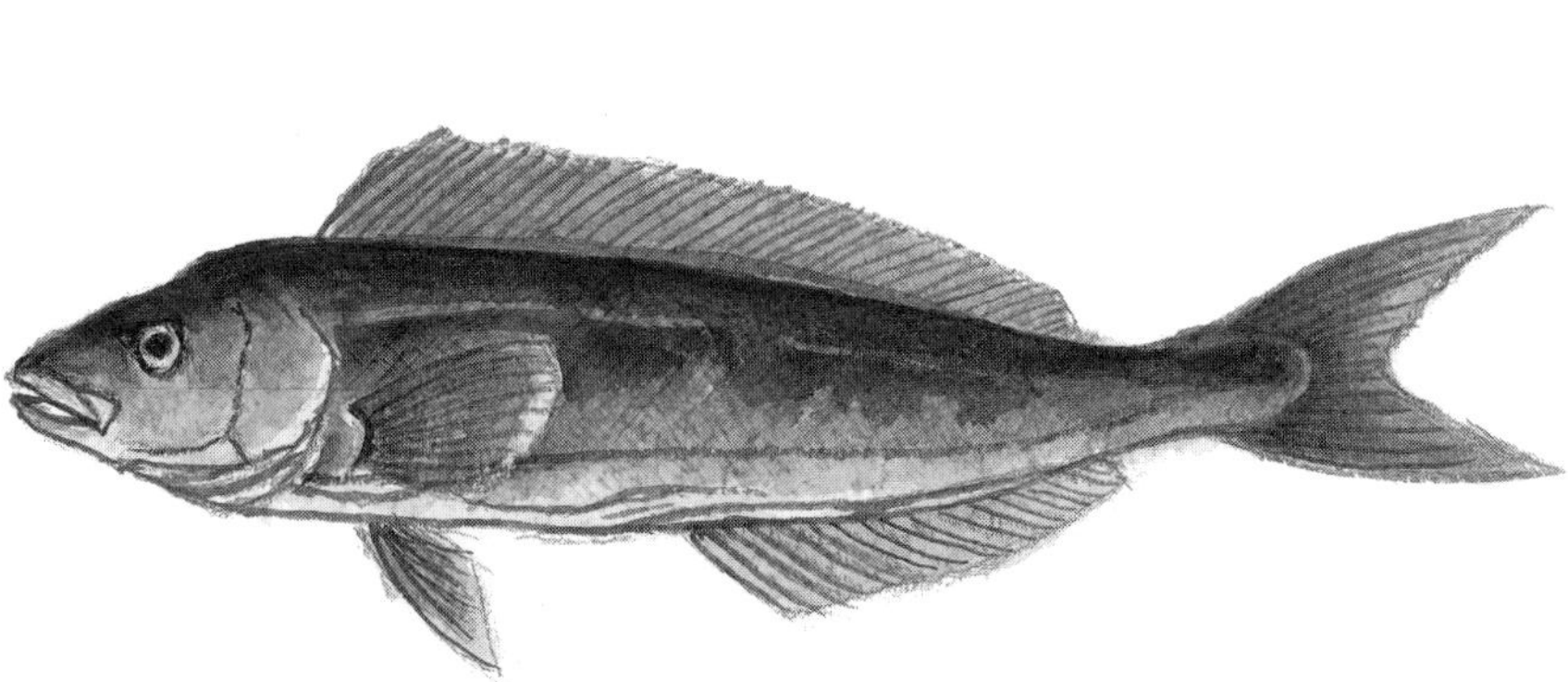

を食べる。

漁法は、釣り、刺網、底曳網、定置網、まき網などで漁獲される。ホッケの刺網漁（図面参照）は、網の敷設は深みから浅所に凪に向けて行う。作業はぼんでん→瀬縄→アンカ→捨て縄の順に投下し、つぎに刺網を入れ終わる。漁期は春漁（五～七月）と秋漁（一〇～一二月）がある。春漁はホッケが索餌のため、深みから浅瀬に上って来るものを対象にする。水深が一二〇～二二五メートル位まで海底が急に浅くなるところが漁場となる。魚体は大型で収穫も秋漁を上回り、また漁場範囲も広い。秋漁は産卵回遊で水深七五～一五〇メートルの根岸の砂泥地が漁場となる。魚体は中型で漁獲量も春漁期よりも少ない。

新鮮なものなら刺身にもされる。脂肪の多い白身の肉質は、淡泊のなかにもコクがある。その他、煮付け、照焼き、フライなどにする。塩干品、塩ボッケや冷凍すり身は蒲鉾、竹輪などの練製品に加工される。

釣れすぎてもて余したるほっけかな　武田清子

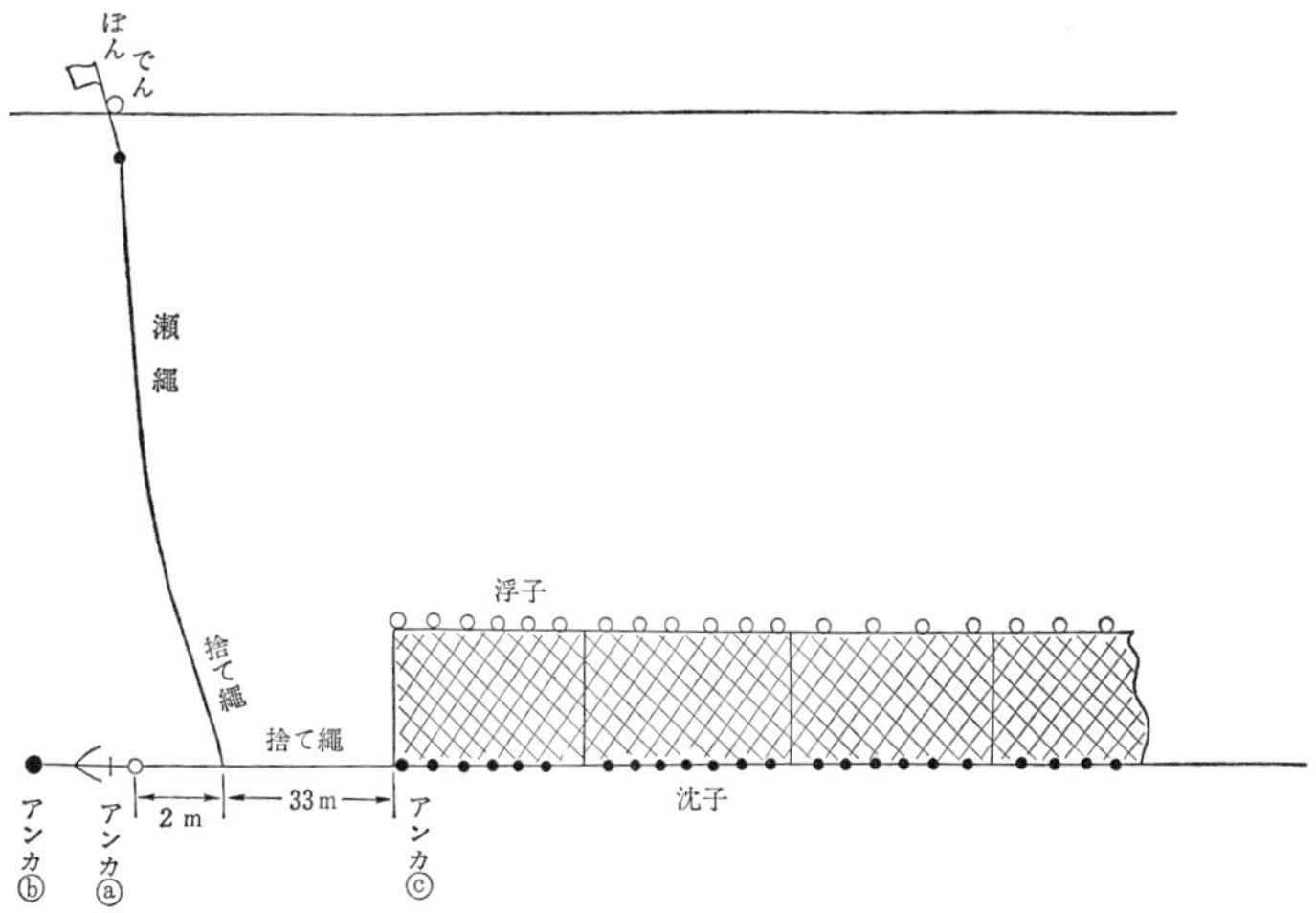

鯔（ボラ）

名の由来について、『大言海』には「ボラは腹の太き意なり」とある。また、『本朝食鑑』（人見必大、元禄八年〈一六九六〉）などに「ボラは腹太の意」との記述がある。ボラは出世魚といわれている。東京ではハク（全長二～三センチ）→オボコ、スバシリ（三～一八センチ）→イナ（一八～三〇センチ）→ボラ（三〇センチ以上）となる。とくに大きくなったものをトドという。「つまるところ」を意味する「とどのつまり」の語源となっている。

縁起のよい魚として親しまれ、昔は尾頭付きの膳に出されることが多く、とくに「お食初め」の膳に用いられた。また、「いなせ」というのは、鯔背髷《いなせまげ》というまげを、ボラの若いときの名のイナの背のように平たくつぶした髪型を、江戸時代の魚河岸の粋な若者が結ったところからきているという。

漁法は、敷網、刺網（まき刺網〈図面参照〉、囲い刺網）、まき網、寄魚、定置網（簀立網）、引き網、かご、釣りなどがある。特殊

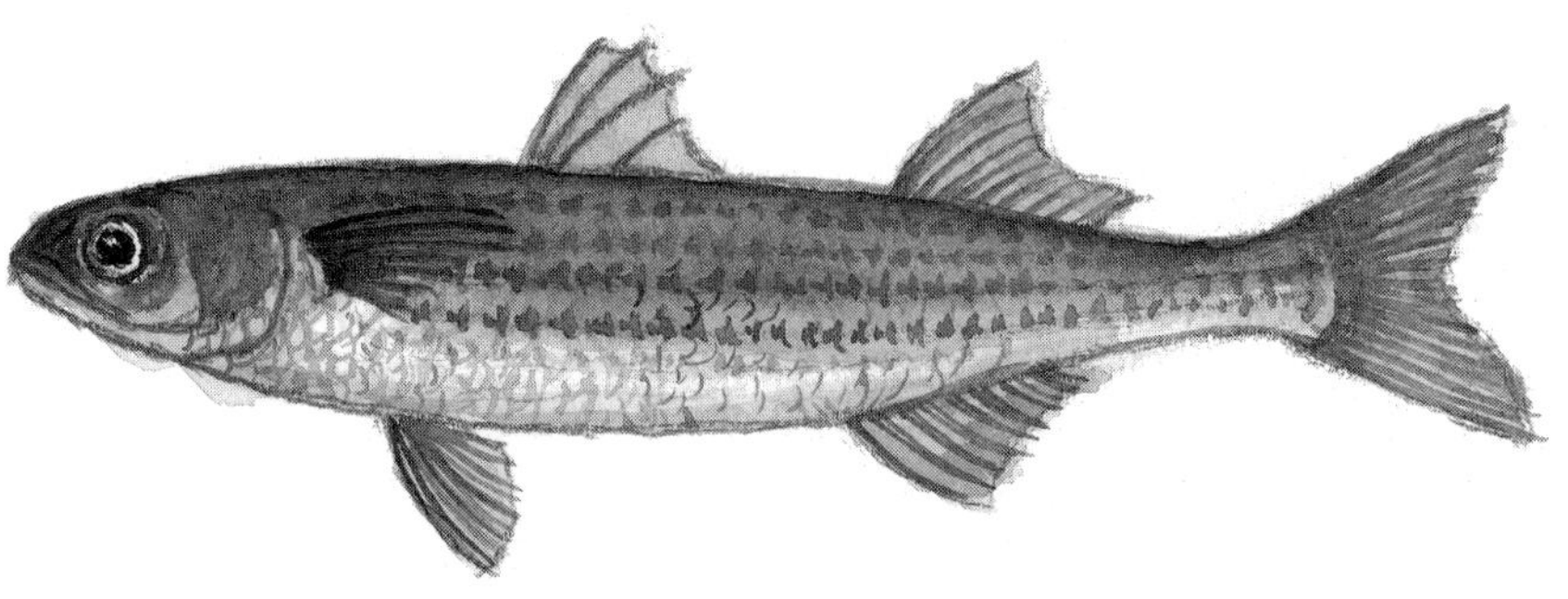

な漁業として寄魚漁業（冬期に日当たりのよい場所に密集する習性を利用して、集まった魚を採捕する漁法）がある。

まき刺網は、一トン前後の小型船により、ボラの魚群を囲むように投網し、魚群を網目に刺させる。この囲んだ網の中には、別に漁船が入り、小型の建網を使用してこれも魚群を刺させて、ともに漁獲する場合もある。漁期は周年で最漁期は四～六月、一〇・一一月である。

ボラは泥臭いといわれるが、一一月から一月が旬で寒鰡といい、臭みもとれ脂も乗り、肉も締まってくる。寒に美味な魚として「寒鰤・寒鰡・寒鮃」と並び称される。寒鰡の刺身は、鯛の刺身にも匹敵されるといわれている。刺身、洗い、塩焼、酢味噌、天ぷらなどにして美味である。ボラの卵巣を塩漬けにして乾燥させたものを「からすみ」といい、漢字で唐墨または鰡子と書く。肥前（長崎県）の鰡子、越前（福井県）の雲丹、尾張（愛知県）の海鼠腸《このわた》は「天下三珍」といわれ、酒の肴として賞味される。薄く切って食べるが、火で焙ると香りがよくなる。高級品とされ、諺に「唐墨親子」（「鳶が鷹を生む」と同意語）というのがある。

からすみや已一人の茶の煙　　松瀬青々

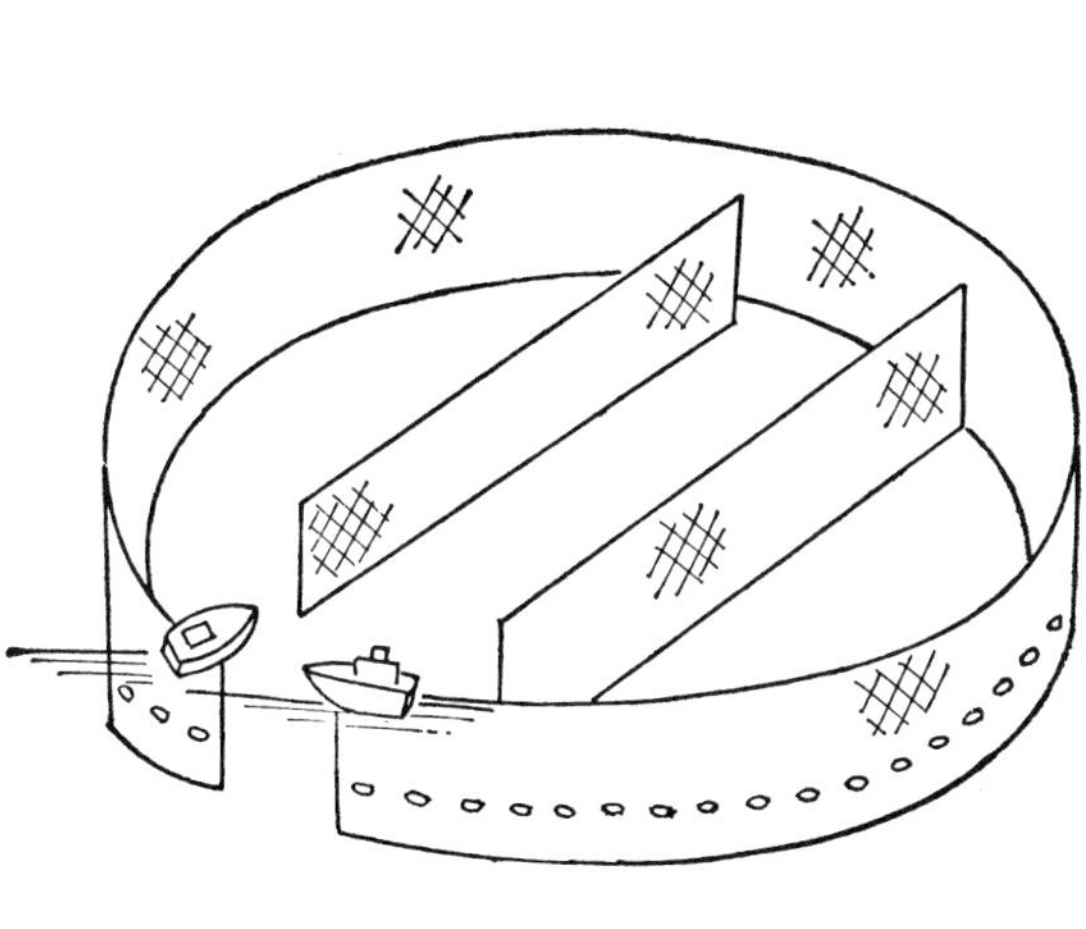

冬の魚

Winter

赤甘鯛（アカアマダイ）

アマダイの名の由来は、読んで字のごとく「甘みのある魚」という意である。漢字では甘鯛と書く。一説には、ほっかぶりをした尼さんのように見えるので「尼鯛」から転訛したともいう。アカアマダイの「アカ」は体色の赤みが強いことからいう。別名をアマダイといい、地方名称をアカクジダイ（日本海）、アカッペ（紀州）、アカビタ（土佐）、オキツダイ（静岡）、クジ（石川）、グジ（京都）、クズナ（大阪、福岡）などという。オキツダイについては『甲子夜話』（松浦静山、天保一二年〈一八四一〉）によると、徳川家康が駿府城に滞在していた折に興津の局が甘鯛を家康に献上した。家康は大変に気に入って、今後は興津鯛と呼ぶようにと言ったのが始まりであるという。

漁法は、海底近くに針を仕掛ける底延縄漁のほか底曳網や一本釣りで漁獲される。底延縄漁（図面参照）の餌はイカの切り身を使用する。漁場に到着したら縄の一方の端の錨、標識浮標を入れ、

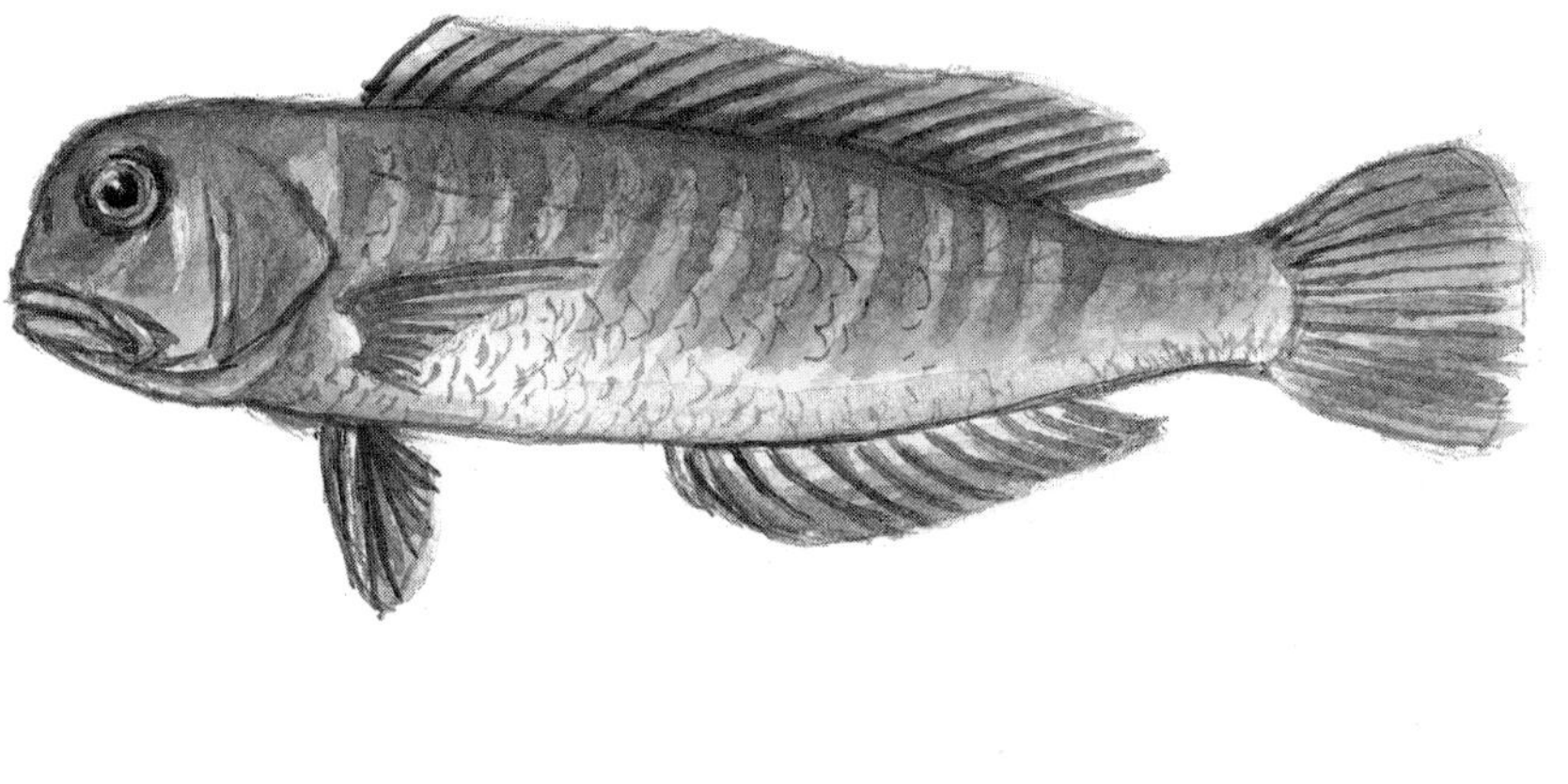

直線に投縄していく。投縄が終了したら、その場所で一五～二〇分待機して揚縄にとりかかる。底延縄漁の最漁期は五～七月と一一～一二月である。

料理は、焼物では味噌漬、照り焼、幽庵焼が、蒸物では酒蒸し、蕎麦蒸しなどがある。幽庵焼は、江戸時代の茶人で、食通でもあった堅田幽庵（北村祐庵）が創案したとされる。切り身を、醤油、酒、味醂のあわせユズの輪切りを加えてつくった漬けダレに数日間漬けこみ、汁気を切った後に焼き上げたものである。刺身は東京では肉が軟らかいので殆どしないが、関西では糸造りにする。

若狭湾で獲れるアマダイは、「若狭グジ」と呼ばれて高級品とされている。江戸時代から若狭グジは、塩を振りかけ京都まで一日かけて鯖街道を通って運ばれるうち、塩慣れして味がよくなったことから、「若狭もの」とし、京料理では欠かすことができない食材として珍重されてきた。鱗のきめ細やかさを活かすため鱗も一緒に焼き上げる「若狭焼」は有名である。

甘鯛を焼いて燗せよ今朝の冬　小沢碧童

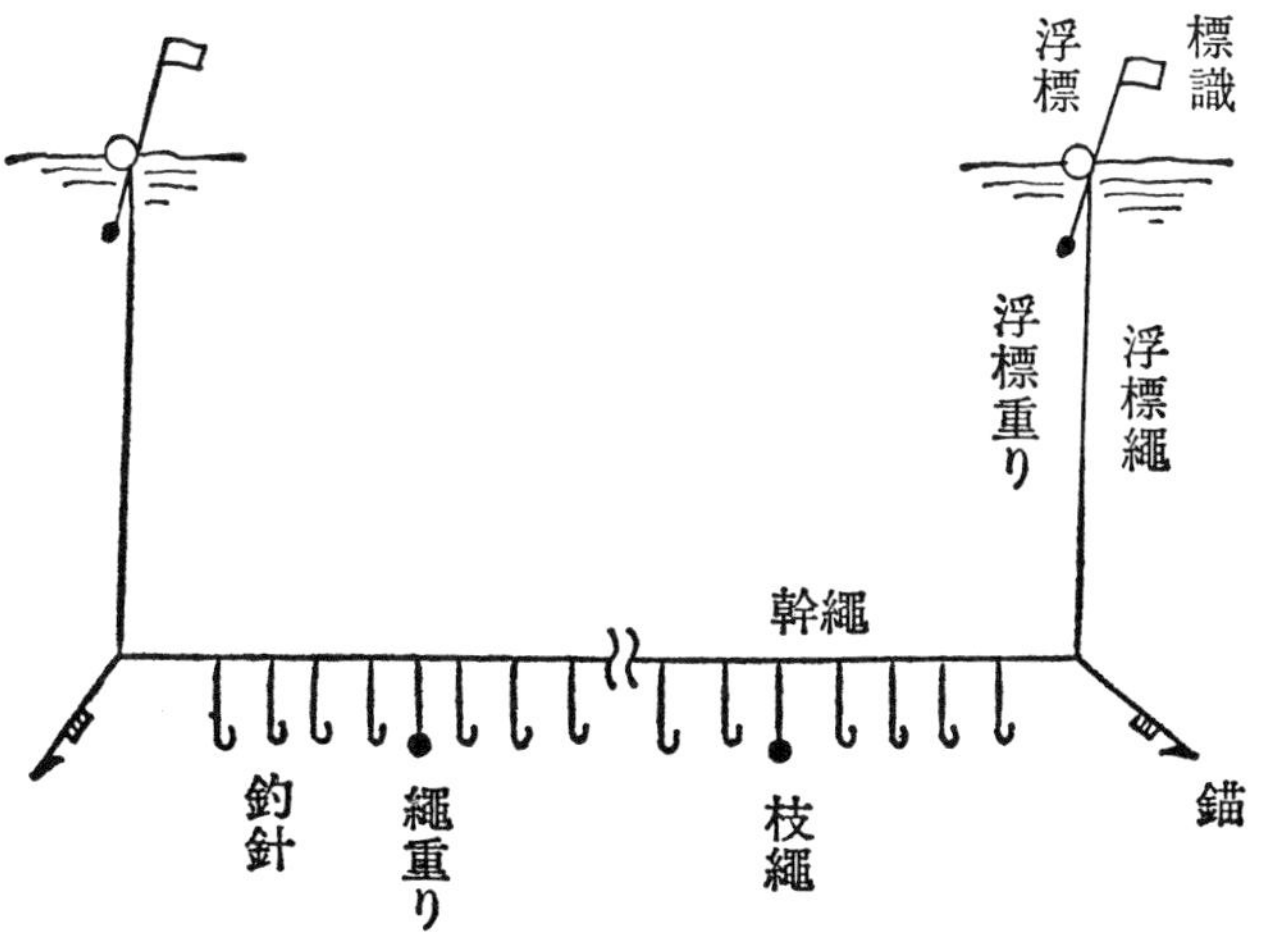

鯍（アラ）

名の由来は、その習性や外貌が荒々しいために名づけられたといわれてる。地方名称でイカケ（山口、島根）、オオガシラ（神奈川）、オオスズキ（高知）、オキダラ（長崎）、ダイコクアラ（山形）、ホタ（大阪、和歌山）などという。

南日本、東シナ海などに分布する。体形はスズキに似て、鰓蓋に鋭い棘がある。幼魚は比較的浅い海に生息するが、成長とともに、水深一五〇～二〇〇メートルの岩礁域に移動する。魚類、甲殻類、イカ類などを食べる。

漁法は、幼魚は砂泥底に生息するので底曳網で、成魚は沖合の岩礁域に生息するので延縄や釣りで漁獲する。アラの立釣り（図面参照）は、餌はイカの短冊切りを針に掛け、早朝に漁場に到着すると魚群探知機で岩礁地帯を探し、岩礁の凹部で船を止め、漁具を下げる。重りが海底に到着したら道具を七・五～九メートル上下させながら、機関を微速前後進、停止を繰り返し、潮による

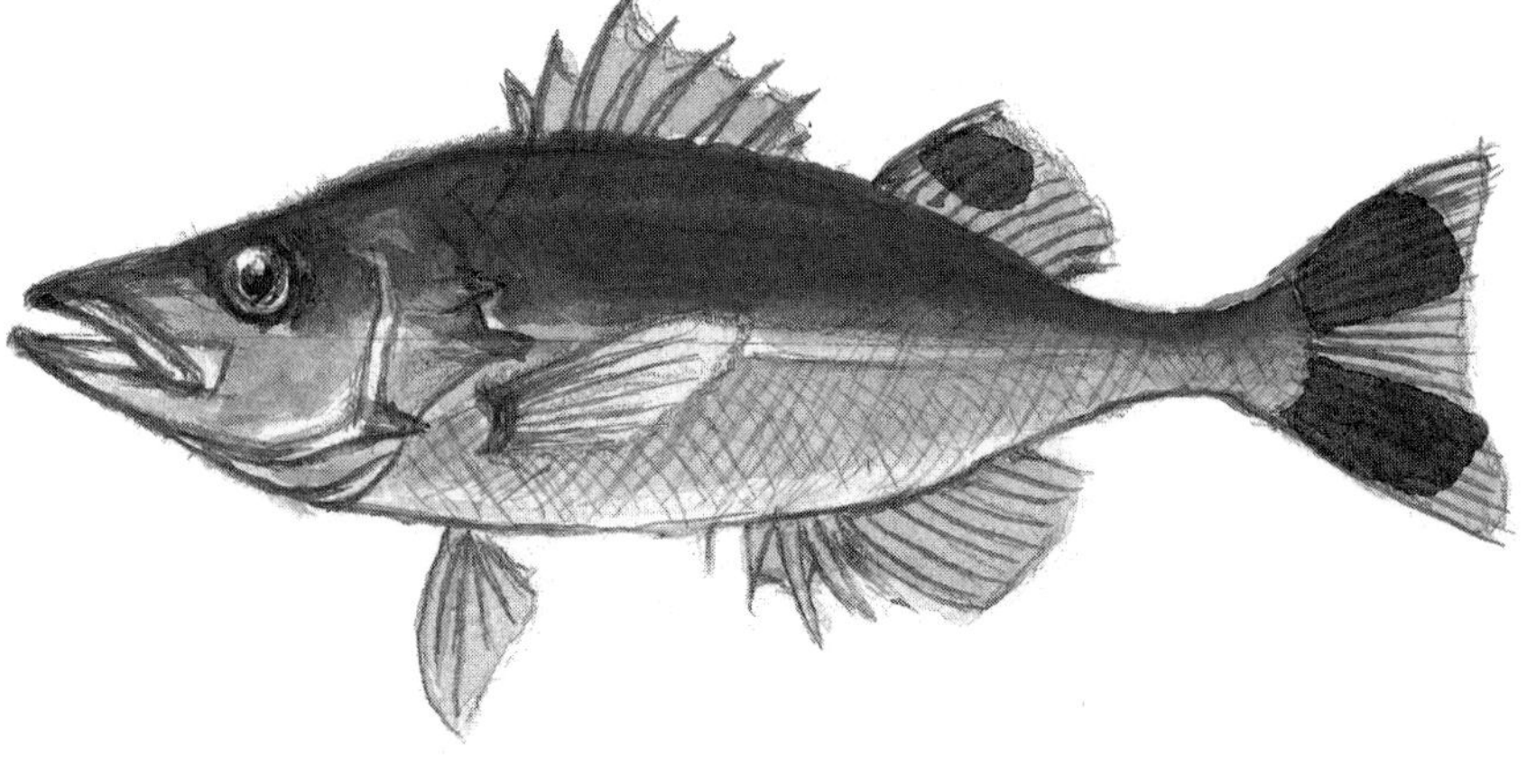

道具の吹かれを調節し、漁場を探し若干の移動もする。アラは道具を上方に引くときにかかってくるものが多い。一回に四～六尾かかると引き上げる。魚は水面まで揚げたら、タモですくい上げる。遊漁の釣りは、性格が荒く、引きの強さから釣人に人気がある。釣期は浅場に移動する春先以降である。仕掛けは胴付き多点針か一本針が使用される。つがいがいるので一尾釣れると近くでもう一尾釣れるといわれている。

冬期が旬で、大型のもほど味がよい。刺身にするとコクのある深い味がある。ちゃんこ鍋、ちり鍋の素材として喜ばれ、煮付け、焼き物などにもされる。いずれも料理する場合に酒を少し使うのがコツである。アラは古くから産後のめまいなどに薬効があるといわれている。『魚鑑』（武井周作、天保二年〈一八三一〉）には「京師《きょうと》では一般に〈味は悪く、食べるに堪えぬが、産後の血暈を能く治す〉と云われている。それで曝乾《さらしほ》ししたり焼いて霜《こな》としたりして用いている」とある。

玄海を打ちつけてあら揚がりけり　　伊藤通明

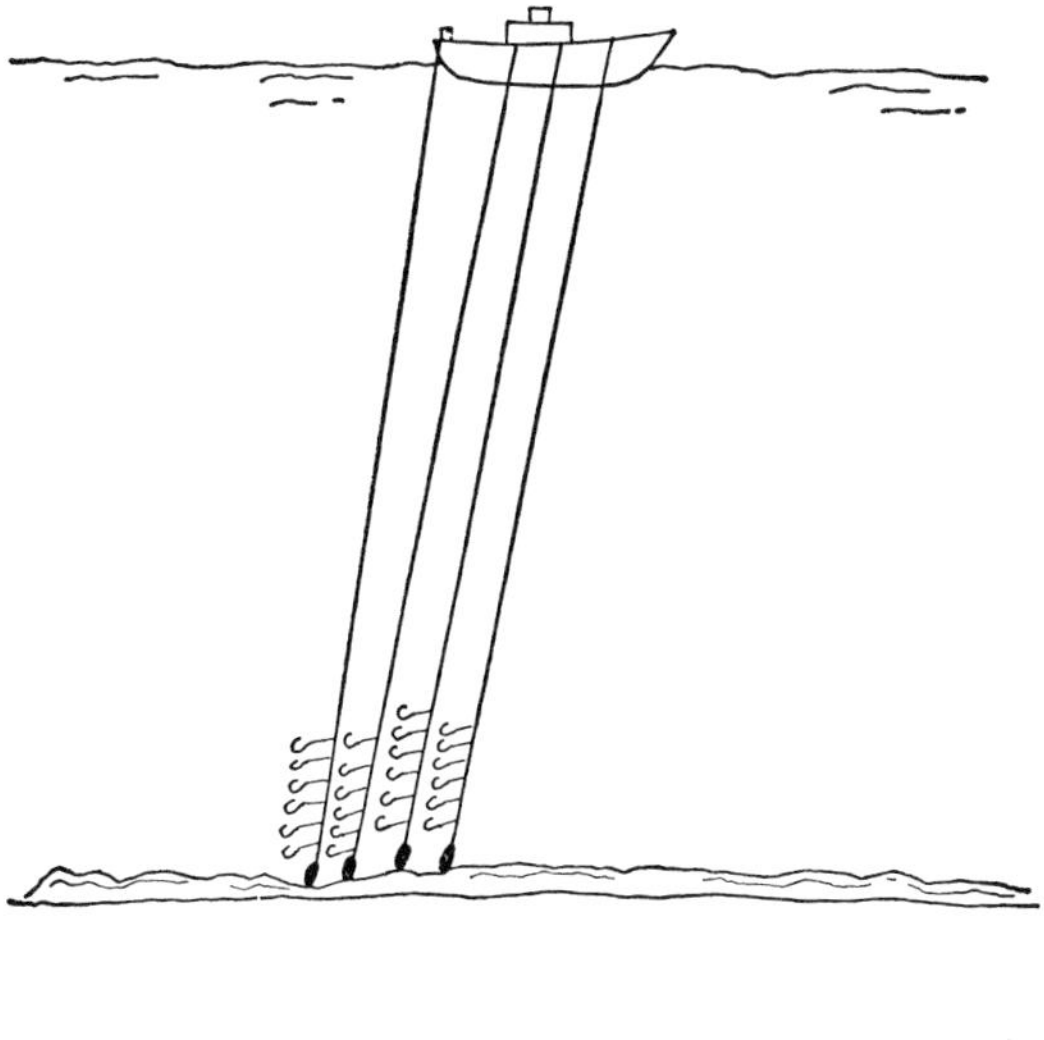

鮟鱇（アンコウ）

名の由来は、ヒキガエルに似ていることから、ヒキガエルの俗称「アンコウ」「アンゴウ」からとする説がある。また、愚かな魚という意味の「暗愚魚《アングウオ》」からの転訛とする説もある。英名でfrog fish（蛙の魚）、sea toad（海のヒキガエル）といい、中国名でも「蛙魚」という。漢字では「鮟鱇」と書く。海底で静かに寝そべって餌の来るのを待っている「安泰」の魚なので魚偏に安と書くという。別名はアンコ、クツアンコウという。地方名称では、アンゴ（高知、富山）、アンゴウ（堺）、キアンコウ（陸前）などという。

　働きもせずに儲けることの喩えに「鮟鱇の待食い」という諺がある。アンコウは体がブヨブヨして軟らかくて平たく、しかも頭が大きいので、自分の力であまり泳ぐことができない。そのため、普段は海の底にじんわりと座り込んでいる。しかし胸鰭や腹鰭の形が変わり、丁度人間の手足のような形になってい

るので、海の底を這い廻ることはできる。そこで、砂に穴をあけて体をすっぽりと埋め、体の色もまわりの砂と同じような色に変わる。そして、アンコウの背鰭の一番前が餌の付いた釣り糸のように変形していて、それで小魚をおびき寄せて大きな口でパクリと食べるのである。英語ではanguler（釣り師）とも呼ばれている。

漁法は、底曳網、刺網、空釣縄がある。空釣縄漁（図面参照）は、漁場に到着すると幹縄が十分張るように重りから投入し針をねかす。設置後は船を潮に流す。漁場は水深五〇〜八〇メートルで海底が盆地状の砂地海域である。

アンコウは身に弾力があり粘りが強いので「吊し切り」にする。この方法で解体すると、大切な内臓を傷つけずに取り出せ、最後に残るのは大きな口だけとなる。肝臓（トモ）、鰭、卵巣（ヌノ）柳肉（身肉・頬肉）、胃（水袋）、鰓、皮のいわゆる「アンコウの七つ道具」に分けられる。食べ方は、鮟鱇鍋が代表的であるが、肝を使ったアン肝、皮を使った和物などがある。

鮟鱇の口ばかりなり流しもと　高浜虚子

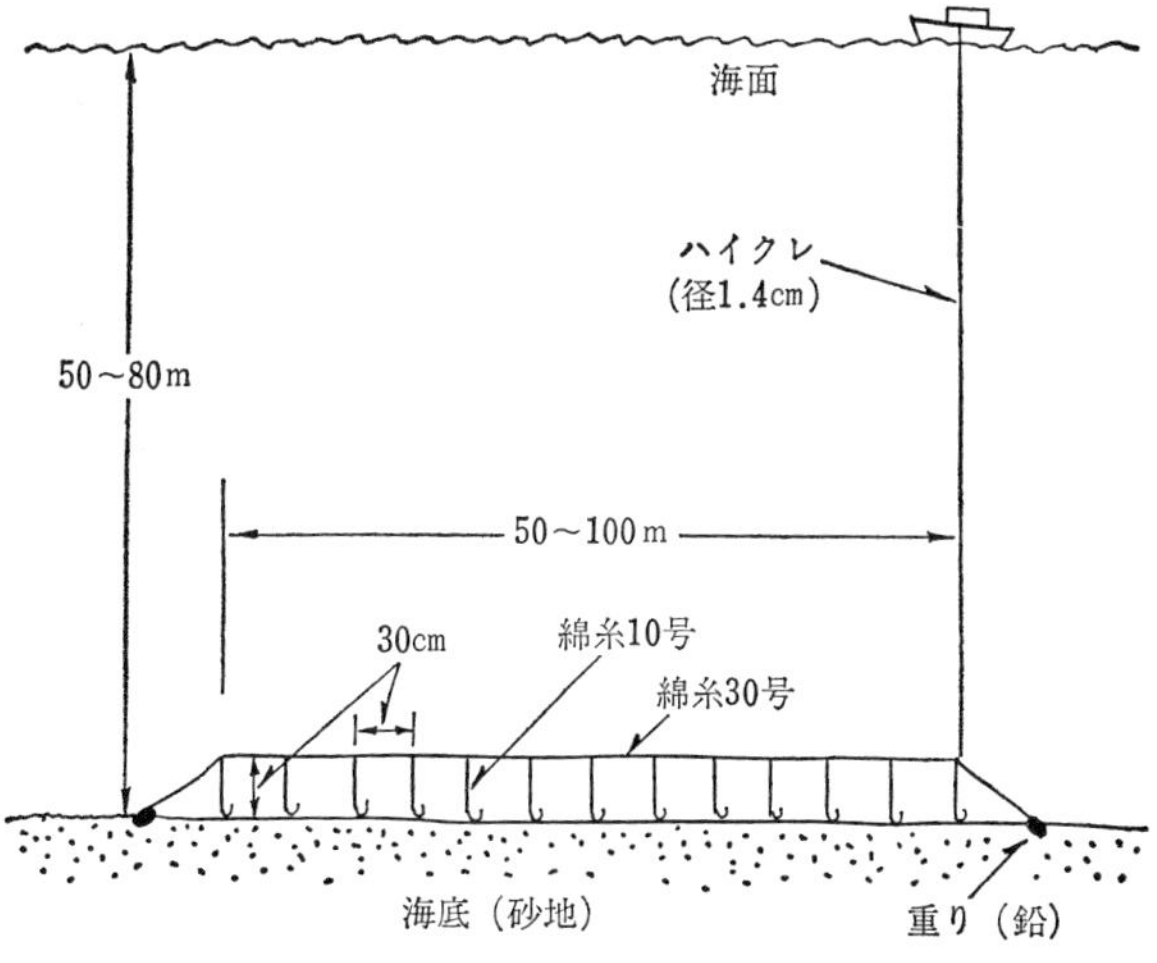

石鰈（イシガレイ）

カレイの名の由来は、古名の「カレエヒ」「カラエイ」から転訛したという。アイヌ語では「横になっているもの」「薄ぺらいもの」の意でシャマンベ、カマウリともいう。イシガレイの「イシ」の由来は、有眼側に石状の突起があるのでこの名がある。地方名称は、イシダガレイ（富山、秋田下関）、イシモチガレイ（九州、北海道）、エシガレイ、（富山）、カツタイビラ（水戸）、ゴソガレイ（根室）、シロガレイ（富山）、スナイシ（厚岸）などがある。

イシガレイは背側（右眼側）に六〜七個の石状の大きめの下腿突起があるのが特徴である。日本各地の水深三〇〜一二〇メートルの砂泥底に生息する。体長は約五〇センチで体は卵円形で側扁し、両眼とも体の右側にある。有眼側は濃褐色で淡色の小斑点が散在する。底生の甲殻類、二枚貝、ゴカイ類を食べる。産卵期は一二〜二月で、水深三〇メートル以浅に接岸して産卵する。

『本朝食鑑』（人見必大、元禄八年〈一六九五〉）には「一種に、大きさ一尺余、あるいは七・八寸までのもので、体表の黒い皮・鰭の両辺に上から下に向いて黒片石子《ごいしつぶ》が相連なつたものを、石鰈という。江都《えど》に最も多く、味もまた殊に美《よ》いので、官家で大いに賞している。炙り食うと、両鰭は軟脆で香美である」とある。

カレイは底曳網をはじめ、底刺網、定置網などで漁獲される。カレイの底曳網は、特に網口を開口し易くするための「抵抗板」の付いた「板曳網」（図面参照）という高能率な漁法である。

東京湾では古くから「流し突き」という漁法があった。この漁は、魚を確認して突き刺すのを見突きといい、船上にならんで船を流しながら、流し銛を両手でたえず海底に突き刺して獲るのを流し突きといわれる。明治時代には、江戸前の海面で昼夜操業していた。

イシガレイの料理は刺身、煮付けなどにする。刺身は身がかたいので薄造りにする。あらは潮汁や味噌汁などにする。

鰈干し灯台守の手套干す　　高嶋筍雄

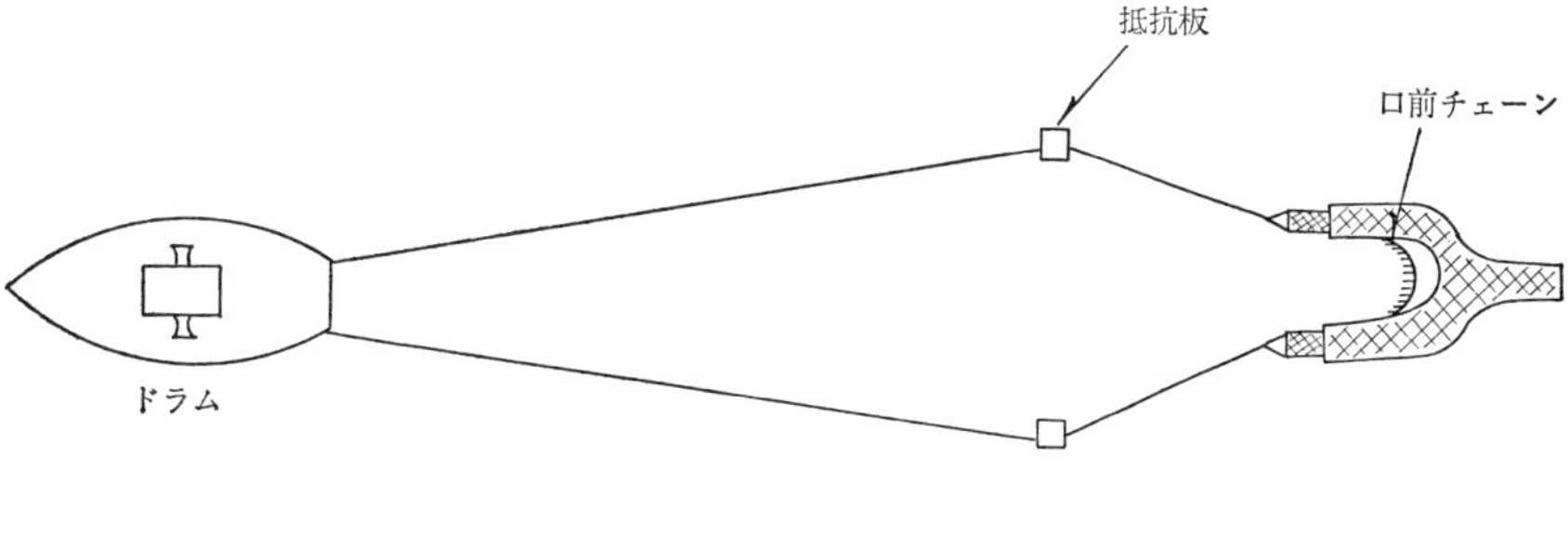

伊勢海老（イセエビ）

名の由来は、伊勢がイセエビの主産地であるからとする説のほか、磯に多くいることからの「イソエビ」からの転訛説がある。また、イセエビが太く長い触角や形姿が兜に似て「威勢がいい」ので、武士に好まれ語呂合わせから定着したともいわれている。『日本山海名産図会』（木村孔恭、宝暦一三年〈一七六三年〉）には「俗称伊勢海鰕と云。是伊勢より京都へ送る。故に云ふなり。又鎌倉より江戸の送る故に江戸にては鎌倉鰕と云。又志摩より尾張へ送る故に、尾張にては志摩鰕と云」とある。

イセエビは鮮やかな真紅色と立派な姿から、古来慶事に用いられてきたが、平安時代には祝儀や酒宴の飾り物である「蓬莱飾《ほうらいかざり》」や「注連飾《しめかざり》」などに用いられた。鎌倉時代には、イセエビの形が甲冑に身をかためた勇ましい姿ににているということで、武士の間で盛んに儀式や祝儀に用いられた。

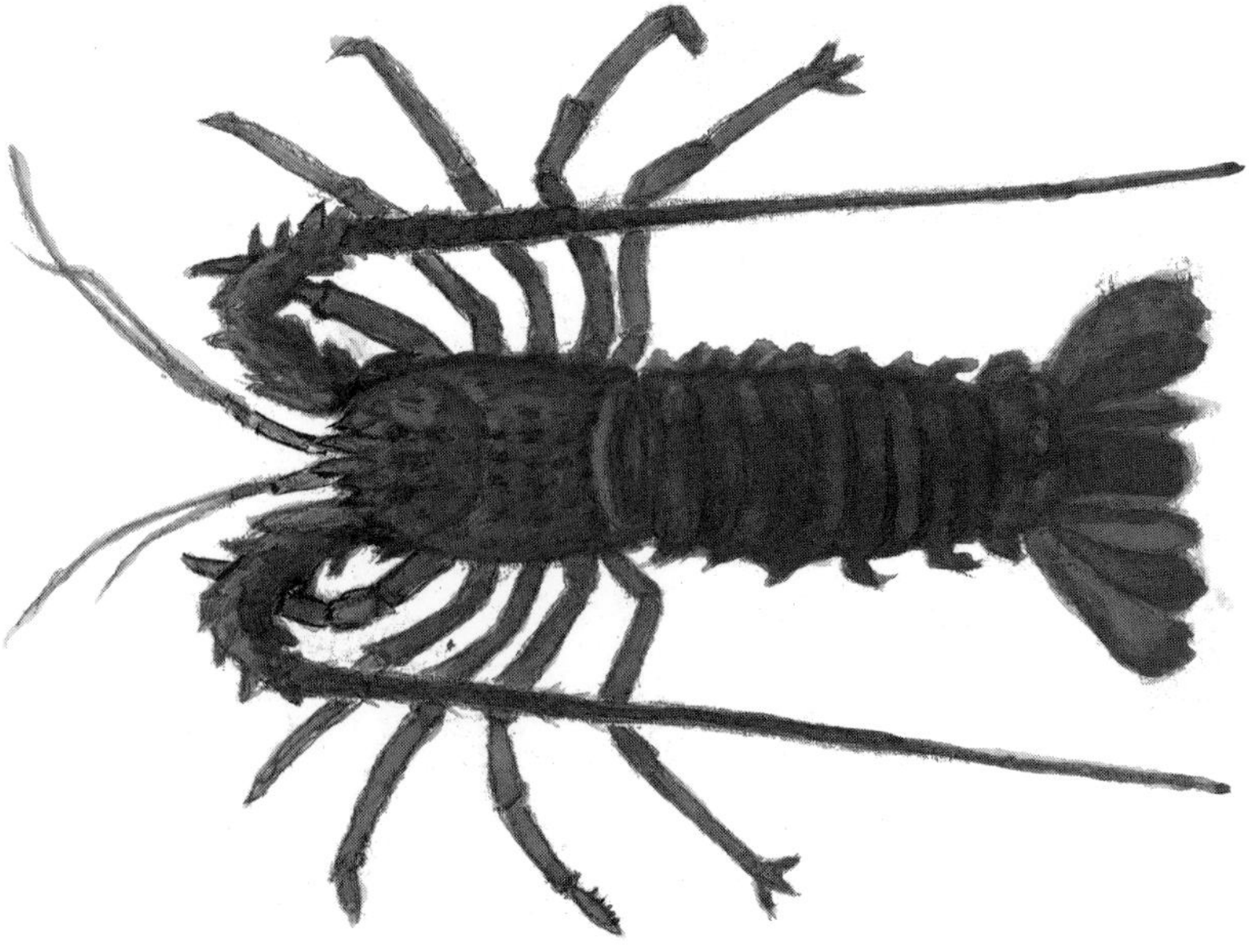

江戸時代にはイセエビの「髭の長くなるまで、腰の曲がるまで」という縁起をかついで「賀寿饗燕《かじゅきょうえん》のさかな」として、長寿を祝う酒席で客をもてなすための肴として用いられた。

漁法は、エビかごや素潜り漁も行われるが、多くはエビ網と呼ばれる底刺網で採捕する。エビかご（図面参照）の構造は、イセエビが岩礁地帯に多いので安定性のあること、入り口の取り口は低くすることが必要である。イセエビは夜行性で夜餌をあさりに出るので、サンマを餌として夕方かごを投入し、朝方揚げて漁獲する。

また、長崎の五島、伊勢志摩などの伝統漁法でイセエビの「タコ脅し漁業」というがある。それは長い竿の先にイセエビの天敵であるタコを結びつけてイセエビのいる穴に入れおびき出して、タモ網で獲る漁法である。

イセエビは長寿の象徴とされ、祝いの日の食卓には必要な食材である。イセエビの旬は、活発に餌を食べる一〇月から一一月である。イセエビの姿造りは、桜鯛の姿造りと並んで豪華で目出度い日本料理の代表である。鬼殻焼き、具足煮、味噌汁などある。

蓬莱に聞かばや伊勢の初便り　　松尾芭蕉

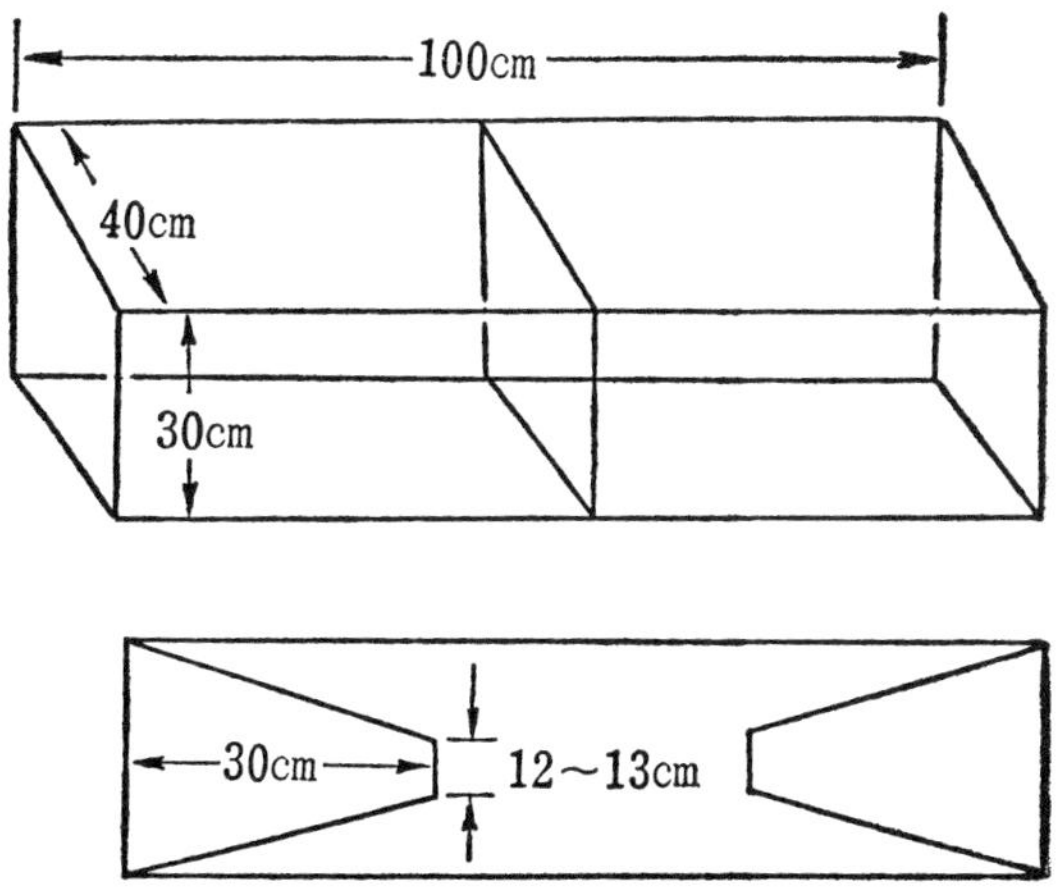

糸撚鯛（イトヨリダイ）

名の由来は、泳ぐときに赤黄色と黄色の体の色が、きらきらと金糸を撚るようにきらめいて見えるので名付けられたという。別名をイトヨリといい、地方名称をアカナ（鹿児島）、イトクジ（敦賀）、テレンコ（和歌浦）、ボチョ（和歌山）、ヤモメ（須崎）などという。

本州中部以南、東シナ海に分布する。体はやや細長く、尾鰭の上端が糸状に長く延びている。全長四〇センチに達する。体色は鮮やかな淡紅色で、体側に六本の黄色縦線が頭の後から尾部まで走っている。肉食性で、甲殻類、多毛類、魚類などを食べている。『山陰落栗』（柳楢悦、明治二一年〈一八八八〉）によると「徳川十一代将軍家斉は、イトヨリを大いに好んで小田原沖で獲れたときは早飛脚で送らせた。平川長兵衛という料理人にこれを焼かせ、その度に褒美として炭百俵を取らせた」とある。

漁法としては、一本釣り、延縄、底曳網などで漁獲する。底曳

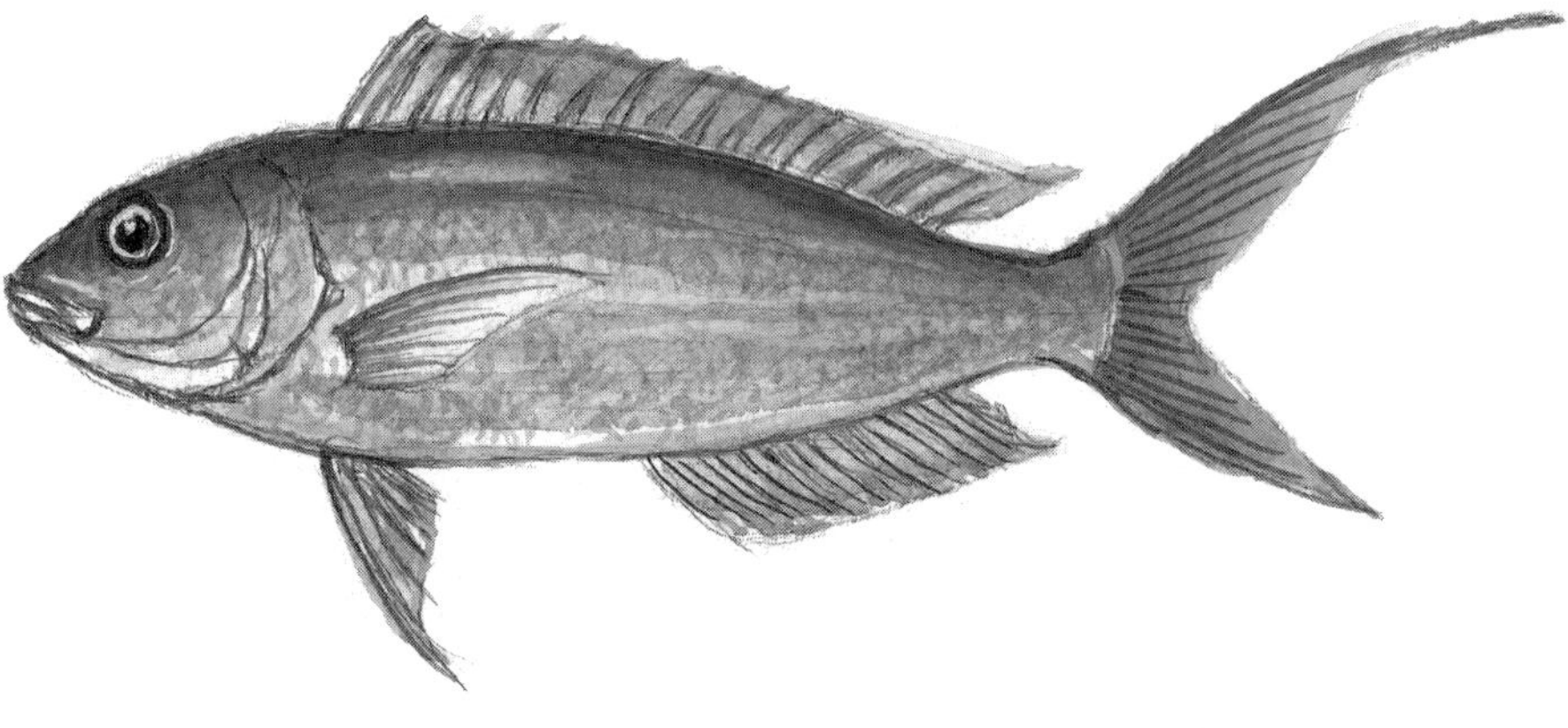

網（図面参照）の操業方法には、風向投網と潮流投網の二つの方法がある。風向投網とは風力三以上の場合に行うもので、潮流方向も考慮して投網する方法である。また、潮流投網とは潮流を右舷船首四五～六〇度に受けながら投網する方法である。水深一〇〇メートル前後の漁場の操業を主として、この場合は水深の八～一〇倍の曳綱を繰り出して操業し、また水深二〇〇メートル付近で操業する場合は「せんがん」を大きくするか、曳綱を一〇〇メートル長くして操業する。

イトヨリは淡泊な上品な味で、煮付け、塩焼き、吸物など用途は広い。味噌漬けも美味である。煮付けの作り方は、えら、うろこ、わたを取って、沸騰した湯に一瞬漬けて表面に火をいれ霜降りにする。次に煮汁を火にかけ沸騰した中に魚を入れて煮る。煮立ってきたら、生姜のスライスを一枚入れて落し蓋をしてさらに煮る。煮汁は、醤油大さじ一・ミリン大さじ一・砂糖大さじ半分から一杯・水大さじ四・日本酒大さじ四の割合の配合にする。

金の糸身にちりばめて金線魚《イトヨリ》

名和隆志

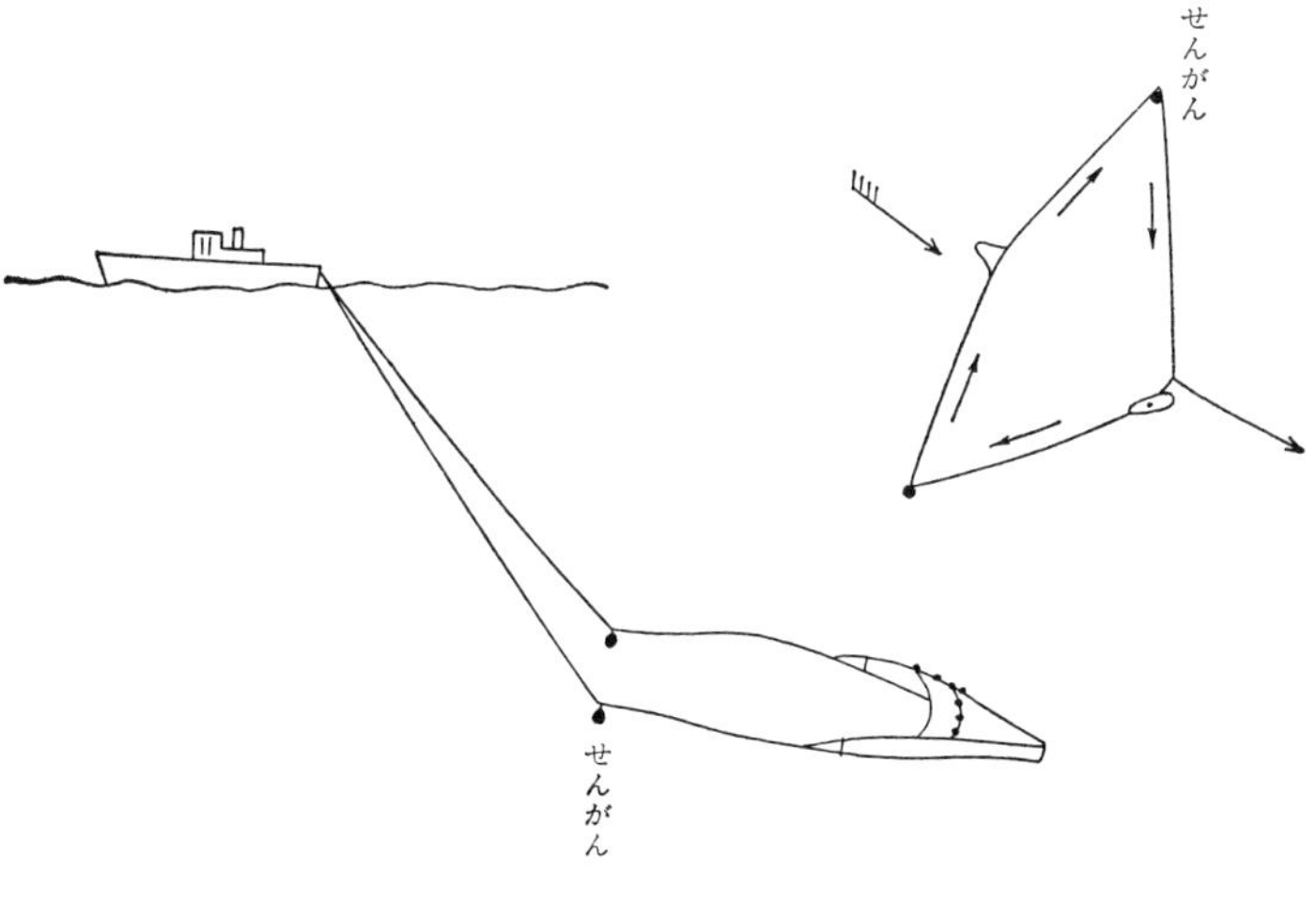

潤目鰯（ウルメイワシ）

名の由来は、目のふちが赤み、潤んでいるように見えることから名づけられた。地方名称では、ウルメ（東京）、オオメイワシ（熊本）、ガンゾウイワシ（佐賀）、ダルマイワシ（新潟）、ドウキン（宮津）、ドウメ（松江）、ドンボ（富山）、マツライイワシ（浜松）、メグロイワシ（金沢）などがある。

マイワシに似るが大型で体長約三〇センチになり、横断面が円形に近く、体表の前面がほぼ同じ大きさのウロコで覆われている。眼は大きく脂瞼とよばれる透明な厚い膜をかぶる。側線はなくウロコははがれやすい。産卵の際は内湾近くによるが他のイワシ類より沖合いで産卵する。産卵場所は高知沖、九州近海、日本海の能登沖などである。

漁法は、流し刺網、釣りなどで漁獲される。ウルメイワシの手釣り（図面参照）は、漁場に到着すれば、まず帆錨を投入し片舷に重りを入れ、魚のくいをまってもと縄をたぐりあげる。その際、

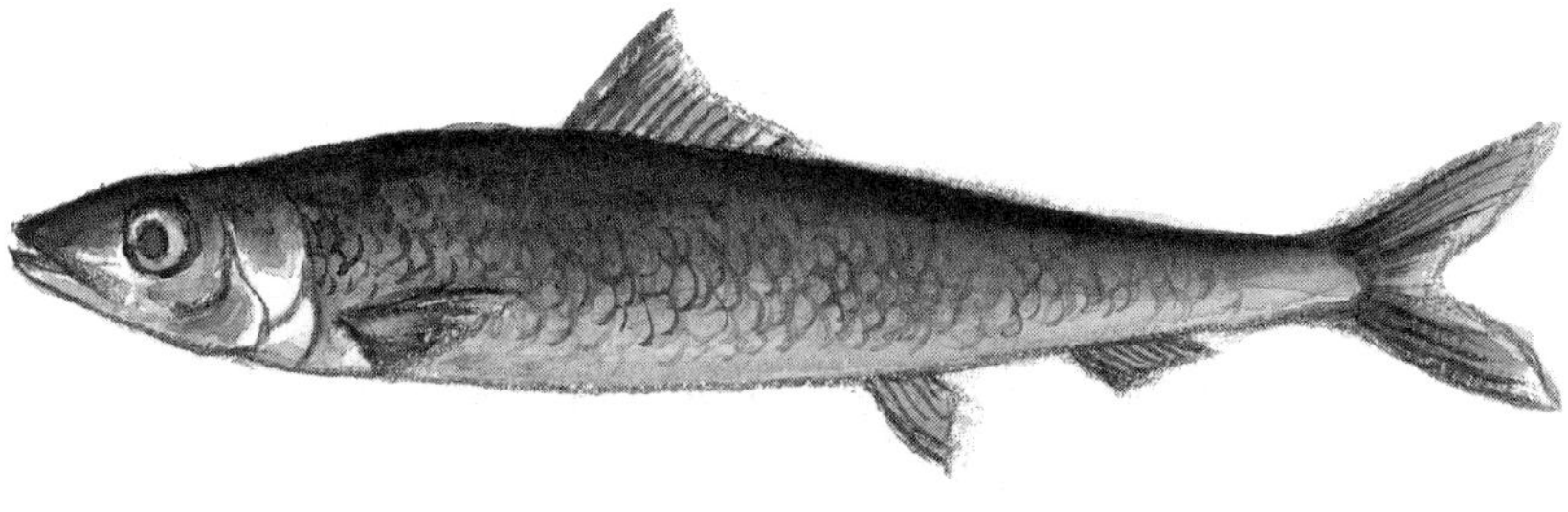

反対側の舷に一方の重りを投入してゆく。この方法は非常に効果的で船上で糸のもつれが解決すると同時にもと縄の最後まで枝縄を付けることによって針数が増加し、さらに一方を引き揚げる時に片方を反対側に投入するので、左右の往復運動で釣糸はどちらかにたえず海中にあって、釣り効率を高めることになる。

マイワシに比べて脂が少なく、鮮魚としてよりも干物として加工されて市場に出荷される。産卵期に多く漁獲され、旬は冬で秋の終わり頃から身がしまってくる。『和漢三才図会』（寺島良安、正徳三年〈一七一三〉）には「脂、生臭みがなく味は良い。官家でもこれを賞味する。イワシをウルメイワシと偽るものがあるが味ははるかに劣る。目の大小によつて見分ければよい。阿波の産を上物とする」とある。とれたては刺身が美味い。手開きにして生姜醤油で食べる。酢じめ、煮付け、塩焼きなどにする。干物は丸干し、開き、浅めに干したもの、かたく干したものなど種類は多い。丸干しは古くから酒の肴として利用される。

火の色の透りそめたる潤目鰯かな　日野草城

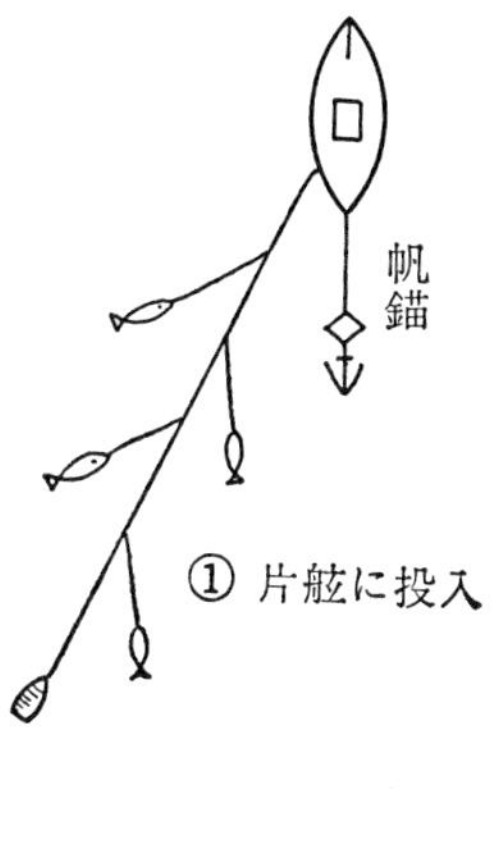

① 片舷に投入

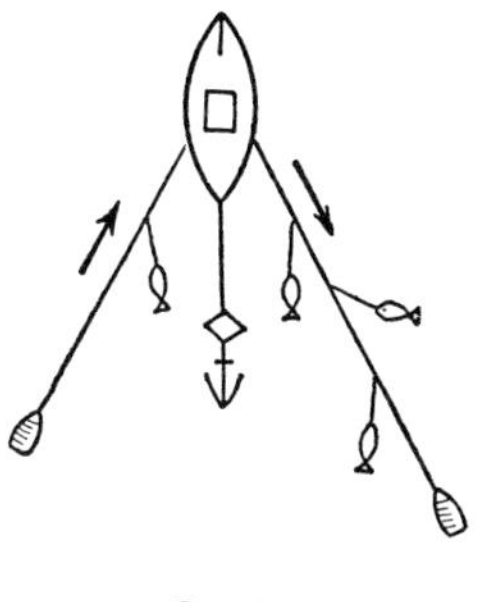
② ①をあげながら反対側の舷に投入

黒鮪（クロマグロ）

マグロの語源は、「真黒」または「眼黒」からの転訛した。クロマグロの「クロ」は背色が青黒いため。別名クロシビ、ホンマグロ、マグロという。地方名称は多いが、たとえばゴンダ（岩手、宮城）、オオマグロ（東京）、クロ（茨城、千葉、神奈川）、ハツ（関西）、オオシビ（福岡）などがある。出世魚として、静岡などではヨコク→メジ・メジカ→ヨツ・ヨツワリ→セナガ→シビ→ゴトウという。

産卵期は五～六月で、産卵後は数百万～一千万粒、成長はやや遅く、一歳で全長五〇センチ、二歳で八〇センチ、三歳で一〇〇センチ、一〇歳で二一五センチほどになる。イカ類、魚類を主に食べる。大平洋と大西洋の熱帯から亜熱帯までのやや岸よりの海域に多く（資源量は低水準といわれている）、インド洋ではほとんど漁獲されない。マグロ類中で胸鰭が短いことが特徴であって、日本近海ではもっとも来遊量が多い。マグロはカツオなどと同様に、口をあけて泳ぐことによって、鰓を通り抜ける水量を大きく

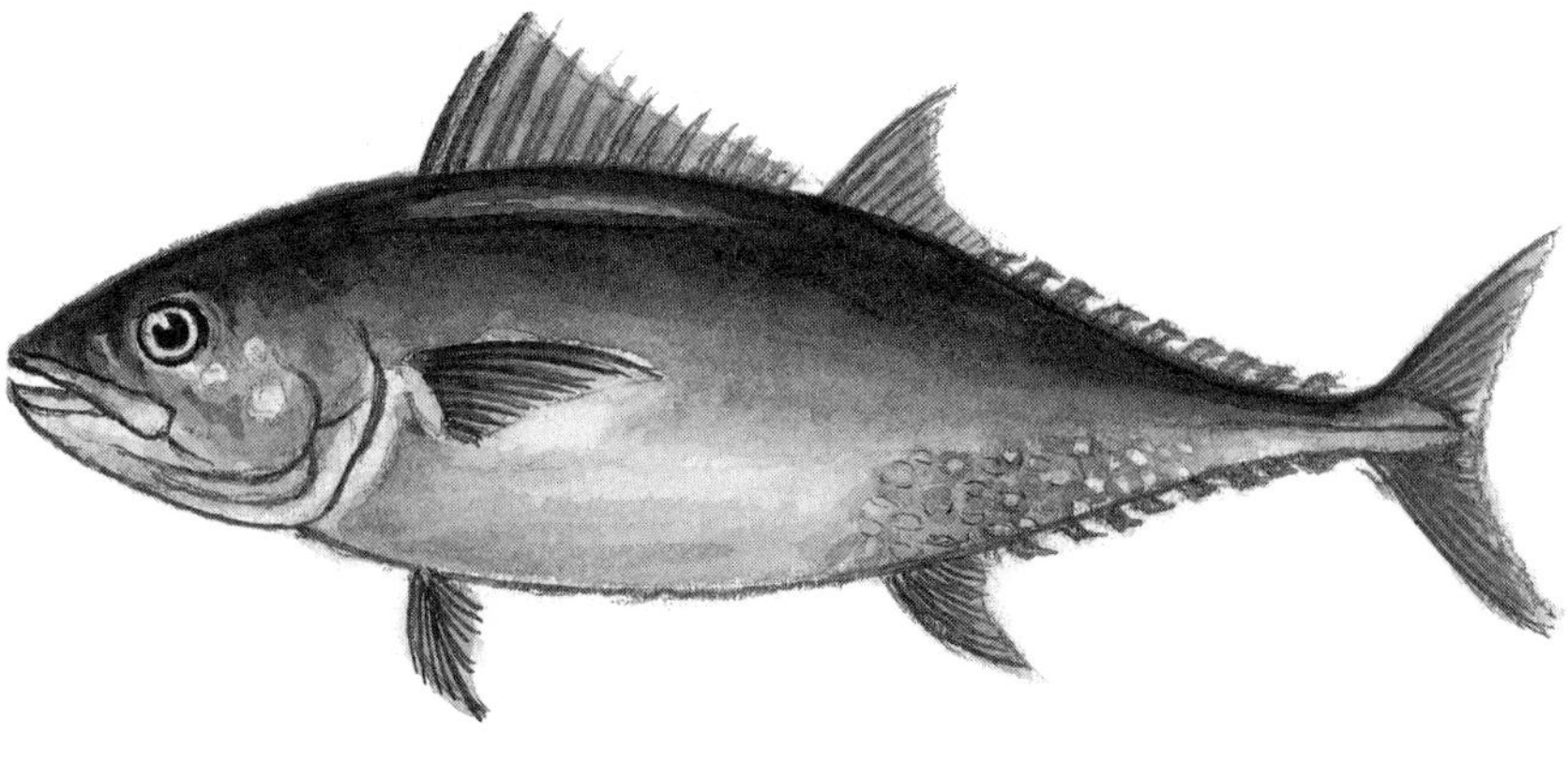

することによって、高い効率の呼吸をしており、止まると窒息して死んで仕舞うので、常に泳ぎ回っていなければならない。寿命は一〇年を超えるといわれており、肉食性で中小魚類、イカ類、甲殻類をまるのみにする。

漁法は、流し網、まき網、浮延縄、引き縄などで漁獲される。クロマグロの漁場は東北海区が主流である。小型マグロ浮延縄（図面参照）は、餌は生イカが最もよく、塩サンマ、冷凍イカなども用いる。早朝漁場に向い夜明け前に作業が完了するようにする。潮の流れを横切り、船を微速にし風に従って右舷あるいは左舷で餌を掛けながら縄をはえて行く。マグロが食いついた場合、そのまま枝糸を引き寄せて、かぎを口から差し込み引き揚げる。また、最近ではクロマグロの人工採卵孵化に成功し、完全養殖の事業化が行われるようになった。

料理は、刺身のほか、すし種、酢物、和物、山かけ、照焼、葱鮪《ねぎま》など高級料理から総菜まで広く用いられる。

魚河岸の晝の鮪や春の雪　　高浜虚子

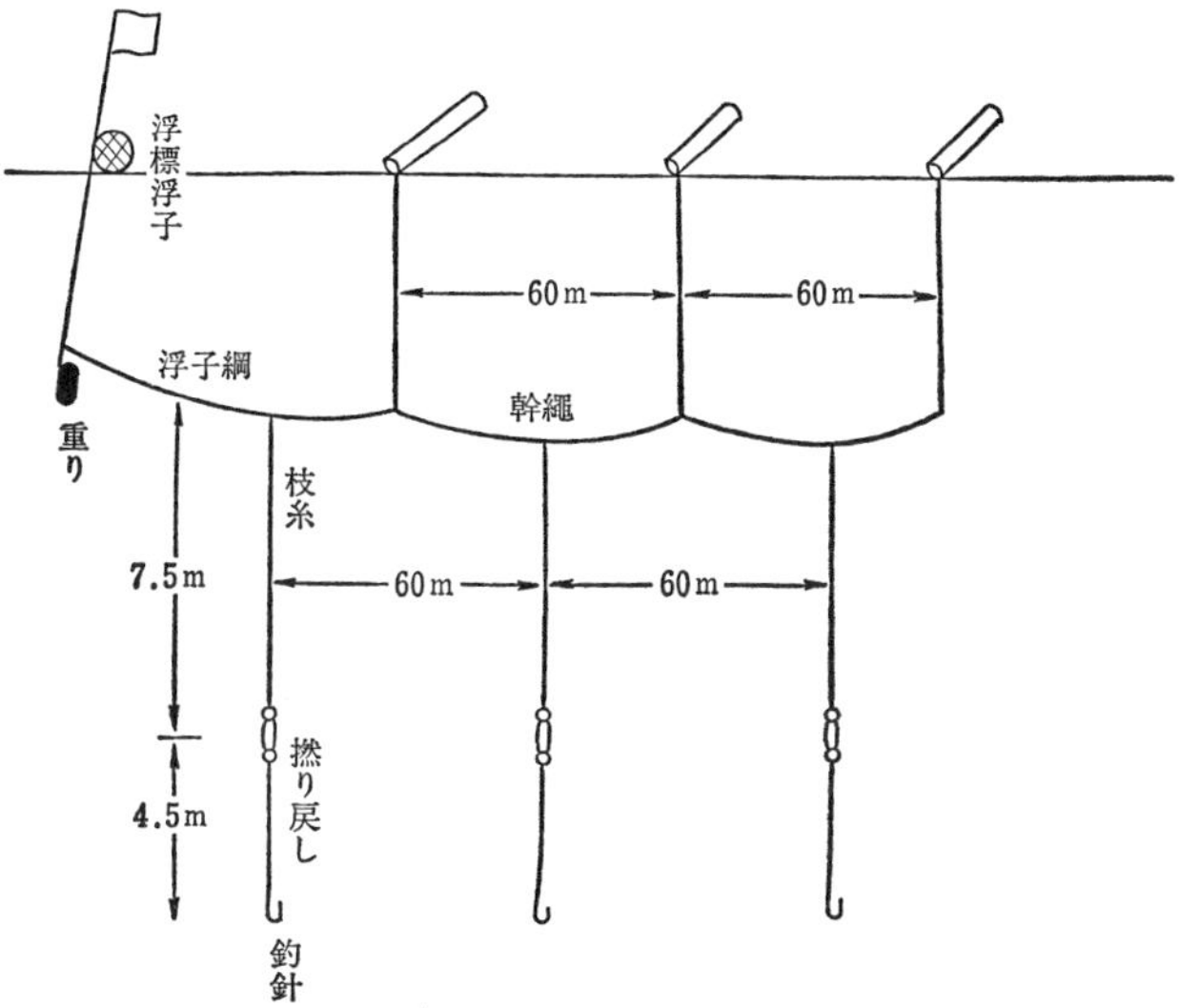

鯉（コイ）

名の由来は、高位《コウイ》からの転訛だといわれ、古くから貫禄充分な風格ある魚といわれる。飼育品種には、ヤマトゴイ・ドイツゴイ（カワゴイ・カガミゴイ）・ニシキゴイなどがある。

「江戸っ子は五月の鯉の吹き流し、口先ばかりでハラワタはなし」という言葉がある。江戸っ子は、言葉は荒っぽいが、腹の中にわだかまりがなく、気持ちはさっぱりしていることのたとえである。コイはどのような水質の中でも生息し、いかなる環境にも順応できるたくましさを持っている。抵抗力も強く水の外でも暫くは生きることができる。

毎年五月は鯉のぼりの季節である。江戸時代には武家が定紋や鍾馗の絵を染め抜いた幟を立てるのに対して、町人は、瀧を登ろうとする鯉を「出世の象徴」として五月五日の端午の節句に鯉幟を立て、男子の成長を祈った。日本には「鯉の滝登り」ということばがあり、中国には「龍門の鯉」ということばがある。これは

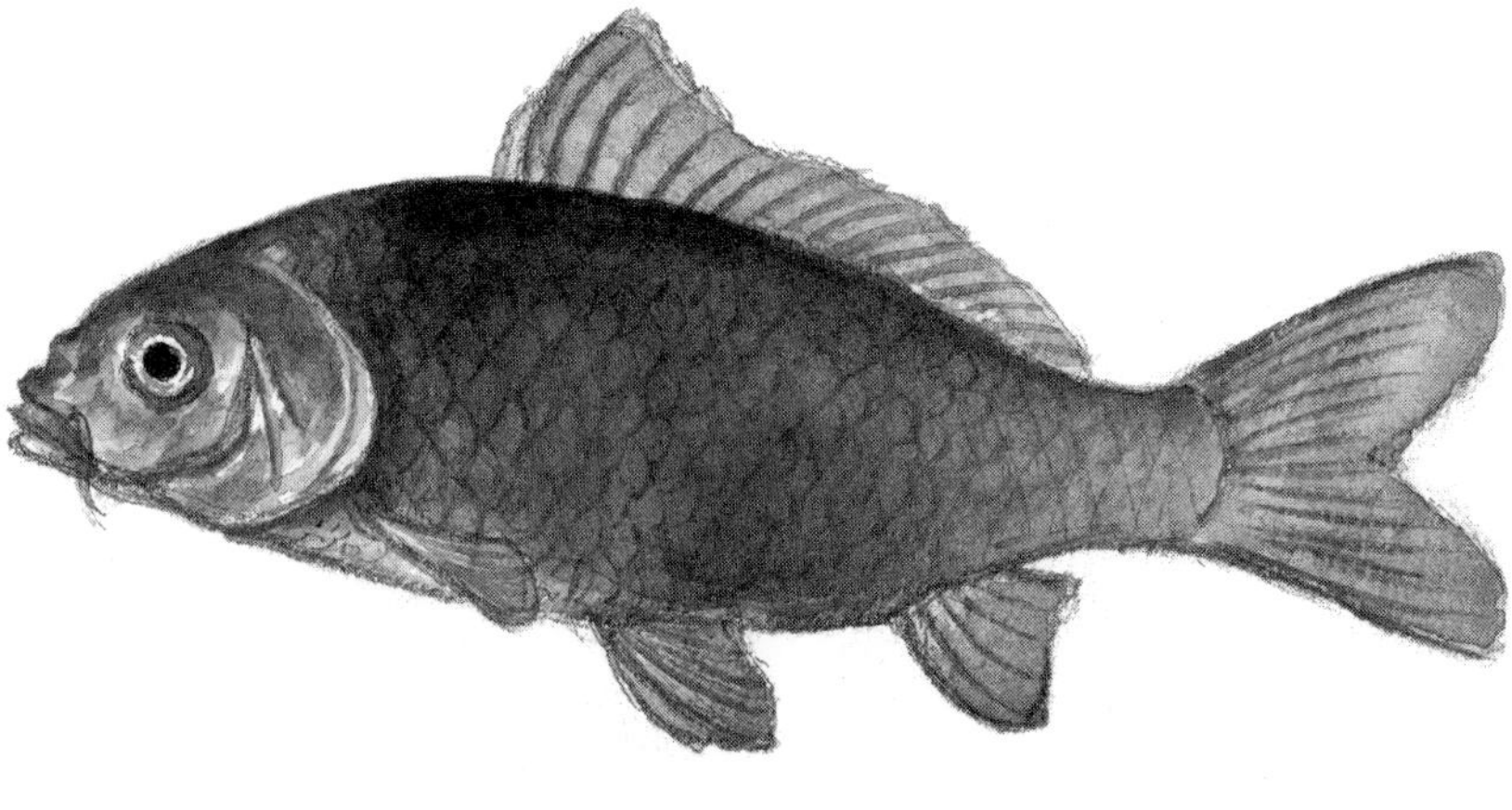

立身出世の意である。また、中国では「黄河上流の龍門峡の激流をさかのぼりた鯉が龍となる」という伝説があり、料理にも「龍門登鯉」という献立がある。鯉は淡水の王といわれ、とくに滝登りの鯉の様子は好んで描かれてきた。コイは「長命の魚」ともいわれている。寿命は普通は三〇年ほどであるが、七〇～八〇年を超えるものもある。

コイは、釣り、投網のほかコイ筌、コイ突き、コイつけなどがある。寒鯉の釣りは、釣り師にとっても難しく一番釣りの醍醐味があるという。また、コイ筌（図面参照）は、入り口に返しをつけた、格子状の円筒形の樽の周囲に杉の葉を取り付け、産卵のために寄ってくるコイを採捕する。

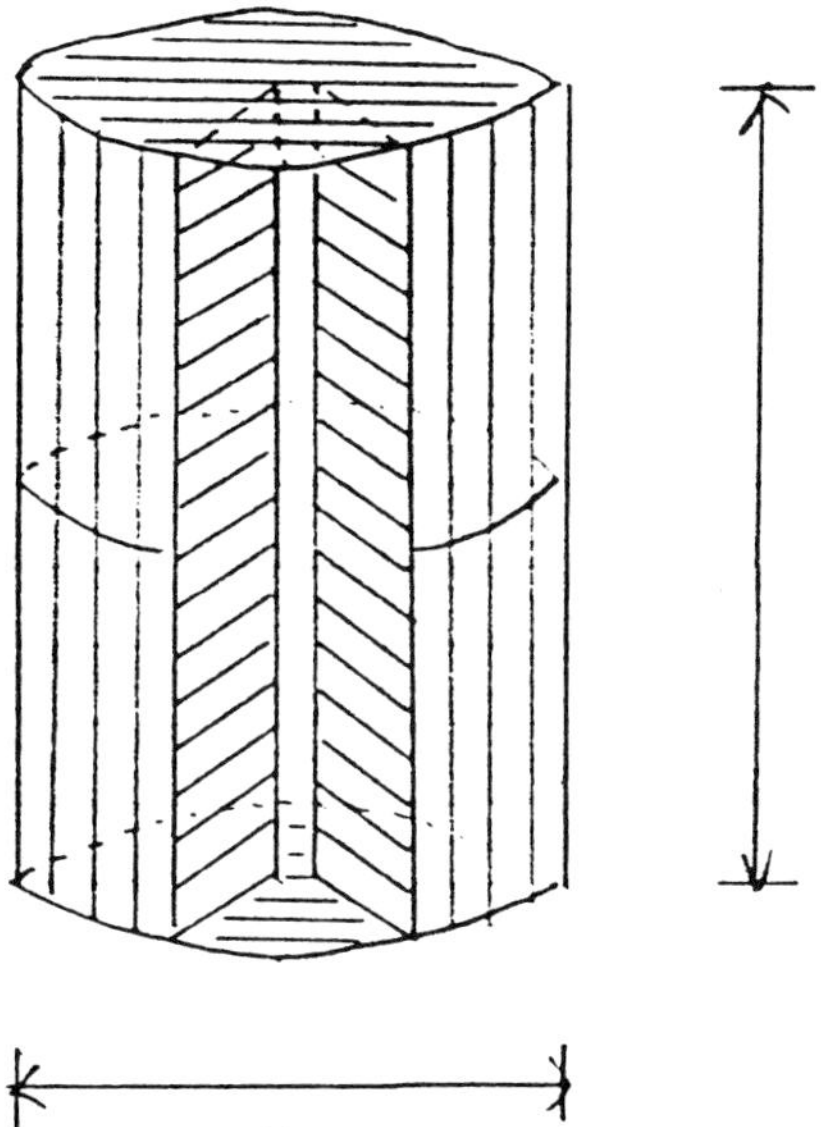

寒中のコイは美味であるのでとくに「寒鯉」という。料理としては、洗い・鯉こく・うま煮・飯鮨・中華風丸揚げなどがある。長野には「雀焼き」があり、背開きにしたコイを串に刺し焙って乾燥したもので、煮物などにして賞味する。

昼中の杯取りぬあらひ鯉　　尾崎紅葉

氷下魚（コマイ）

名の由来は、同類のマダラに対して小型であるため、小魚を意味する東北、北陸地方の方言による呼称である。漢字で氷下魚と書くが、結氷した海面下の魚の意である。別名カンカイといい、地方名称でオオマイ（厚岸）という。

日本海北部、北海道東岸、オホーツク海、北太平洋に分布し、体形はマダラやスケトウダラに似ているが、小型で頭部も体も細い。体色は背部が黄褐色で不規則な暗褐色の斑紋がある。下顎は上顎より短くひげがある。大きな移動や回遊は行わず、底生動物を食べる。産卵期は一～三月に接岸し、岸よりのやや深い氷の下で沈性結着卵を産む。一年で体長二〇センチほどになり、生後二～三年で成熟する。

漁法は、小型底曳網が一般的であるが、冬は結氷した海面の氷に穴を開け、手釣りや刺網、氷下待網などで漁獲する。氷下待網（図面参照）は、冬期に水面を覆った氷上で作業を行い、氷下に

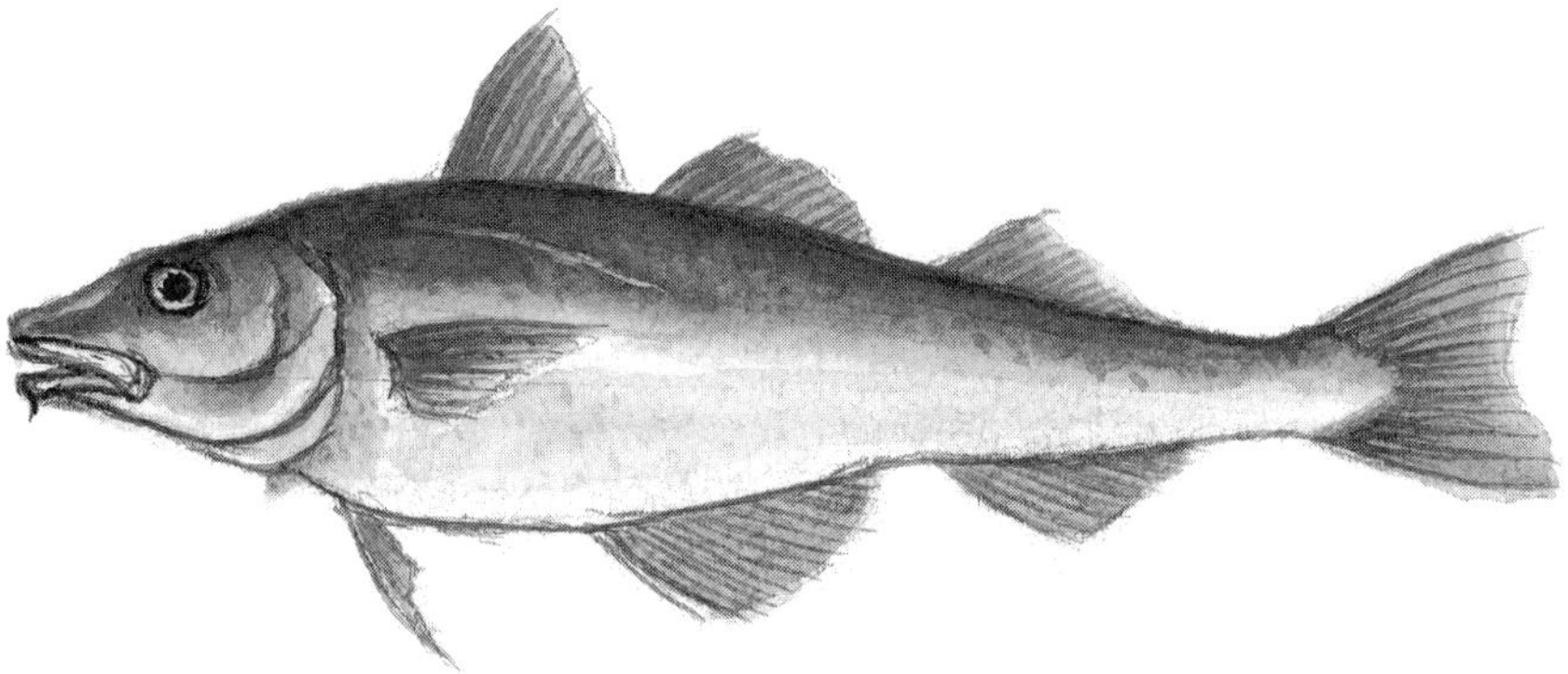

網を張る小型定置網漁業である。漁具の大きさに応じて氷割り（斧）で適当に氷に穴をあけて漁具を設置する。繰越し縄は、身網の上部四隅に取り付け、これを繰越し竹で引き寄せて網を氷下に貼る。網起こしは繰越し縄を伸ばし、外口に引き寄せる。漁期は一〜三月である。北海道の風蓮湖、温根沼、厚岸湖、根室湾の水深一〜一〇メートルが漁場となる。

北海道厚岸湖は秋にコマイの釣りが出来るポイントとして有名である。湖上の氷に穴を開け、釣り針に赤い布切れをつけて釣る。

現在では新鮮な冬干しのコマイは珍味とされるが、昔は貧しい風土の味とされた。コマイ漁は漁民の冬の漁閑期の仕事とされた。生食の場合は、釣り揚げたものを氷上で細かく裂き山葵醤油で食べる。料理する場合は脂が多い割りに淡泊なので、焼くか煮るかの単純な料理がよいとされる。また、塩干しとし、つまみ用の珍味加工にされる。コマイの新鮮な冬干しはタラの剥き身に比べて淡泊で、北海の味として珍重される。

氷の窓に冥き海ぞも氷下魚釣る　山口誓子

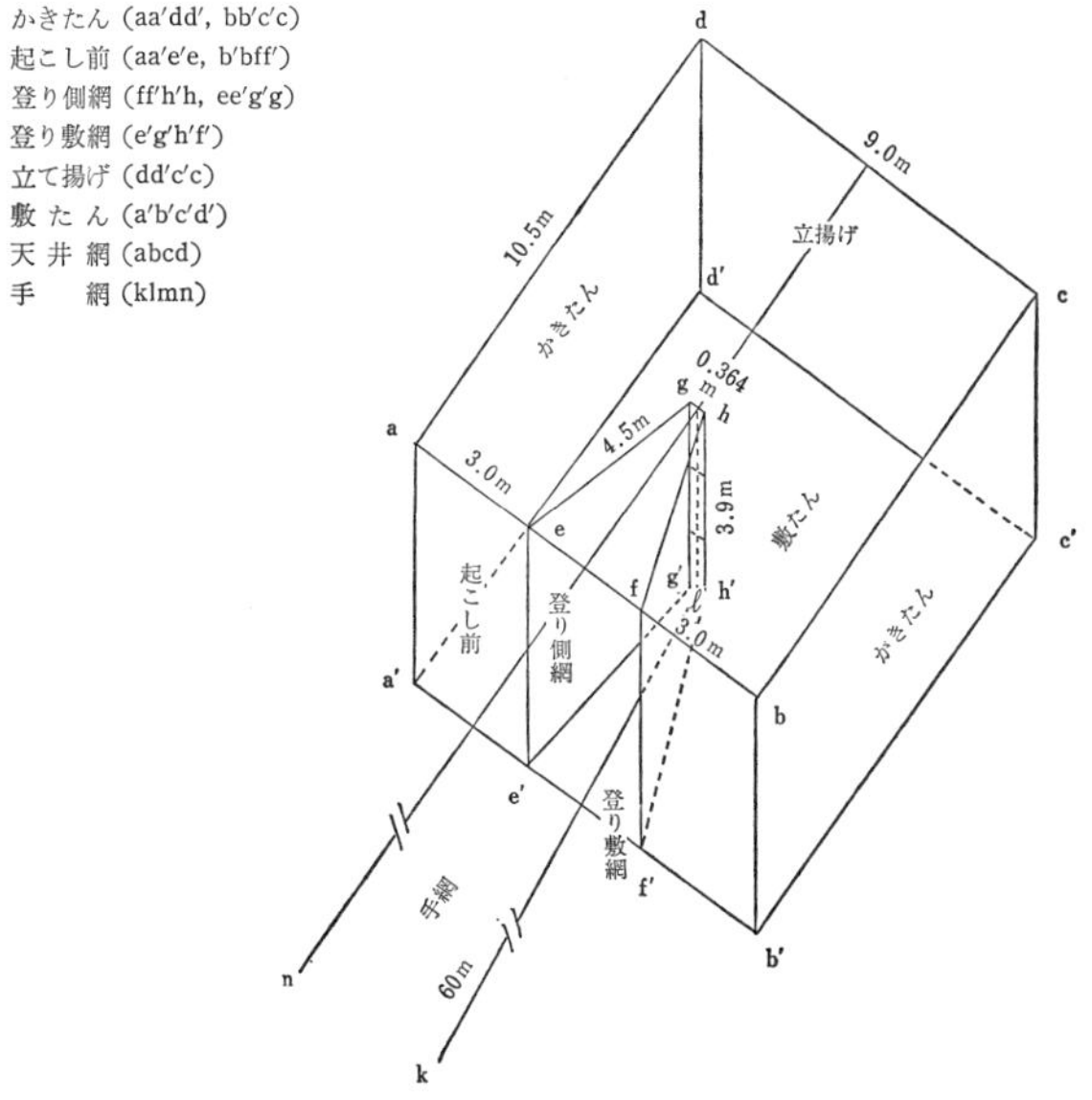

介党鱈（スケトウダラ）

名の由来は、漁に人手を要することから「助っ人ダラ」から転訛した。また、佐渡の佐を「スケ」と渡を「ト」とし、「スケトウ」と呼んだなどの説がある。別名をスケソ、スケソウ、スケトオタラ、メンタイといい、地方名称を、キジダラ（富山）、スケゾオ（青森）、スケドオ（今市）、ヨイダラ（新潟）などという。

オホツク海、ベーリング海に多く、朝鮮半島の日本海側にも多い。大きな群れをつくり回遊し魚類、甲殻類などを食べる。マダラの近縁種であるが、体形はマダラにくらべて細長く、やや延長している。下顎は上顎より突出し、下顎のひげはごく短い。産卵期は一二月から四月にわたるが、北洋ではさらに遅れる。稚魚は岸近くの表層に集まって生育し、半年ほどたつと次第に深みに移行する。成熟は雄が三～五歳、雌は四～六歳で寿命は一二～一三年である。

漁獲は機船底曳網、トロールによるものが多いが、刺網、延縄によるものもある。スケトウダラが沿岸から沖合へ、沖合から遠洋へ

と北転船の発展を促した。昭和三〇年代以降、スケトウダラの加工需要の高まりから、漁法も約一〇〇トンの機船底曳網からオッター・ボートを搭載した三〇〇トン以上の大型鋼船が登場した。刺網（図面参照）は、明け方に投網し一晩留網して翌日揚網する。状況によっては二日後に揚網することもある。漁期は水温によって、初漁期は一一～一二月（水面摂氏一二～一五度）、盛漁期は一～二月（水面摂氏九～一二度）、終漁期は三～四月初旬（水面摂氏八～九度）である。

旬は一～二月で、鮮度の高いものは刺身にもでき、煮魚、粕漬けにして食膳にも供せられるが、大部分は冷凍すり身として蒲鉾、その他練製品の原料とされる。また、魚粉として家畜、養殖魚の飼料製造の原料となる。卵巣は塩蔵品とされ、たらこ、辛子明太子ともに人気がある。精巣は白子、菊子と呼ばれ賞味される。肝臓からは肝油がつくられる。カニの脚肉に似せた代用品があるが、これはスケトウダラのすり身が原材料となっている。

助宗鱈《すけそう》と小蕪のやうな暮し向き　佐藤鬼房

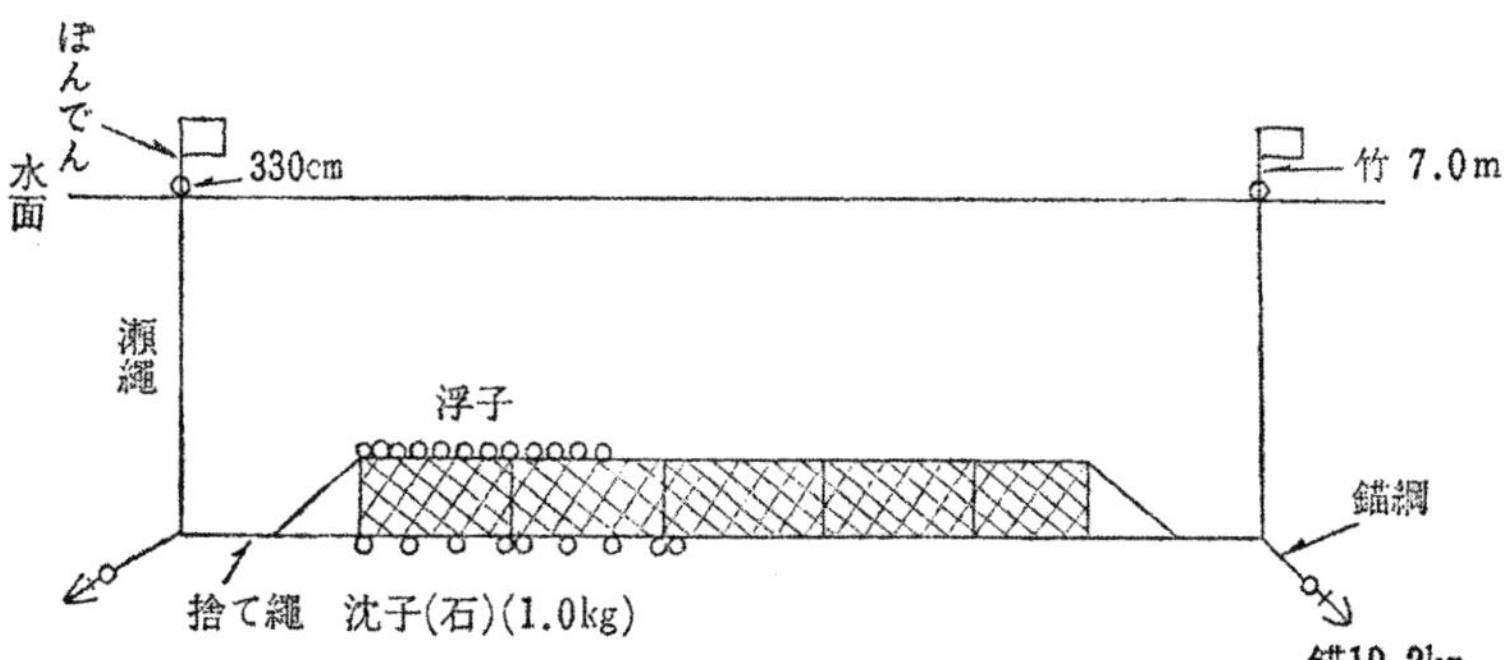

ずわい蟹（ズワイガニ）

名の由来は、楚《スワエ》からズワイに転訛したとの説がある。楚は、木の枝や幹から細く伸びた若い小枝のことをいい、ズワイガニの長い脚が小枝を連想させることから名付けられた。別名でセイコガニ（雌）、コウバガニ（雌）といい、地方名称でマツバガニ（山陰）・エチゼンガニ（福井、石川）、タラバガニ（秋田、山形）という。

ズワイガニは、寒海系の種で日本海では朝鮮海峡まで、太平洋側では銚子沖まで南下するが、北はオホーツク海、ベーリング海を経てアラスカ、アメリカ北部まで分布する。甲は丸みのある三角形で顆粒の集まったいぼ状の突起が散在する。歩脚は長く雄では左右に広げると七〇～八〇センチに達する。甲幅は雄は一五センチに達するが、雌は八センチほどになって性的に成熟すると抱卵するため脱皮ができず成長がとまる。

漁期は一一月から翌年三月までで、水深一五〇～二〇〇

メートルに生息するの底曳網漁業やズワイかご漁業で漁獲する。ズワイかご漁業（図面参照）のかごの種類は、二種類あり、角型と丸型となっている。操業は早朝（四時頃）出港し夕刻帰港する。一回操業に使用するかごは、一二〇個（四連）程度とされている。出港前に各かごに餌としてサンマ、サバ、イカなどを餌付きかごの全部につける。漁場に到着すると投かごを船尾より行い、揚かごは船尾ローラにより巻き上げる。

ズワイガニの旬は一一月から二月にかけての冬の期間である。生のズワイガニをゆでる場合には、カニを軽く水洗いをし、水一リットルに対し塩は一五～二〇グラムを目安として入れた沸騰水に甲羅を下にしてゆでる。ズワイガニは、上品で甘みがある身とこってりした味の中腸腺（カニミソ）はカニ類では最高で、冬の味覚の代表格である。ゆでガニとして二杯酢で食べるほか、刺身、鍋物などにする。雌は身は少ないが、内子（卵巣）が美味である。抱卵の雌カニをセイコという。ゆでカニ、焼カニ、刺身、カニすき、味噌汁などにする。

行儀よく並ぶ高値の松葉蟹

由木みのる

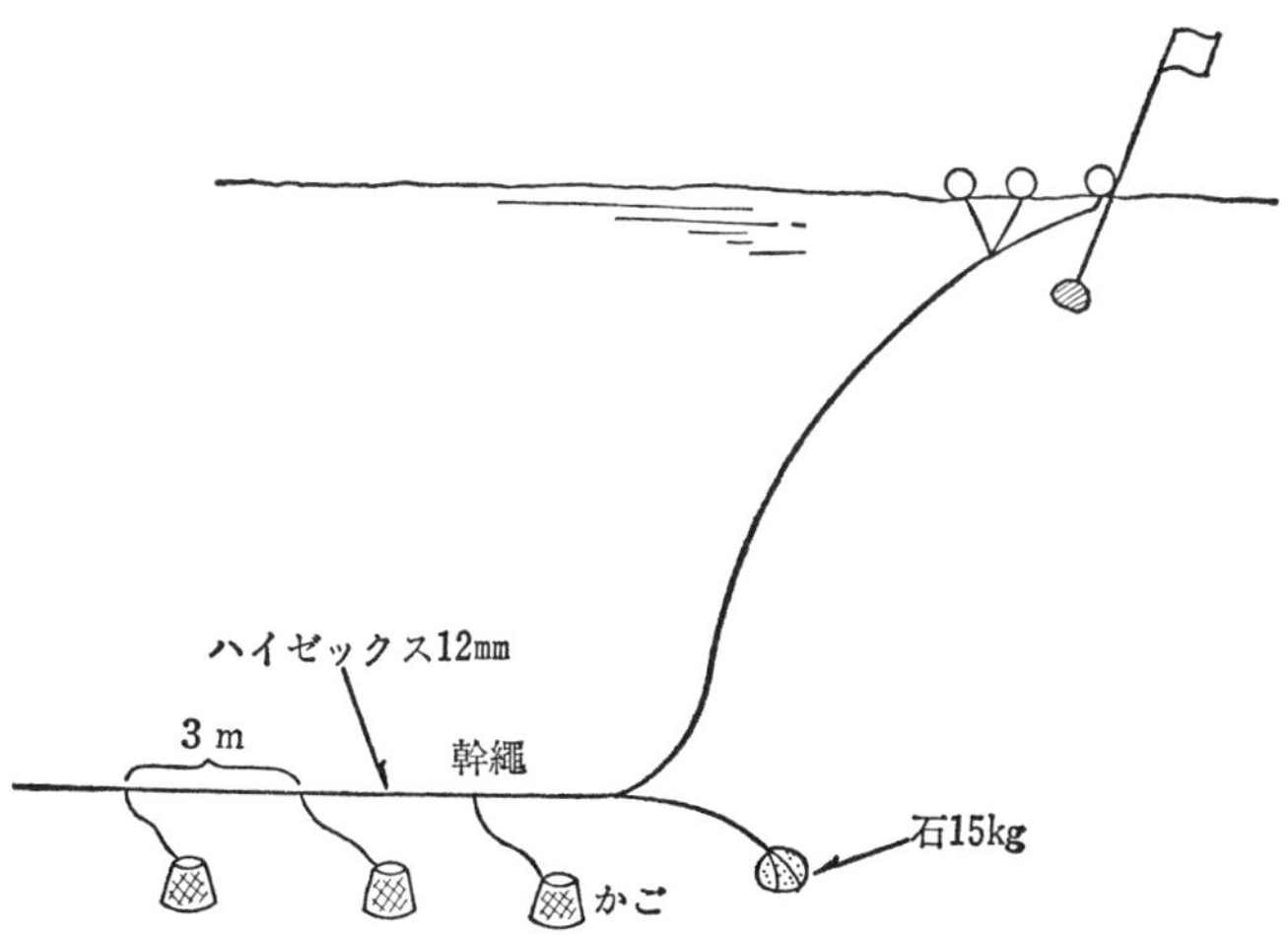

鱈場蟹（タラバガニ）

タラの生息する漁場は、水深二〇〇メートルほどの深海でこの漁場を「鱈場（タラバ）」という。このカニは、タラと同じ漁場の鱈場に棲んでいるので「タラバガニ」と名付けられた。地方名称は、ゲンコツ（東京）、シシオコゼ（神奈川県三崎）、ツチオコゼ（大分県佐伯）、オコゼ（長崎）、シマオコゼ（鹿児島）などという。カニ類は足が一〇本であるが、タラバガニは八本しかない。タラバガニはカニの名が付いているが、生物学的には実はヤドカリの仲間である。

タラバガニは、産卵期には深海から浅いところに移動し、交尾は四月中旬から五月上旬に行われる。交尾に先立って、三～七日間雄がはさみで雌のはさみ脚をつかむハンドシェーキング hand-shakinng を行う。雌が産卵すると雄が精子をかける。雌雄とも一〇年で約一〇センチになっ

て性的に成熟する。寿命は雌三一年、雄三四年といわれている。また、普段は雄と雌は別々の集団で生息しているが、脱皮の時期になるとまず雌が岸辺に移動し、続いて雄がやってきて雄がはさみで雌のはさみ脚をつかんでおさえる。すると雌は自然に真ん中から割れめのできた甲羅を脱ぎはじめる。雌の脱皮が終わるまで見守ったあとで、雄自身の脱皮は一匹だけで岩かげに身をひそめて行うという愛妻家である。

漁法は、底刺網、籠網などで漁獲する。底刺網（図面参照）の操業期間は、四月上旬から一一月下旬の八か月間である。操業は早朝漁場に到着するように出港し、到着次第作業を開始する。漁場では、魚群探知機で海底の調査を精密に行う。潮流の方向とその強弱を考慮し、潮上から潮下に向かって投網する。投網終了後は留めおきしてある網をあげる。巻き揚げた漁具は、そのまま魚倉に納め、帰港後に整理する。

旬は秋の後半から冬である。新鮮なものは刺身、ゆでガニのほか酢の物、サラダ、カニ玉、スープなどにされる。加工品は缶詰、冷凍食品とされる。タラバガニの仔は塩辛にされる。

雪濡れし眼もて届きぬ鱈場蟹　　桂　樟蹊子

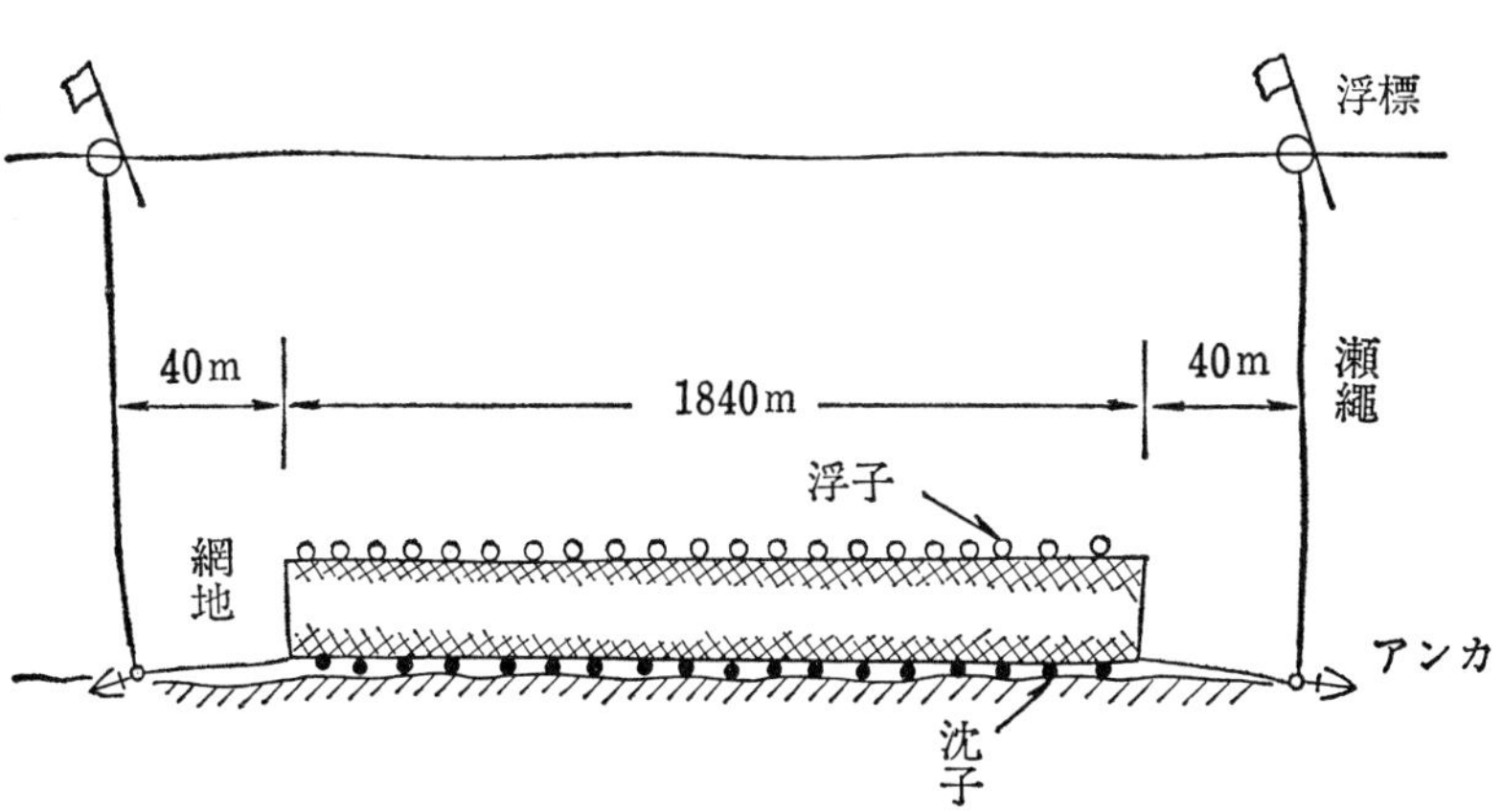

槌鯨（ツチクジラ）

名の由来は、頭の形が木槌に似ているので名付けられた。体長は一二〜一三メートルで全身黒褐色で、北太平洋に生息している。現在の日本周辺の分布量は太平洋側約五〇〇〇頭、日本海側約一五〇〇頭、オホーツク海南側約六〇〇頭と推定されている。

江戸時代には安房勝山には鯨組を組織した醍醐家があった。明暦〜宝永年間（一六五五〜一七一二）に醍醐新兵衛という元締が大組一七隻、新組一六隻、岩井袋組二四隻の合計五七隻を束ね、勝山藩の特許を得て捕鯨を行った。江戸時代にはツチクジラが勝山沖あたりまで餌を求めて入ってきていた。醍醐組が船団を組織してこれらのツチグジラを「突捕り式」によって獲っていた。突捕り式は、捕鯨船隊は巧みにクジラを包囲し、鉄製の手銛で射止める方法で、最初にクジラの体内に銛を打ち込んだ船は祝福され、帰港に際し仕留めたクジラをその船の脇腹にくくりつけ、仲間達が曳航したといわれている。

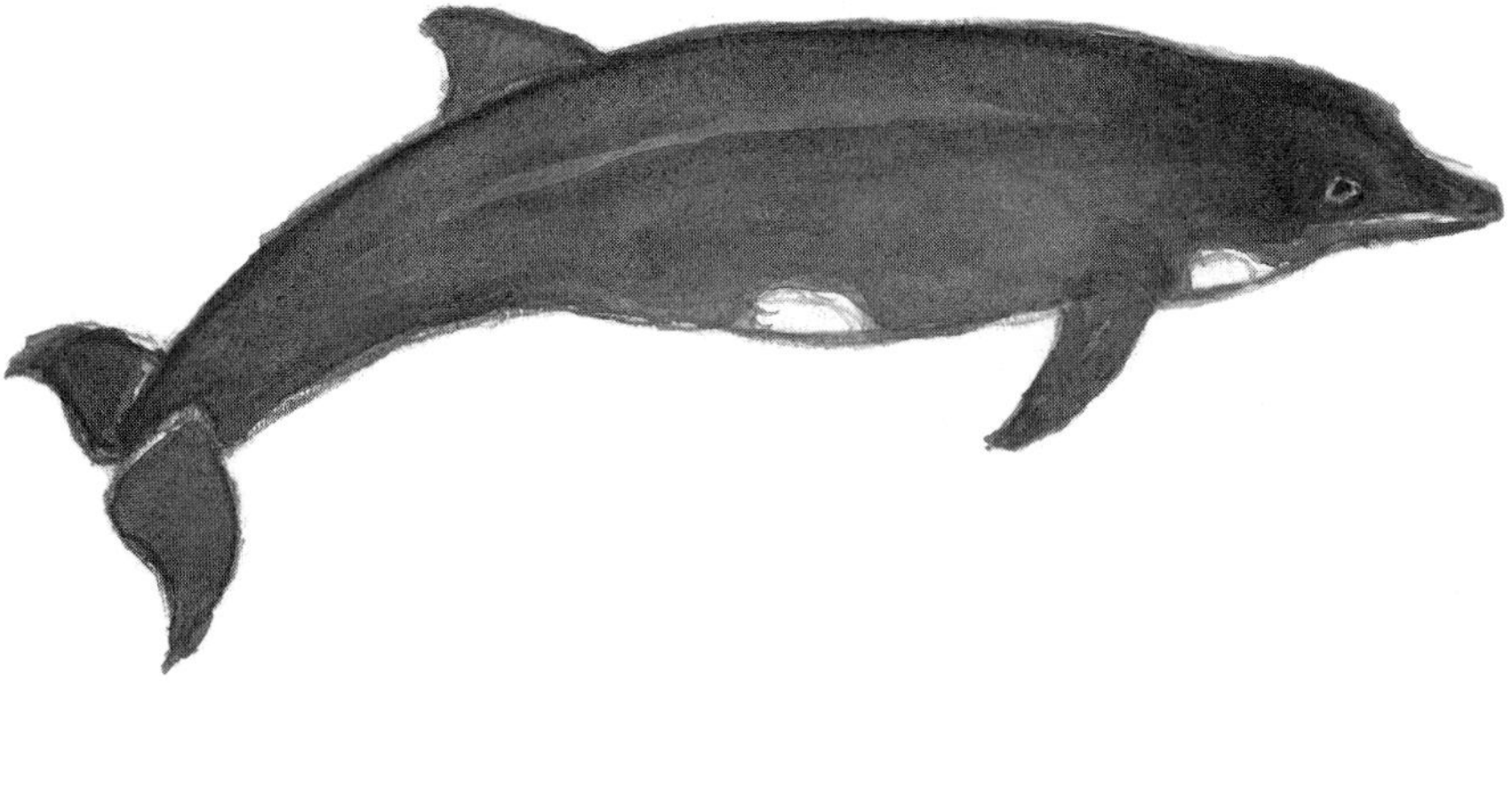

戦後から昭和三五年頃にかけて地域での肉の利用（タレ）だけでなく、鯨油の供給のために捕獲数が増え資源の状況が悪化した。昭和六三年の捕鯨モラトリアム決定以後は国際捕鯨委員会の管轄外の鯨種として農林水産大臣によって毎年許可されているツチクジラの捕鯨船（図面参照）による捕獲数の枠が決められている。日本には古くから獲られたクジラの骨を祀った鯨塚は多く、クジラの恵比寿信仰、鯨唄や踊りなどの数々の伝統がいまだに残っている。千葉県勝浦でも「鯨塚」を建立し、クジラを一頭射止めるたびに手厚くその霊を弔ったという。勝山漁港から少し離れた山間の厳島神社の境内には多くの鯨塚が並んでいる。

千葉県南房総に江戸時代から伝わる鯨肉の食べ物で、「クジラのたれ」という珍味がある。これはツチクジラの肉を味のついた汁（これもタレと呼ぶ）に漬込み、天日で干した「鯨の乾肉」である。房州地方では、今でもみやげものとして売り出されていて人気がある。火に炙ぶると濡れ羽色に変わってなかなかおつな味わいがある。

山おろし一二のもりはの幟かな　　与謝蕪村

虎河豚（トラフグ）

フグの名の由来は、口に含んだ水を吹き付けて餌を探すので、「吹く（フク）」が「フグ」に転訛したという。トラフグはフグの代表で、一般にフグといえばトラフグである。地方名称は、イガフグ（富山）、オオフグ（岡山、香川）、オヤマフグ（和歌山）クロモンフグ（別府）、ホンフグ（別府、下関）、モンツキ（下関）などがある。

トラフグの背面は黒褐色で腹面は白く胸鰭後方の体側に白い縁取りのある大きな黒い紋がある。皮膚は鱗がなく、柔軟性で、とくに腹部は水や空気を吸い込んで膨らますことができるが、これは肋骨がなく、腹壁の筋肉がのびやすいためである。この状態は外敵に襲われたときの防衛手段である。フグの胃の底部は、膨張嚢という伸縮自在の袋になっている。水の場合には口から、空気の場合に鰓穴から取り入れ、この袋にため込む。飲み込んだ水や空気は腸に流れ出ないように、食道の活約筋で袋の口をしっかり締める。海中でフグが敵にであい襲われると、門歯をキリキリとする合わせながら大

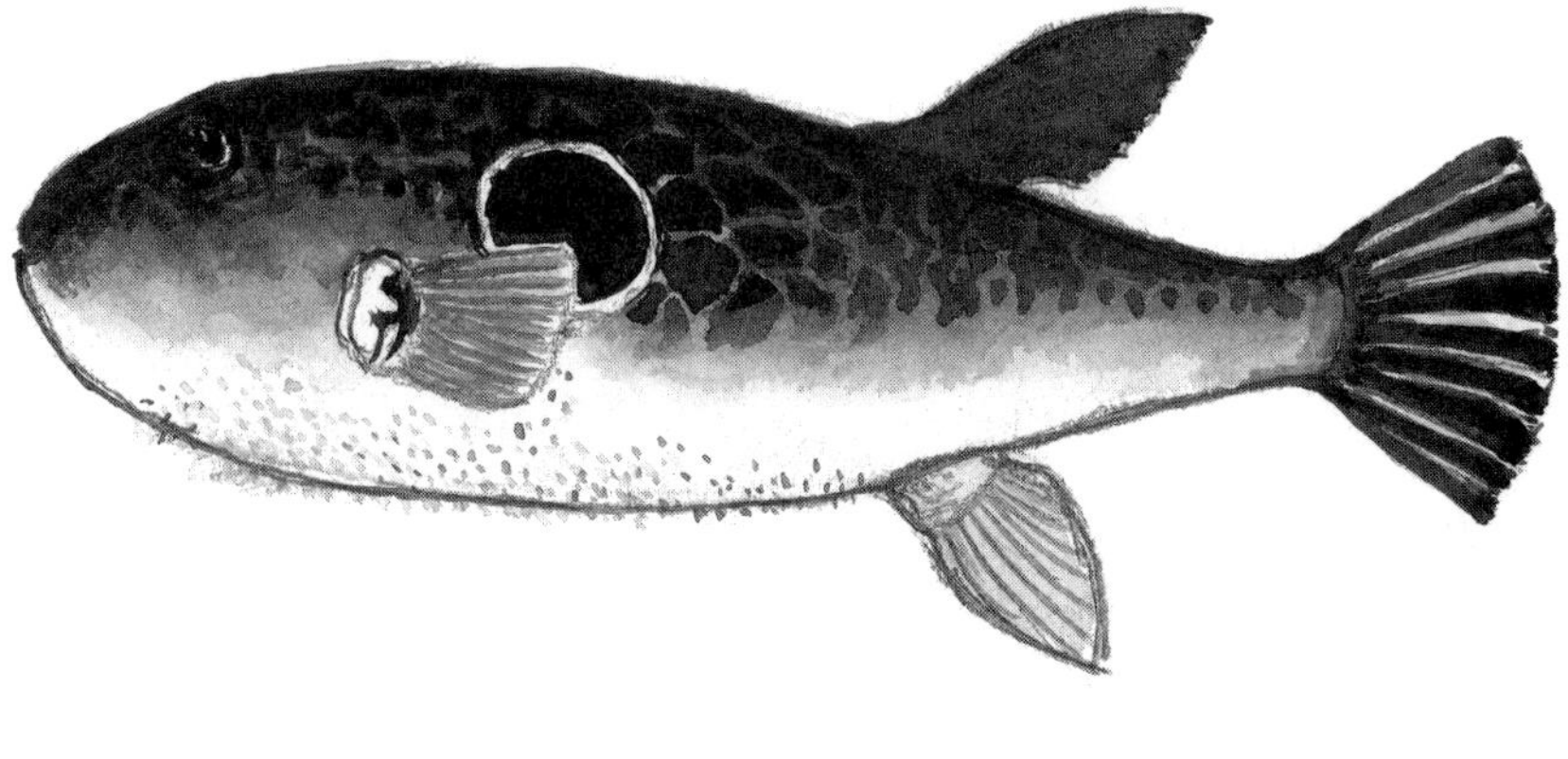

量の水を飲み込んで膨れる。

フグの漁法は、一本釣り、延縄、かご漁、定置網などがる。フグの延縄（図面参照）は幹縄の途中に図のように「ジャンガネ」と称する鋼線を取り付け、フグが釣り針にかかったときに幹縄に体をこすり付けても切れないためである。漁期は九月から翌年四月である。

フグは冬が旬で、この時期に需要が高く高価である。そこで春の産卵期に漁獲した成魚は畜養して、晩秋初冬の候の値上がりを待って出荷する。近年は畜養のほか、種苗から本格的な養殖も行われている。フグはすべて活魚として売買されるので、消費地へは活魚トラック、活魚船、飛行機などで輸送する。

フグは「当たると死ぬ」ことから昔は「鉄砲」ともいった。ここから、フグの刺身を「てっさ」といい、河豚鍋は「てっちり」というようになった。てっちり、てっさは冬の魚料理の最高の味といわれている。フグの食べ頃は「秋の彼岸から春の彼岸まで」といわれる。

だまされて喰わず嫌いが河豚をほめ　　松尾芭蕉

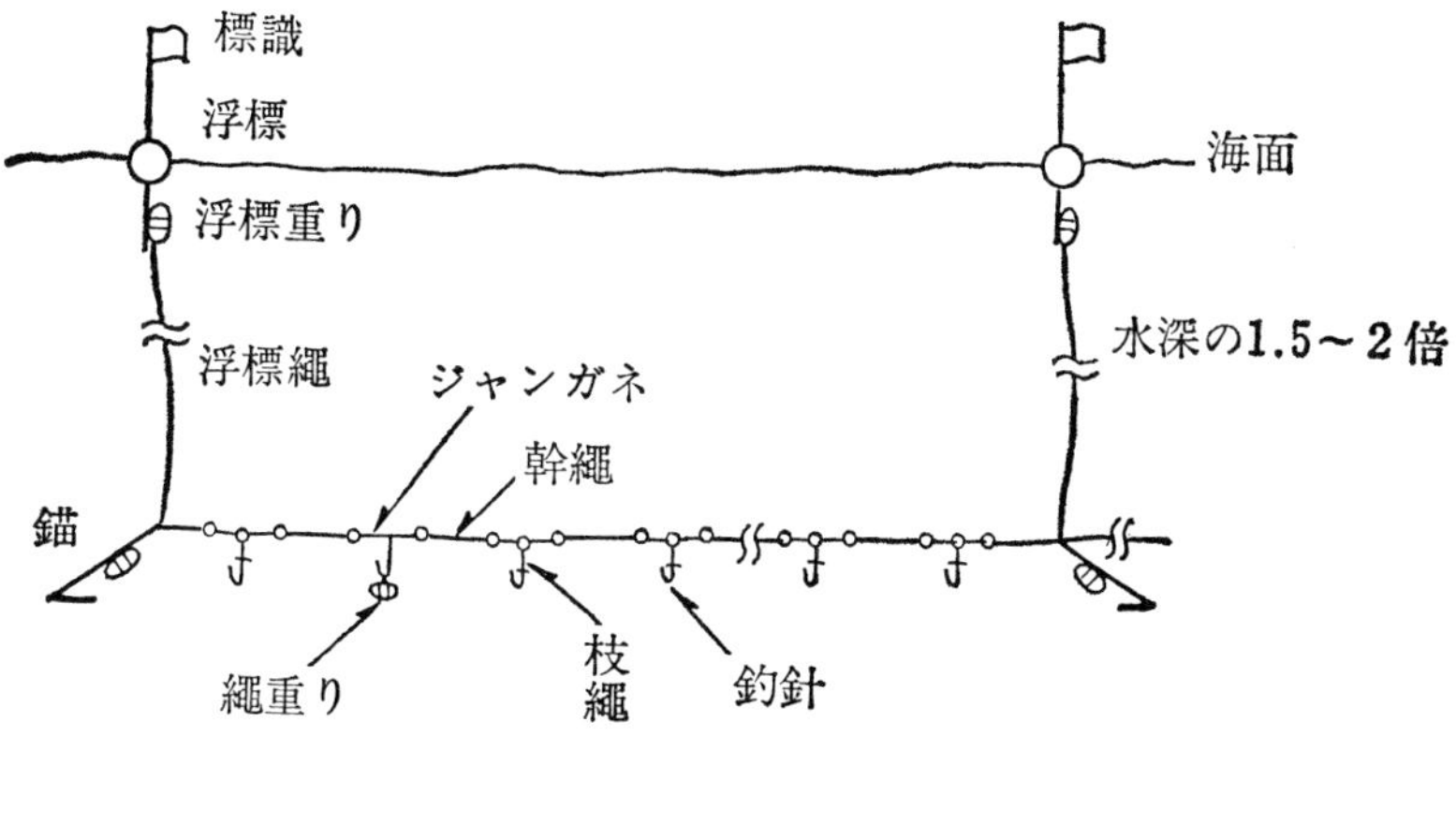

長須鯨（ナガスクジラ）

クジラの名の由来は、表面上の皮膚の色は黒色が多く、その中の肉（または腹の皮膚）の色は白色であるので「黒《クロ》」と「白《シロ》」から転訛したとの説がある。また、クジラは口が広いので「口広」がなまって「クジラ」となったとの説もある。『古事記』（和銅五年〈七一二年〉）に「久治良」という名が出てくる。「久治とは白黒を意味し、良とは得体の知れない大きな生きものをさす」とある。

ナガスクジラのナガスは「長身」の意である。体長二六～二七メートル、四五～七五トンに達し、シロナガスクジラについで大型種である。ひげ板は最大七〇センチ、左右に各二六〇～四七〇枚あり、右側前方の四分の一は乳白色で、他は青黒色である。寿命は八〇～一〇〇年で、主として動物プランクトンや群衆性魚類を水ごとひと飲みにし、両顎のひげでこし取って食べる。

クジラの捕獲技術は江戸時代の後期に進歩し、それまでは陸に座礁したクジラや湾内に迷い込んだクジラを追い込んで捕るという方法か

ら、積極的に沿岸でクジラを捕獲する方法が開発された。『日本山海名物図会』（平瀬徹斉、宝暦四年〈一七五四〉）には「古来より絵に書く来るくじらは本式にあらず。今図するところは画工長谷川光信海辺にて真の鯨を見て其躰をうつせり。尤《もっとも》正《しょう》とすべし。くじら取は山の手に小屋をつくり望遠鏡にて潮をふくを見て采をふり舟手へしらす也（図面参照）。くじら五種有。ざとう、小くじら、まっこう、せみ、ながせと云。ながせ（ナガスクジラ）は鯨の第一にて三十三尋有。此くじらは見つけてもとらぬが鯨取の作法也」とある。

日本人とクジラとのかかわりは昔から今日まで深いものがある。日本人はクジラをいつくしみ、大切に利用し、「一頭の鯨で七浦賑わう」といわれるほど、肉、皮はもちろん骨、内臓など余すところなく利用してきた歴史と文化がある。クジラの恵比須信仰、鯨踊りなどの数々伝統がいまだに残っている。古くから捕らえられたクジラの骨を祀った鯨塚は多い。

突きとめた鯨や眠る峰の月　　与謝蕪村

鰰（ハタハタ）

名の由来は、雷を伴う魚のハタハタウオがハタハタとなったという。また、ハタハタの背部に特異の流紋があるので「斑斑《ハタハタ》」または「斑鮮《ハタハタ》」になったとする説などある。地方名称ではオキアジ（京都）、カタハ（鳥取）、シマアジ（能登）、ハダハダ（秋田）などがある。漢字は、鰰、鱩、神魚、神成魚など雷に関係のある字が多い。これは、ハタハタが接岸するときは、その前兆のように、沖合いで雷が鳴ることが多いことからであるという。

ハタハタの産卵期は一一月下旬〜一二月上旬で、この時期に水深二メートル内外の海藻の繁茂する海岸に産卵する。卵は雌の胎内にあるときはドロドロしているが、海藻などに産みつけた卵は、幹や枝を包み、一腹分が一塊となり玉状に連なる。これを「ブリコ」というが、その語源はこの卵塊が固く海藻などにつくので「不離子」が転訛してブリコになったとか、鈴に似ているので「振り子」が転訛してブリコになったとの説がある。

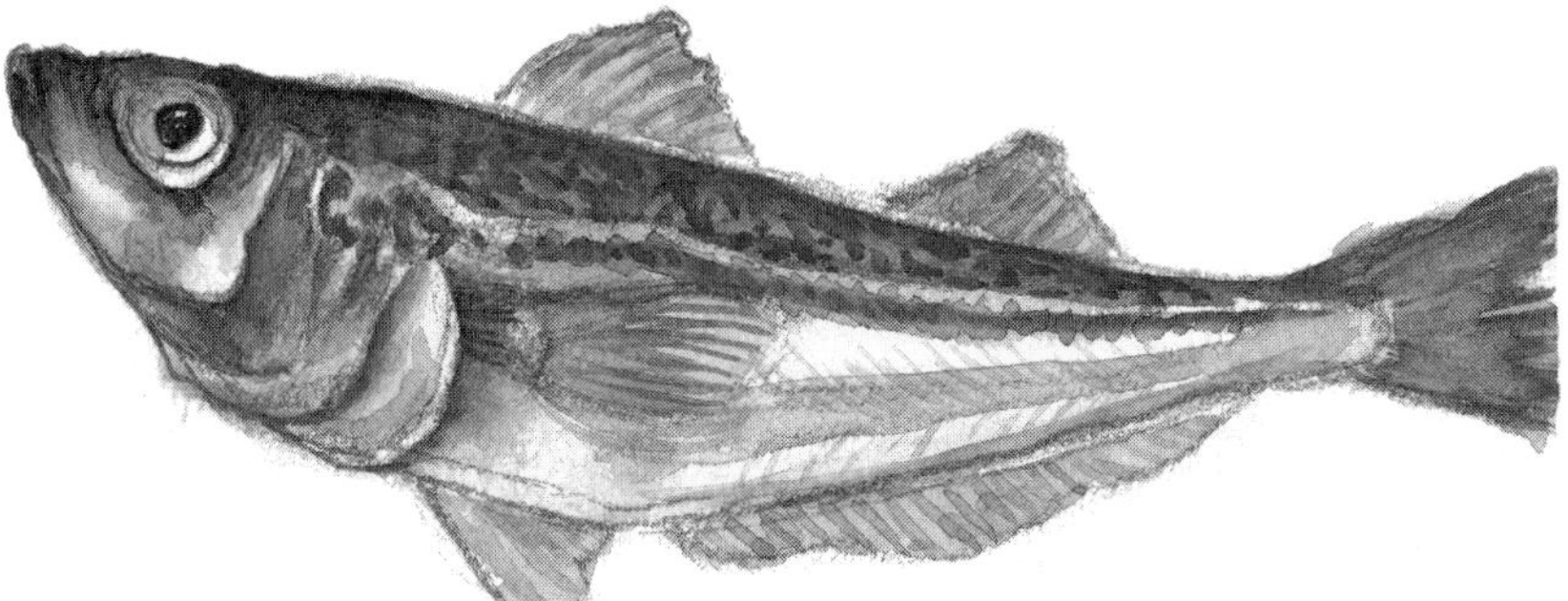

沖合の砂泥底に生息しているハタハタは、底曳網で採捕するが、海岸の海藻に産卵するために接岸するハタハタは、水深二〜三メートルのところに設置した主として建網という小型定置網(図面参照)で、さらに刺網、すくい網、地曳網などでも採捕される。沖合で底曳網でとれるハタハタに比べて、この時期には産卵期の短期間に集中して捕れる。

ハタハタの旬は産卵期の冬である。目が青く澄み、体表にぬめりのあるものが新鮮である。料理は、しょっつる鍋、味噌鍋、田楽、塩ふり焼などがある。このなかでも冬の秋田ではキリタンポ鍋とともに欠かせない料理で、ハタハタを各種の野菜などと一緒にしょっつる(ハタハタを二年以上漬けて上澄み液をとった魚醤)でつくった鍋料理がある。また、ハタハタの加工品は、沖合の漁場で捕るハタハタは、内臓をとって干物とされる。産卵群のハタハタは、塩蔵、糠漬け、鮨漬けなどにする。このうち鮨漬けは、ハタハタを米飯、麹、蕪、人参、生姜などと漬け込んで乳酸発酵させた飯鮨の一種である。

雷火ござんなればはたはた舟出発　菅　裸馬

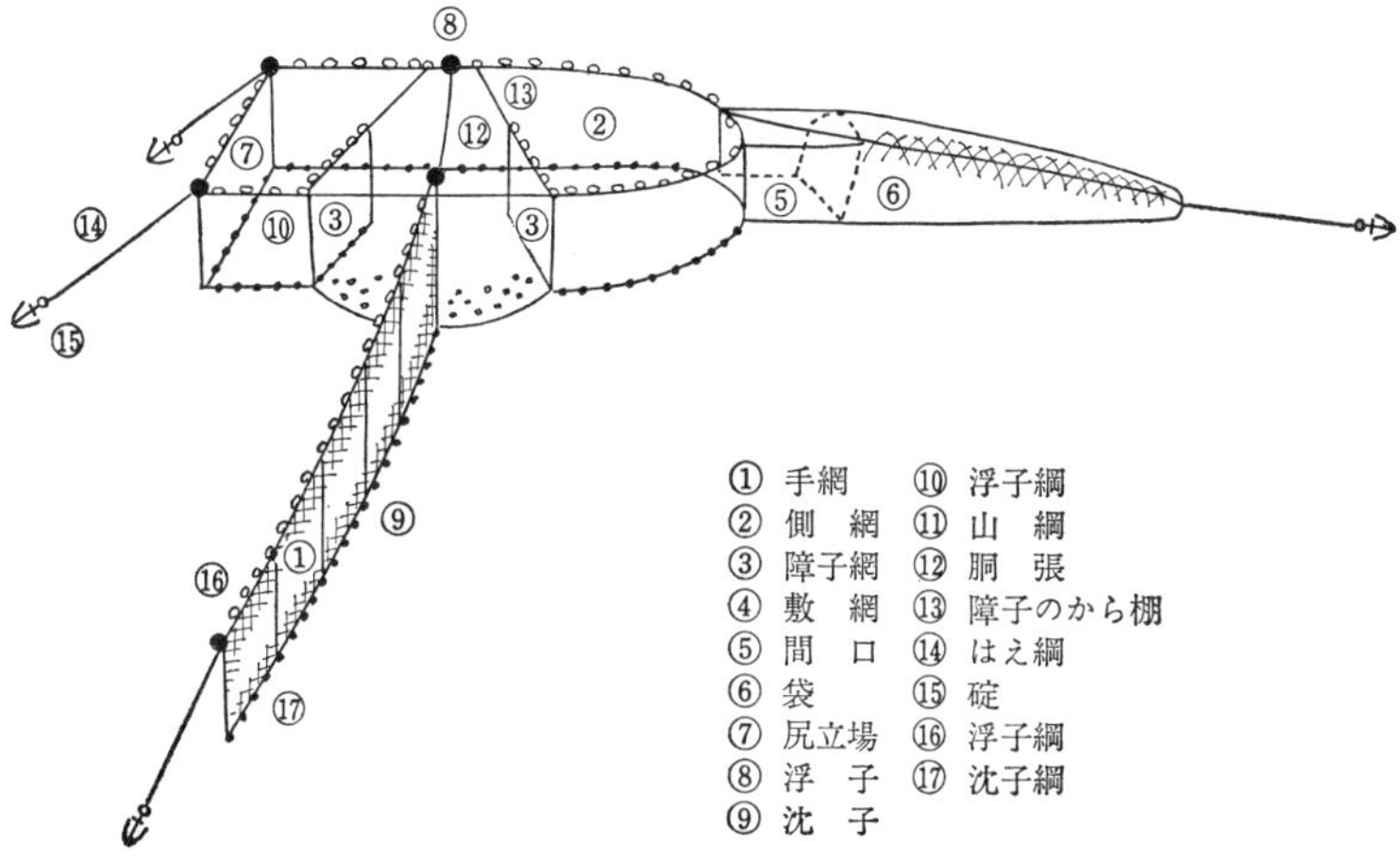

① 手網　⑩ 浮子綱
② 側　網　⑪ 山　綱
③ 障子網　⑫ 胴　張
④ 敷　網　⑬ 障子のから棚
⑤ 間　口　⑭ はえ綱
⑥ 袋　⑮ 碇
⑦ 尻立場　⑯ 浮子綱
⑧ 浮　子　⑰ 沈子綱
⑨ 沈　子

鮃（ヒラメ）

名の由来は、平たい体に目が二つ並んでいるから平目となったという。また、体の左側に目が並んでいるので、左目からヒラメになったという説もある。地方名称ではテックイ（北海道）、カルワ（青森県）、ハガレ（富山）、ヒダリグチ（山口県周防）、オオグキカレイ（関西）などという。

一般に底魚は保護色を持つものがおり、周囲の色に合わせて巧みに体色を変える。ヒラメはその変化が特に激しい。光に対して非常に敏感で、黒褐色の側の体表にある色素胞を、広げたり（暗色）縮めたり（明色）して、周囲と同じ色に変わる。色彩のほとんどない海の底にいるためか、明暗の変化だけではあるが、砂の上では砂模様に似せ、小石混じりの場所では小石模様を表す。昼間は、沿岸または内湾の砂泥底に潜み、前述したように体色を周囲の色調、模様に合わせて変化させる。眼だけ突き出して周囲をうかがい、小魚などが接近すると瞬間襲いかかって捕食する。夜間は餌

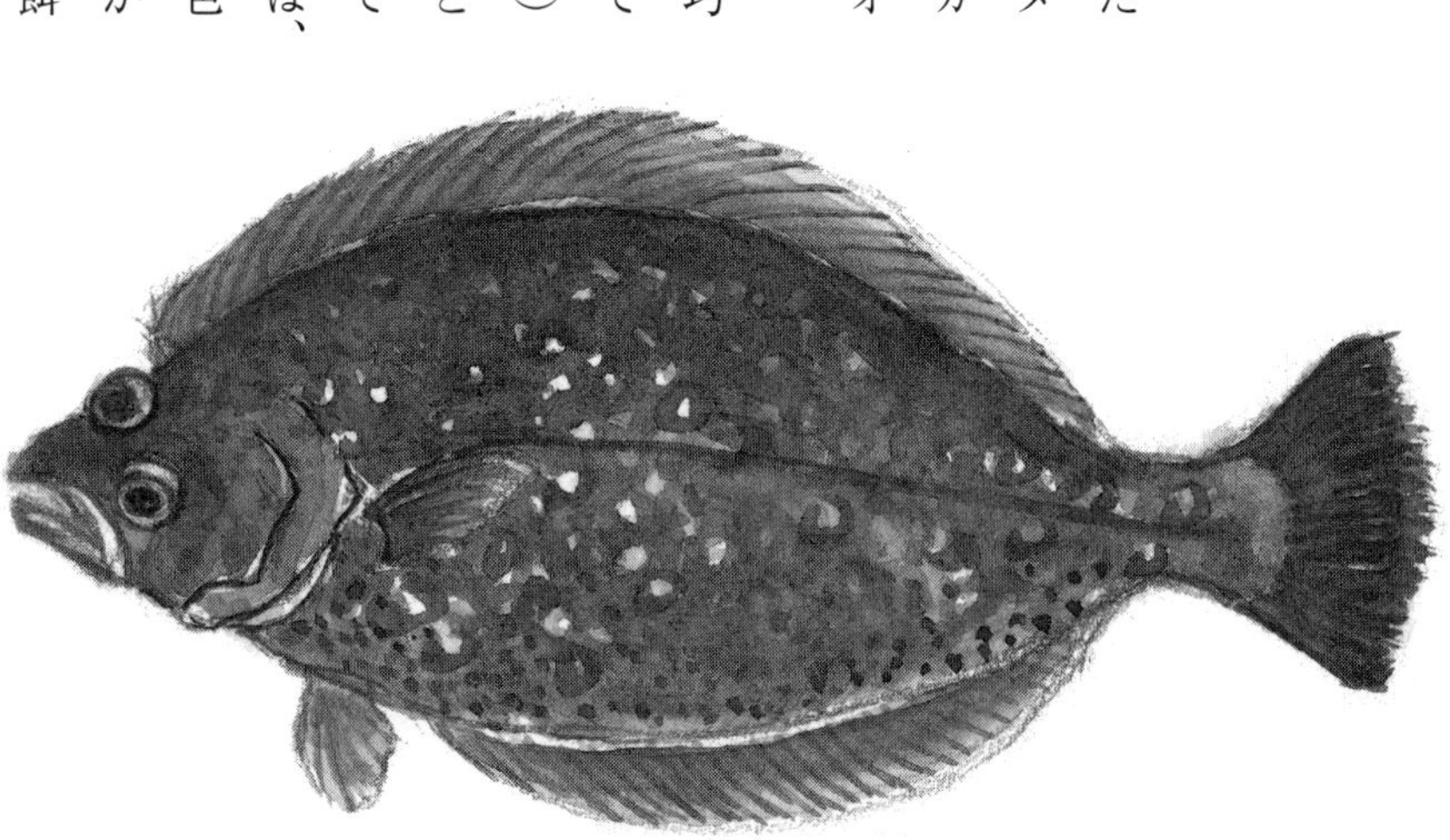

を求めて活発に動き廻る。

漁法は、底曳網、底刺網、手釣り、曳釣（図面参照）、空釣縄などで漁獲する。ヒラメ、カレイの底曳網は、漁獲性能のよい板曳網が多く使用されている。板曳網は、網口開口板（抵抗板）を有する漁具を使用した底曳網をいう。最近ヒラメの養殖も盛んで、養殖生産量は漁業生産量にほぼ匹敵する。遊漁として冬の釣りは人気がある。

ヒラメは秋から冬にかけてがとくに寒ビラメと呼ばれて旬である。最近は高級魚としてヒラメの活魚輸送が盛んである。カレイ・ヒラメ類の中ではヒラメが最も美味で、すし種としても珍重される。ヒラメの料理としては、刺身、（薄造り）、昆布じめ、すし種、煮物、煮つけ、椀物のほか、フライ、グラタンなどにもする。また、背鰭、尻鰭の付け根にある肉はエンガワといって、刺身やすしのネタとして珍重される。また、ヒラメの肝を湯がいてから、薄めの醤油で味付けしたものは酒の肴に絶品である。

大師講日和とありし鮃かな　　森　澄雄

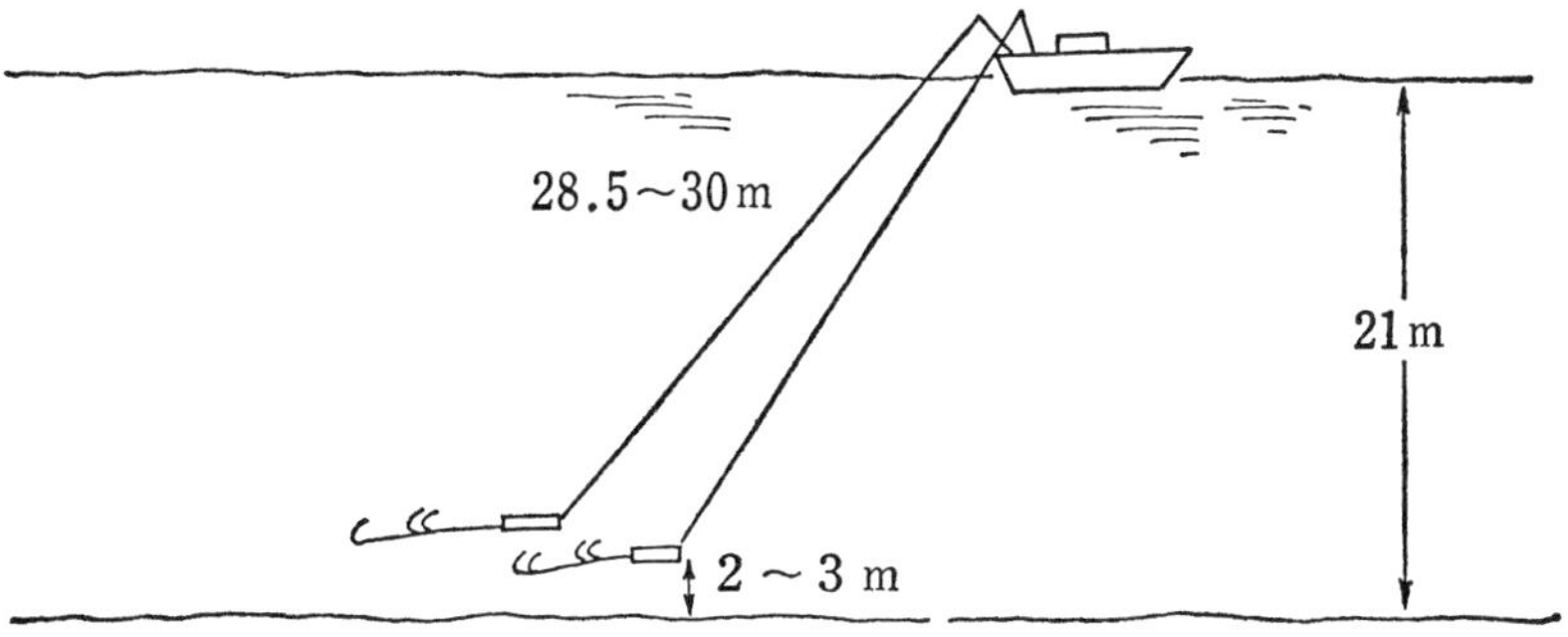

鰤（ブリ）

名の由来は、脂がほどよくのったものが美味いことからアブラ→ブラ→ブリに転訛したという。漢字では師走の頃が最も美味いので、魚偏に師と書く。地方名称は、ショウノコ（岩手）、ニウドウ（新潟）、ガンドウ（富山、石川）オフクラギ（石川）、マルコ（鳥取）などという。ブリは出世魚で、東京付近では、小さい順に、ワカシ→イナダ→ワラサ→ブリ、大阪付近では、ツバス→ハマチ→メジロ→ブリの順で呼ぶ。四年で全長七〇センチ位に成長し、それ以上をブリという。

ブリの漁法で代表的な定置網は、ブリの回遊する通路に定置網をはって漁獲する。歴史的に建刺網から台網、大敷網、大謀網、落網と改良されてきた。江戸時代から明治、大正、昭和とブリ漁業の歴史は定置網漁業（鰤網）の歴史でもあり、技術の進歩につれて漁獲量も増加した。定置網のほか釣（手釣り、竿釣り、立縄釣り、延縄、曳縄、かっぽり釣り、電気釣り）、刺網（刺網、流網、

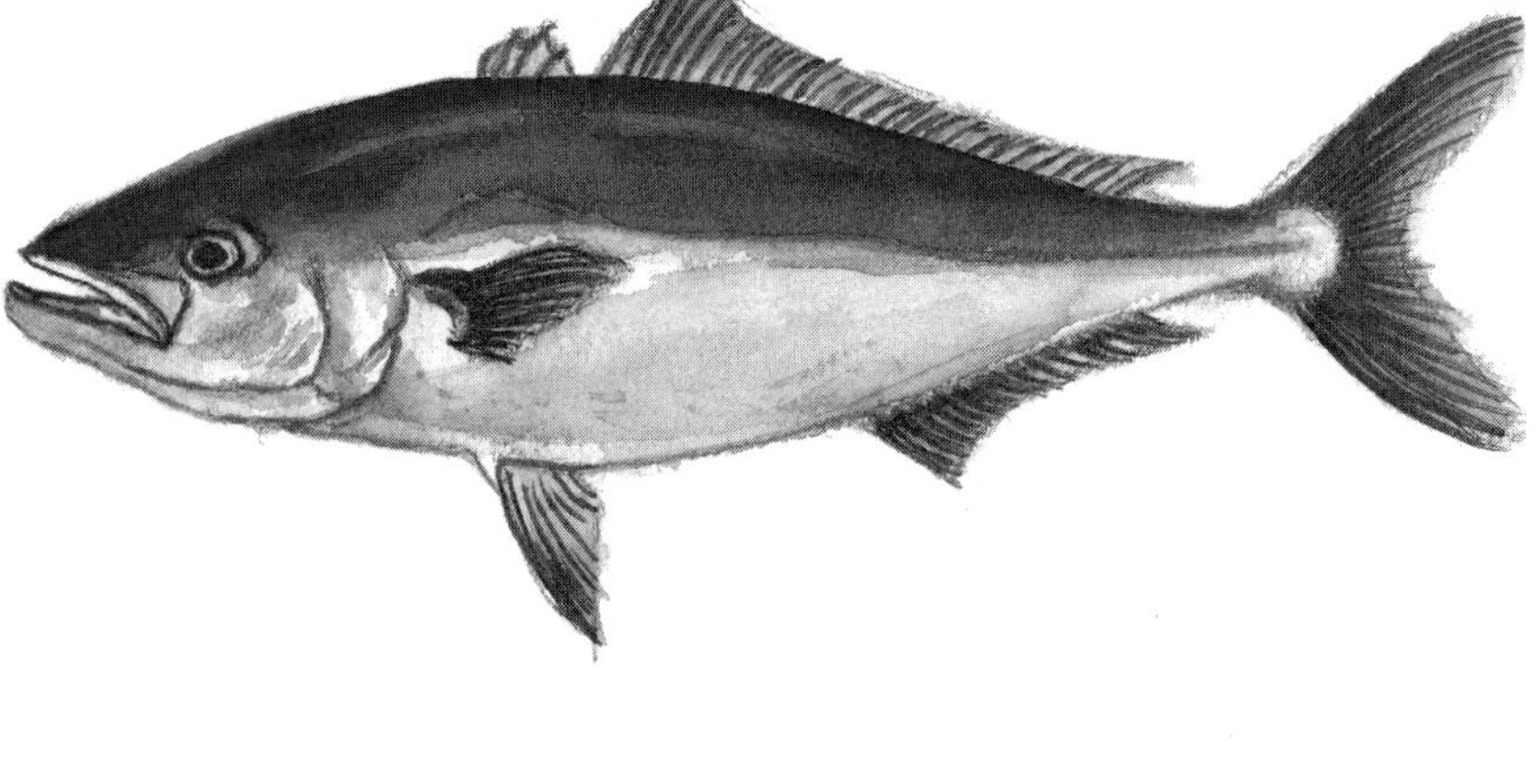

まき刺網）、飼付漁などがある。ブリの立縄釣（図面参照）は、釣針は土佐型四・八～五・一センチを使用し、浮子は直径三〇センチのものに竹竿及び標識旗を付ける。沈子は一・五キログラム程度の自然石を針金でからめて親糸に取り付ける。餌はスルメイカ、イワシなどを利用するが、通常はは活餌を使用する。操業は夜明け前後の魚が索餌する「朝まずめ」を利用し、水深一〇〇～一二〇メートルの瀬に漁具を設置する。

ブリは、蛋白質、脂質、ビタミン、ミネラルなど豊富で栄養に富んでおり、きわめて優れた食品である。ブリの旬は冬であって、古くから「寒鰤」を最上のものとした。料理として、刺身、照焼き、酢の物、ぬた、燻製のほか、かぶら寿しなどがある。寒鰤の刺身は脂がのって最高である。かぶら寿しは、塩漬けにしたカブで、塩漬けにしたブリの薄切りを挟み込み、細く切った人参や昆布などとともに、米麹で漬け込んで醗酵させたものである。石川県発祥の郷土料理である。

鰤網を越す大浪の見えにけり　前田普羅

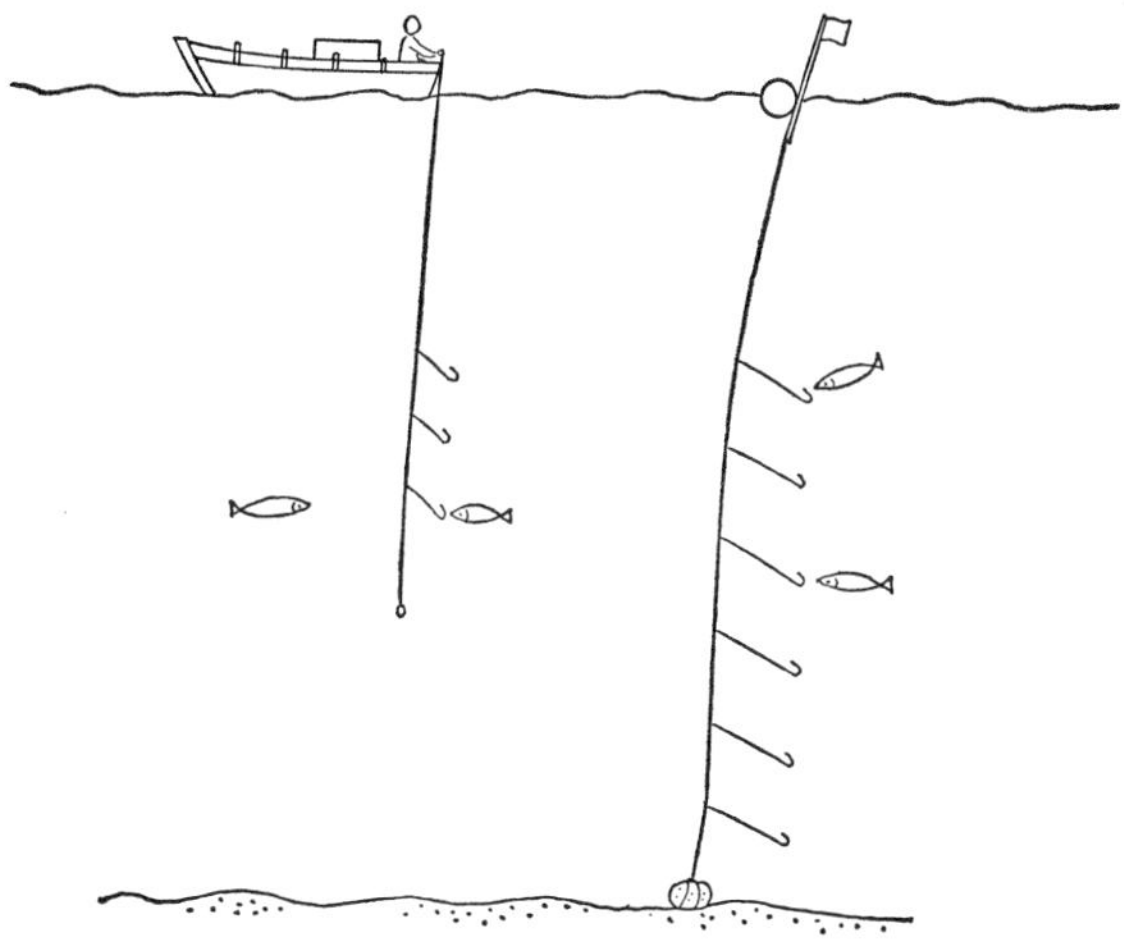

真牡蠣（マガキ）

カキの名の由来は、天然のカキを「掻き落として取る」ことから「カキ」に転訛したという。またマガキの「マ」は同類中の代表の意である。漢字では「牡蠣」と書く。「蠣」の一字でカキを意味するが、中国ではカキはすべて雄と考えられていたために「牡《オス》」の字が書き加えられたという。

日本では種カキの養殖による生産は江戸時代からすでに行われていた。『日本山海名産図会』（木村孔恭、宝暦一三年〈一七六三〉）には「畜所各城下より一里或は三里にも沖に及べり。干潮の時潟の砂上に大竹を以て垣を結い、列ぬること凡一里許、号《なづけ》てひび（図面参照）と云。高一丈余長一丁許を一口と定め、分限に任せて其数幾口も畜えり。垣の形への字の如く作り、三尺余の隙を所々に明て魚其間に聚《あつまる》を捕也。ひびは潮の来る毎に小き牡蠣又は海苔の附て残るを、二月より一〇月までの間時々は是を備中鍬にて掻き落し」とある。

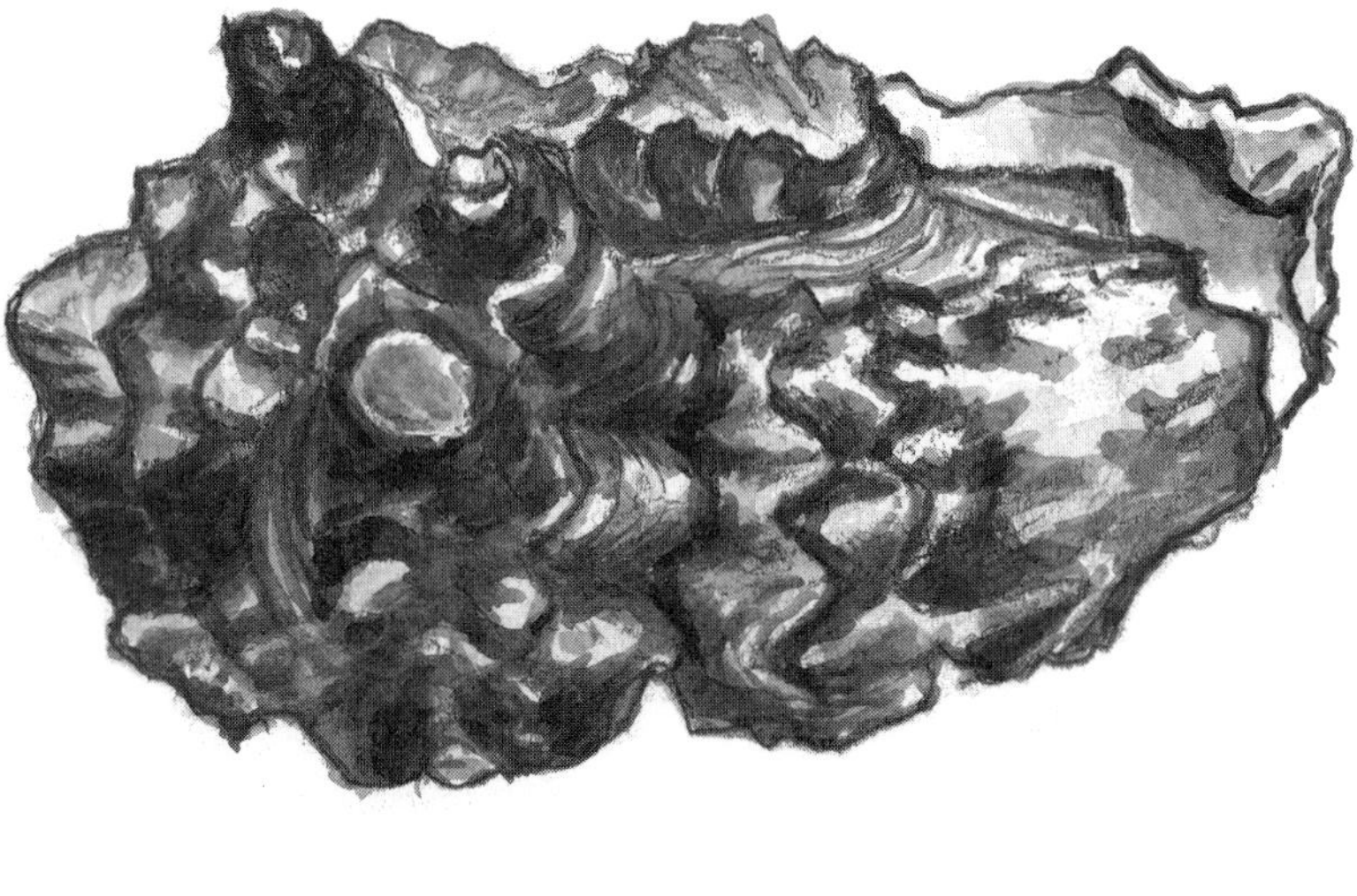

養殖の簡単な方法は古くローマ時代から試みられ、現在では世界各地で行われている。外国では海底に種カキをまく「地まき式養殖」が行われている。日本でも行われていたが、現在では筏に人工的に採取した幼貝を付着させた貝殻を延縄式に吊るして海を立体式に利用できる「垂下式養殖」が行われている。

カキは海のミルクといわれるほど栄養豊富で、グリコーゲンのほか、タウリン、ビタミン、ミネラルが豊富である。料理としては、酢物、焼物（煎牡蠣）、鍋物、牡蠣飯、フライ、グラタンなど多彩である。

カキは冬期が旬であり、一二月から二月はグリコーゲンたっぷりで最高に美味である。「花見過ぎたらカキ食うな」といい、外国でも「カキはRのつかない月（五〜八月）のものは食べるな」といわれる。この時期のカキは身がやせてまずく、細菌汚染による中毒が起こりやすい。『本朝食鑑』（人見必大、元禄八年〈一六九五〉）には「九、十月より春三月に至るまで、味美味なり。夏月は肉脆くして、味ははなはだ苦く、食するによろしからず」とある。

牡蠣汁や居続けしたる二日酔　正岡子規

真子鰈（マコガレイ）

カレイの名の由来は、古名の「カレエヒ」「カラエイ」から転訛したという。マコガレイのマコについては不詳。地方名称は多いが、アオメ（仙台）、クチボソ（北陸）、アマコガレイ（香川）、ギンガレイ（香住）、クチボソ（広島）、モガレイ（愛知）などがある。大分県日出町の城跡付近の海底で獲れるものはシロシタガレイ（城下鰈）という。

両眼は体の右側にあり、両眼の間にウロコがる。有眼側は黄色みを帯びた黒褐色で、無眼側は一様に純白色である。ほかのカレイ類と同様に、外敵から身を守るために体色を環境に似せるという習性をもっている。水深一二〇メートルまでの砂泥底に生息する。

漁法は、刺網、底曳網、定置網などで漁獲する。前述のイシガレイを含め、カレイ類の底曳網は、漁獲性能のよい網口開口板の付いた板曳き網が使用されることが多い。刺網（図面参照）は、

投網に際しては潮流を直角に横切るようにするが、投網後の型は潮流に対し三〇～四五度位の傾斜となる。潮流の弱いときは潮下、早いときは潮上に向け投網する。

マコガレイは、遊漁の釣りの対象魚でもある。一般にはシャクリ竿で仕掛けは両天秤を用いる。『釣技百科』（松崎明治、昭和一七年〈一九四二〉）には「横浜方面から湘南野島方面の釣り場で歳の暮から新春にかけてつれる。マコガレイは土地の漁師の所謂「霜月マコ」又は「登りマコ」といい、腹には卵をもつて美味である。しかし、釣魚の産卵期に於ける通弊として食欲のないことが一つの特徴、即ち餌づきがよくない」とある。

マコガレイの料理は、白味の上品な味で、煮つけ、塩焼き、空揚げなどにするほか、鮮度のよいものは刺身などで生食する。特に大分県で獲れる「城下ガレイ」のフグ作りの刺身や洗いは美味である。また、「でびら」とは、マコガレイの干物のことで、これをご飯に炊き込んだのを「でびら飯」（愛媛）という。

干鰈鰓にうつすらと忘れ砂　　佐々木魚風

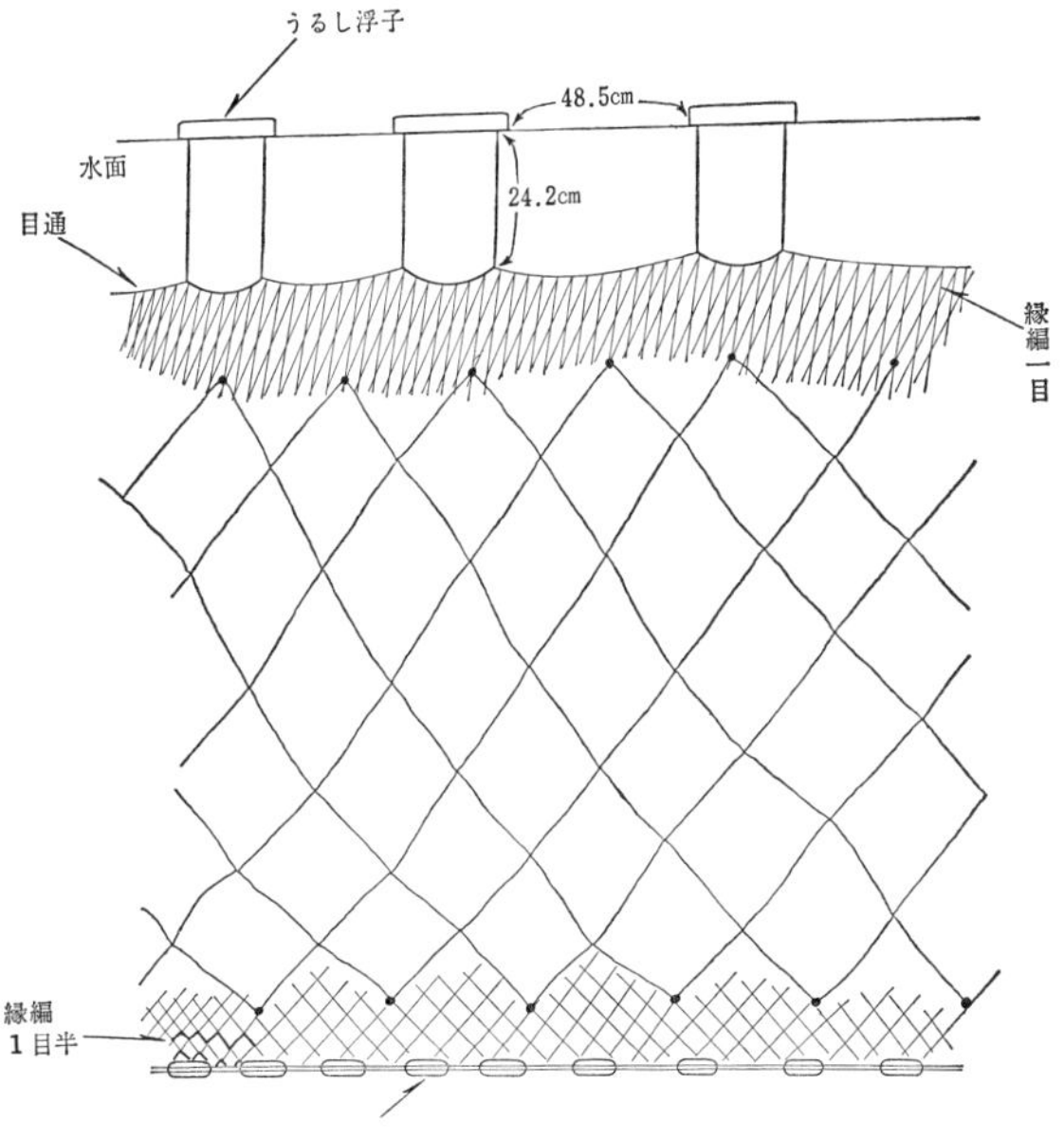

真鱈（マダラ）

名の由来は、体表に斑紋があり、これが斑《マダラ》になったという。また、タラは切っても身が白いことから「血が足らぬ」から「タラ」に転訛したともいう。マダラの「マ」は同類の代表の意である。別名をタラといい、地方名称は、アカハダ（但馬）、アラ（長崎）、イボダラ（富山）、ホンダラ（小名浜）などという。漢字で鱈と書くが、『本朝食鑑』（人見必大、元禄八年〈一六九五〉）には「鱈は初雪の後にとれる魚ゆえ雪に従う」とある。

寒流性の底生性で、北国を代表する魚で比較的狭い範囲を移動をする。魚、エビ、イカその他、底生生物を餌とする。貪欲で、腹が大きく膨らんでいることから、「鱈腹食う」という言葉がある。また、「出鱈目」や「矢鱈」という言葉もある。

漁法は、底曳網、延縄、刺網などで漁獲する。タラの延縄（図面参照）は底縄で、一般には　底質の凹凸の多い岩礁で水深二〇〇メートル以上で魚群の密集するのところを撰んで敷設する。

餌はイカを輪切りにして使用する。遊漁としてのマダラ釣りも楽しめる。餌はサンマ、イカを使用する。マダラの産卵期は一二月から三月で、この時期にタラ漁が行われる。その年に初めて水揚げされるものを「初鱈」という。大漁を祈って初鱈を神様に供え、漁師達はぶつ切りにした鱈鍋を囲んで祝うという漁村もある。

旬は冬であるが、鮮魚は煮付、塩焼、鍋物などにする。ちり鍋は、昆布だしにタラのぶつ切りと野菜を入れて煮込む。雄の精巣（白子）の味は淡泊で酢物や吸物などにする。雌の卵は鍋物や煮物などにする。タラの頭部・内臓を除き、背から割って、一般には骨をとってから素干しにいたものを棒鱈という。軽く炙って酒の肴として好まれる。また、棒鱈とエビイモと炊き合わせた京都の「いも棒」は有名である。古くは干鱈を薄く切って酒に漬けたものを「酒びたし」といい、正月用に利用された。また、肝臓からは肝油をとったり、皮膚や浮袋からは膠やアイシングラスの原料をとっていた。

えぞ鱈も御代の旭に逢にけり　小林一茶

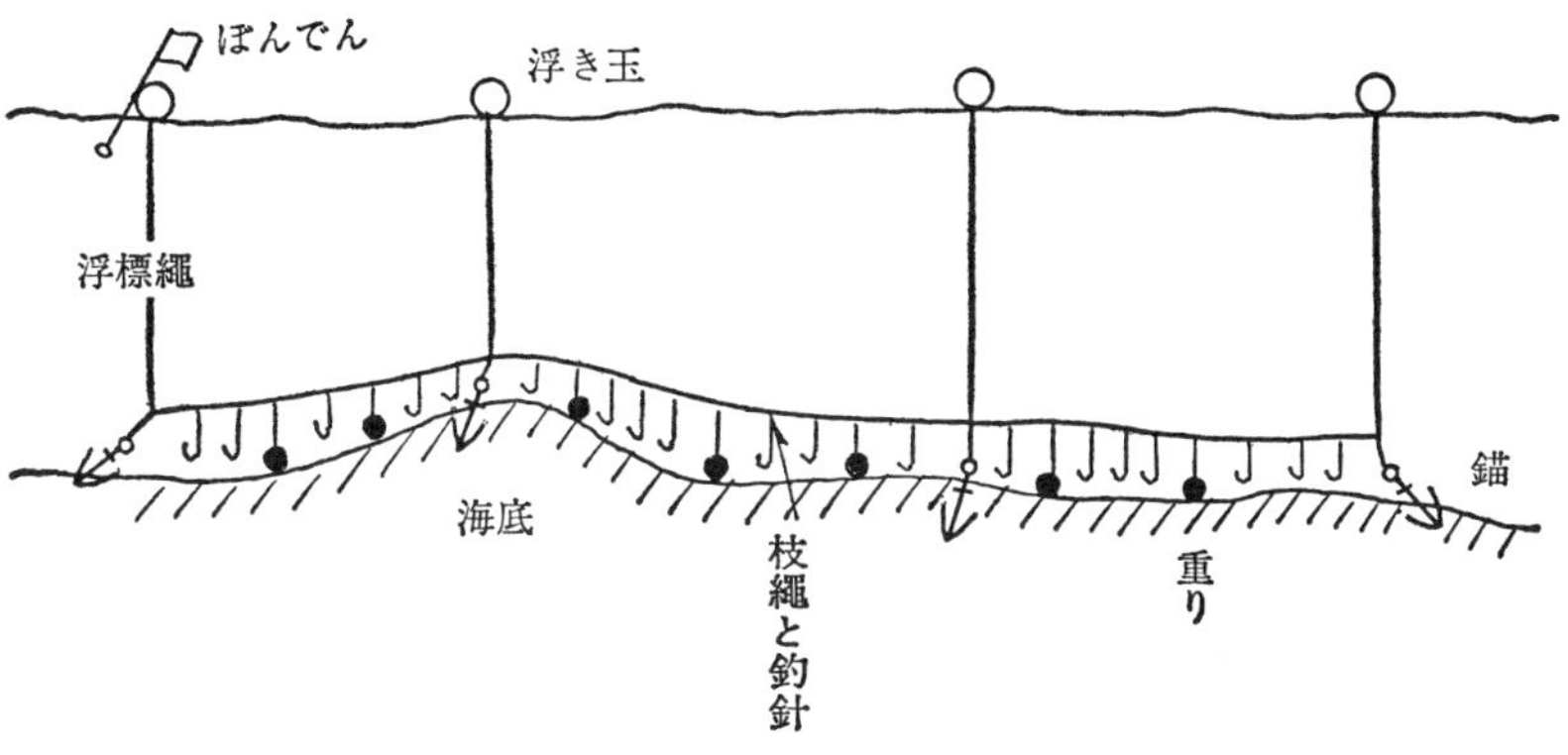

抹香鯨（マッコウクジラ）

名の由来は、「抹香のような竜涎香《りゅうぜんこう》を体内に持つ鯨」との意味合いで呼ばれ、そのまま生物学名として定着したといわれている。

マッコウクジラは、熱帯から寒帯の外洋に生息するハクジラ（歯鯨）の最大種で、雄一六メートル、雌一一メートルに達する。寿命は七〇年で、交尾期になると一頭の成熟雄が群れに入り十数頭の成熟雌を支配する。餌料は生活場所によっても異なるがキンメダイ、メヌケ、アンコウなどの底生大型魚とダイオウイカ類をはじめ各種のイカ類である。寿命は約七〇年、繁殖は母系集団よりなる一〇～三〇頭の群を中心に熱帯から温帯で行われる。

クジラは長時間水中に潜ることができ、普通の種類では二〇～三〇分である。マッコウクジラは、七〇分も潜ることができ、海底千メートルまで潜水し、ダイオウイカを餌としている。その理由は、筋肉中に血液中のヘモクロビンににたミオクロビンがあり、大量の酸素を蓄えることができるからである。水中から浮き上が

るといわゆる潮を吹くが、これは潮ではなく肺の空気をはき出すもので、圧力と温度の急変で水滴が生じ、雲のように見える。クジラの捕獲技術は江戸時代の後期に進歩し、それまでは陸に座礁したクジラや湾内に迷い込んでクジラを追い込んで捕るという捕獲方法から、積極的に沿岸でクジラを捕獲する方法が開発されるようになった。そして、「突き捕り式捕鯨」が行われ、さらに最初にクジラに大きな網をかぶせ、クジラの動きを抑えてから捕獲するというやり方の「網捕り式捕鯨」が出現した。日本の近代捕鯨は沿岸から複数の捕鯨船（図面参照）からなる母船式捕鯨へと発展した。しかし、一九八八年に日本は、国際捕鯨委員会（ＩＷＣ）の決定に従い、大型クジラ類一三種類を対象とする商業捕鯨の一時停止を受け入れて今日に至っている。

マッコウクジラの肉と脂皮は食用に、歯は工芸用に、千筋はテニスのラケット用にされる。竜涎香（大腸からまれに出る病的生成物）は香料原料となる。

鯨船われは舵とる悲しさよ　　久米正雄

真海鼠（マナマコ）

ナマコは古くは「コ」と呼ばれており、「海鼠」と書いて「コ」と読んだ。「コ」は触れると小さくって固まるから「固《コ》」というとか、食感が凝り凝りしているから「凝《コ》」というとの説がある。今でも、生のものをナマコ、煎って干したものはイリコ、卵巣はコノコ、内臓はコノワタと呼んでいる。マナマコの「マ」はナマコの代表の意である。一般に食用に供せられるのはマナマコである。ナマコは古くは古事記にも神話が記載されている。

マナマコは、棘皮動物の中では唯一呼吸樹（水肺）という特有の呼吸器を持っている。総排泄腔から体腔内に左右一対の樹状に分岐した管が伸び、ここに海水を出し入れすることで呼吸が行われる。この呼吸器の表面には毛細血管がはりめぐらされていて、筋肉の収縮によって肛門から海水を流入させ、呼吸樹の壁を通して酸素を取り入れている。ナマコの特殊な性質として、危険を感じると自らトカゲの尻尾切りのように腸管を肛門や口から放出し

ていまう。しかし、ナマコは他の棘皮動物同様に再生力が強く、吐き出した内臓は一〜三か月ほどで再生される。

漁期は一一月〜三月の冬期で、漁法は、すくい網、かぎ、突き、漕ぎ網、桁網などで漁獲する。ナマコの桁網（図面参照）は、曳網、股綱、前石、張棒、手石、身網からなり、曳綱は水深の約三倍のものを使用する。また、前石は曳綱と股綱の間へ一五キログラム位のものを使用する。

旬は冬で「冬至ナマコ」といわれ、この時期は活動が活発で肉が締まり美味である。酢の物や和え物などにする。ナマコの内臓を塩漬けにしたものが「海鼠腸《このわた》」という。ウニ、からすみと並んで日本三大珍味の一つに数えられる。また、卵巣を乾燥したものが「海鼠子《くちこ》」という。一般には三角形に平たく干したものが能登の高級珍味として親しまれている。ナマコは厳冬の一月から三月になると産卵期を迎えて発達肥大した卵巣を持つようになり、それが口先にあることから「くちこ」と呼ばれている。

天地を我が産み顔の海鼠かな　　正岡子規

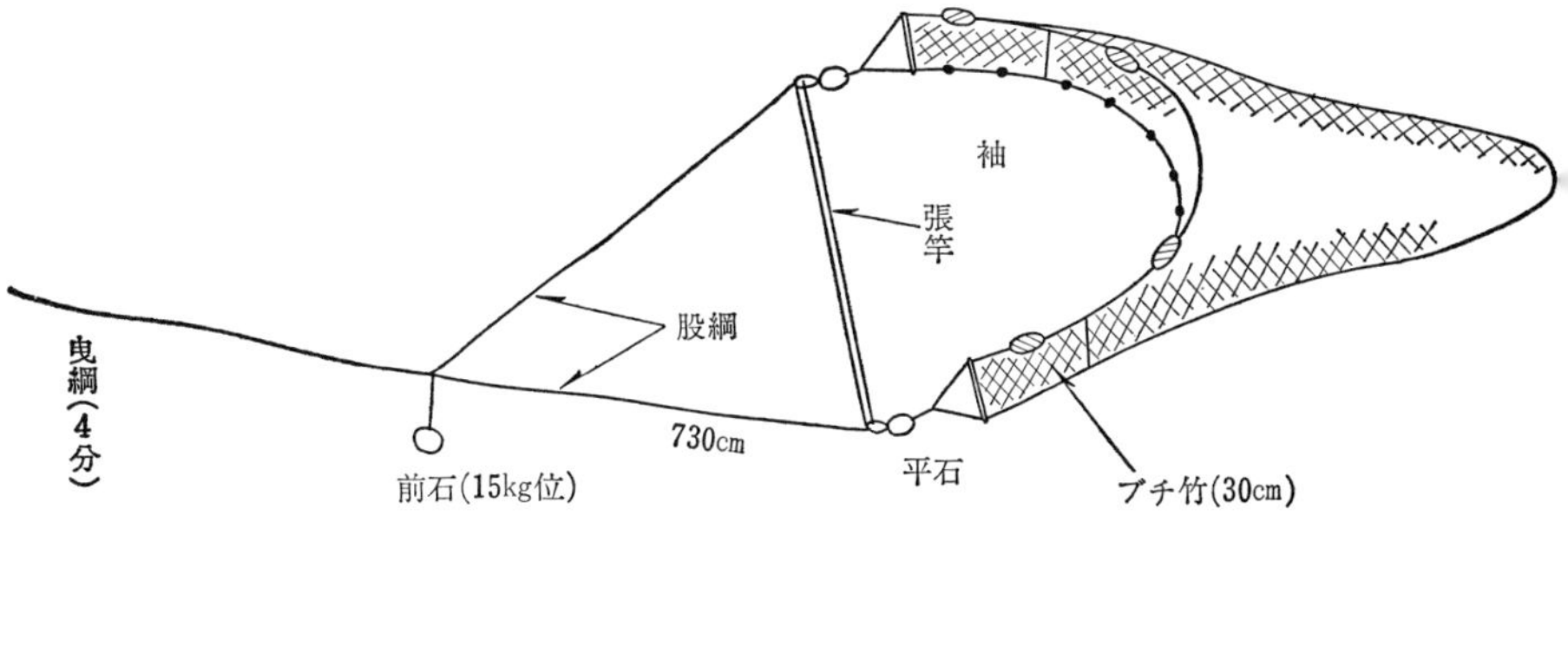

みんく鯨（ミンククジラ）

標準和名は、コイワシクジラ（小鰯鯨）であるが、英語の「minke whale」からミンク、ミンククジラ、ミンキーの名称が用いられるようになった。

小型のヒゲクジラで最大一〇メートル、一〇トンである。背面は青黒色、腹は白色、胸鰭の後方の体側のアーチ状の淡色斑は特徴的である。背鰭は比較的大きく、上顎の輪郭はするどく前方にとがっている。

出産は一～二年に一回熱帯で行う。妊娠期間は約一〇ヵ月、子は体長約三メートルで生まれる。五～一〇歳、体長七～八メートルで成熟する。成長するにつれて夏には高緯度回遊する。一～数頭で生活し、オキアミ、イワシなどを餌とする。かなり沿岸性であり、内海、水道などでも見られる。噴気はからだに比較して大きい。しかし、他のヒゲクジラに比べて、からだそのものが小さいので、噴気自体小さく、高さは二メートルぐらいである。

ミンククジラは小型であるゆえに捕鯨の対象とならず、餌を競合するシロナガスクジラが減少したために餌を十分とることができるようになり、急激にに繁殖した。国際捕鯨委員会（ＩＷＣ）は、一九九〇年に南極海にはミンククジラは七六万頭、一九九一年にはオホーツク海・北西太平洋には二万五千頭存在しているとしているという。さらに、同委員会は、南極海のミンククジラは毎年二千頭の捕獲を一〇〇年続けても、資源に悪影響はないとしている。

戦後のミンククジラを捕る沿岸小型捕鯨船（図面参照）は、操業当初は和歌山県の太地の出身者が七割りを占め、その他宮城県、岩手県などであった。日本と韓国は、定置網で偶然に混獲されたミンククジラの食用などへの利用も許可しており、日本では年間一〇〇頭ほどが水揚げされている。その他は南極海の調査捕鯨による漁獲などである。

ミンククジラは、刺身、竜田揚げ、汁物などに広く利用される。

一番は逃げて跡なし鯨突　　炭　太祇

睦（ムツ）

名の由来は、「脂っこい」の方言の「ムツッコイ」からの転訛したといわれている。地方名称ではオキムツ（紀州）、カラス（富山）、クルマチ（沖縄）、ツノクチ（三崎）、ヒムツ（三崎）、ムツ（東京）、ムツメ（小田原）、ロク、ロクノウオ（仙台）などという。仙台地方では「六ツ」にかけてロクまたはロクノウオと呼ぶが、これは仙台藩主伊達陸奥守にムツの名を呼び捨てにするのを遠慮したためといわれている。

体は紡錘形で、眼と口がやや大きく、歯が鋭い。幼魚は体は赤褐色で、沿岸の浅い潮通しのよい岩礁域に大群をなして生息している。成長すると沖合の深所に移動し、成魚は二〇〇〜六〇〇メートルの岩礁地帯にいる。

漁法は主に釣りにより、キンメダイ、メダイ等と混獲される。釣りでは「樽流し漁業」（図面参照）というのがある。図に示すように浮標連結用縄（わさ）を取り付けておく。この浮標縄及び

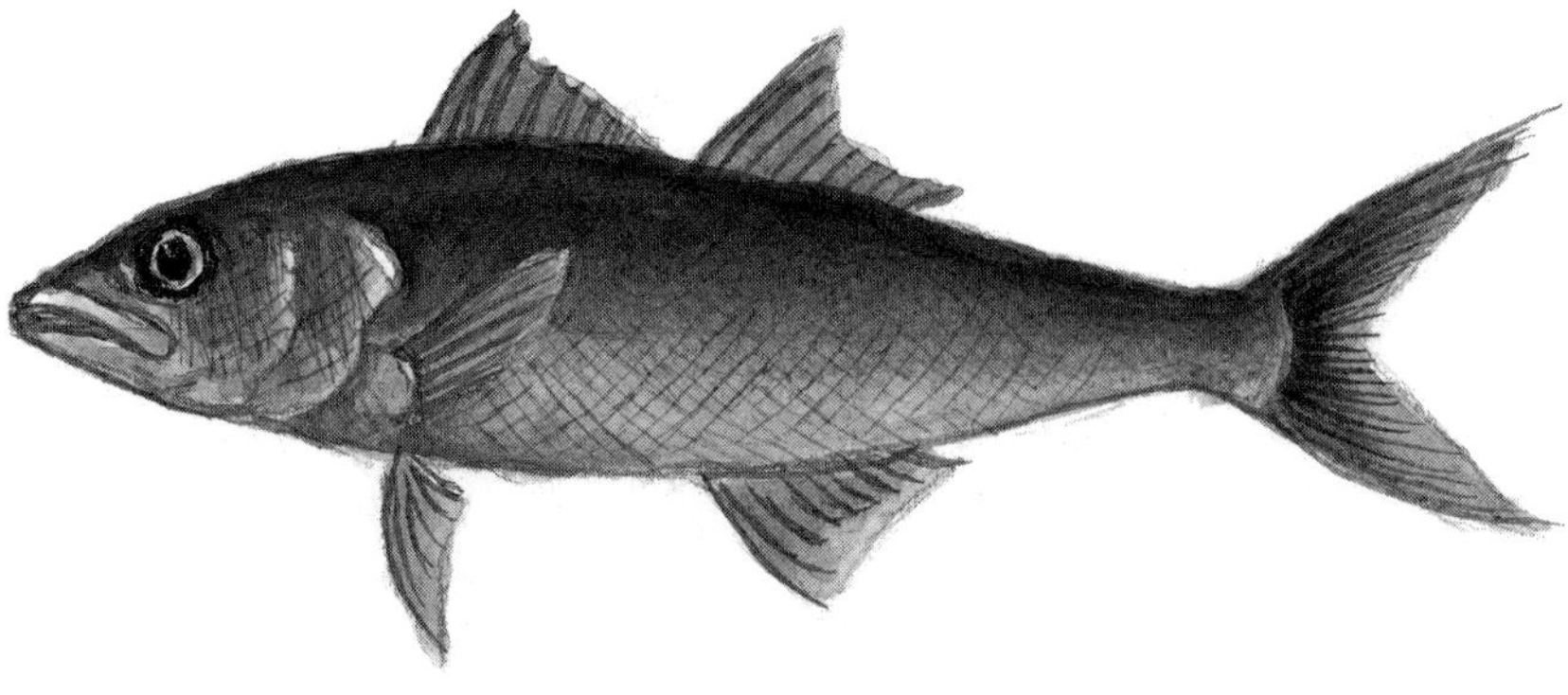

連結用縄は常時浮標に取り付けておき、使用時にそれぞれ幹縄、連結縄を取り付けて使用する。餌料は主に切りイカを使用する。漁場に到着すると、まず、魚群探知機で海底の形状、魚群の有無を確認し、好条件の場所を選んで操業する。『日本水産捕採誌』（農商務省、明治四三年〈一九一〇〉）には、睦曳網について「睦は各地概ね釣漁をなすものなれども、東北地方には、一種尋常の睦よりも体小にして時に随い大群をなし近く海岸に寄り来るものあり。睦網を以て之を漁す。陸前国牡鹿郡に於ける睦の漁業季節は九月下旬より十一月下旬までにして漁場は湾内深さ七尋許の処とす。網の構造は大体は普通鰮地引網と大差なし」とある。

遊漁としてのムツを専門とする釣船もでており、初冬から真冬にかてがシーズンである。深海釣りで専用に長い道糸を使用することのできる竿、電動リールが必要である。

旬は冬で刺身、煮付けなどに向く。ムツコと呼ばれて卵巣は珍重される。

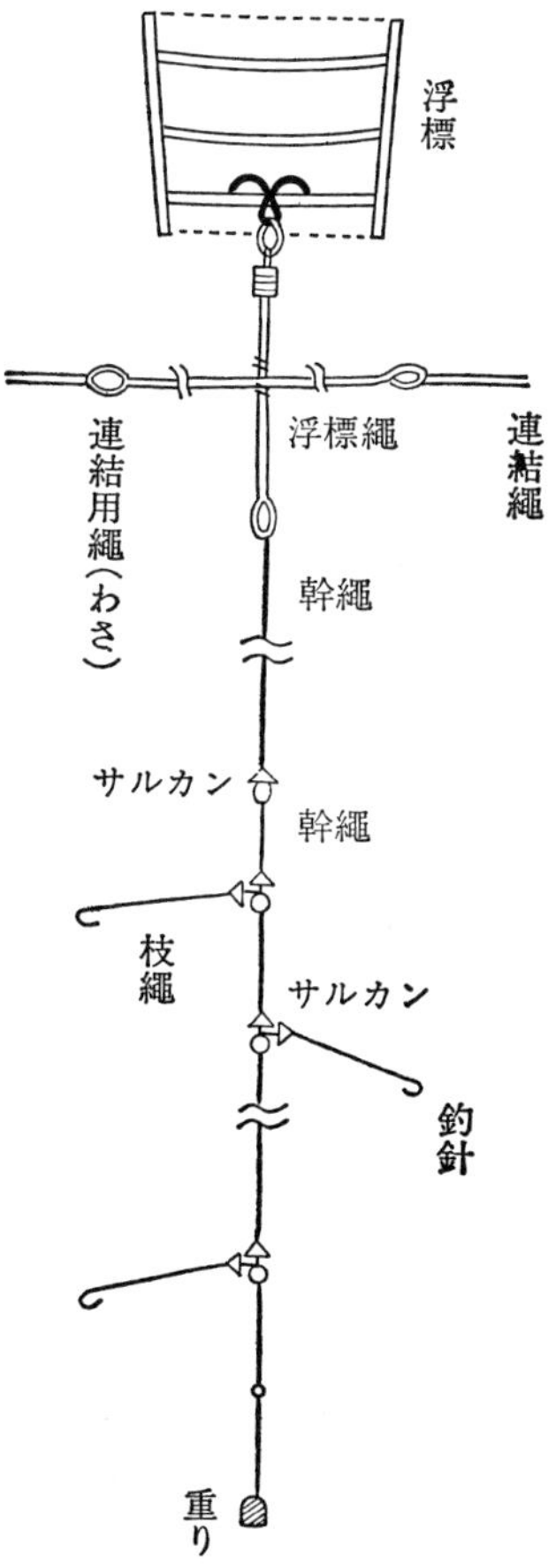

明日またも睦釣りといふひとと酌む　岩本真紀郎

八目鰻（ヤツメウナギ）

名の由来は、体がウナギ型で、眼の後方に七対の丸い外鰓孔《がいさいこう》があり、合計八対の眼が並んでいるように見えるのでこの名がある。別名をカワヤツメ、ヤツメという。地方名称をカギヤツメ（男鹿）、コソ（長崎）、ナナツメ（山陰）、メッセン（静岡）、ヤズメ（北陸）などという。『和漢三才図会』（寺島良案、正徳三年〈一七一三〉）には「両眼の後に各七点ありて、目の如く、星の如く、錐の穴の如し、目とともに八数なり、故に八目鰻と名付く」とある。

ヤツメウナギの内部骨格は軟骨性で背鰭と尾鰭だけがあり、鱗がなく粘液に覆われこと、口が吸盤状で鼻孔が一つしかないこと、体側に七対の外鰓孔があることが特徴である。カワヤツメは、降海型で海や湖に下ってサケ、マスなどに吸盤状の口で寄生し、親になると川を遡って、川底の砂礫に穴を掘って産卵し親は死ぬる。「吸血魚」ともいわれ、吸盤のような役目をする口で他の魚に吸いつき、鋭い歯で相手の皮膚に穴をあけて、生血を吸い肉を食べ

るからである。

ヤツメウナギの採捕は、海から遡上してくる魚を対象として、袋網、筌（せん）という漁具の入り口を下流方向に向けて設置する。筌（図面参照）の材料は茅を用い、竹を芯に編み込んでいく。川幅と水流によって異なるが、一般には河口付近では胴数三〇個をもって一枚とし、三箇所に敷設し、九〇個程度を使用するものが多い。一日の操業回数は一～二回である。漁期は九～六月（盛期は一二月～二月）である。

ヤツメウナギは、体にビタミンAを多量に含むために「夜盲症《とりめ》」の薬として珍重される。古川柳に「人間の鳥八ツ目うなぎをくらひ」といのがある。秋田県では、鍋の代わりにホタテ貝の殻を使って鍋料理をすることを「貝焼《かやき》」という。ヤツメウナギをぶつ切りにして醤油と出汁の濃い目のツユですき焼き風に煮込む貝焼が冬の味覚となっている。関東ではヤツメウナギの蒲焼を売り物にする料理店もある。

冬夜店あるじは見えず八目売り　青波居

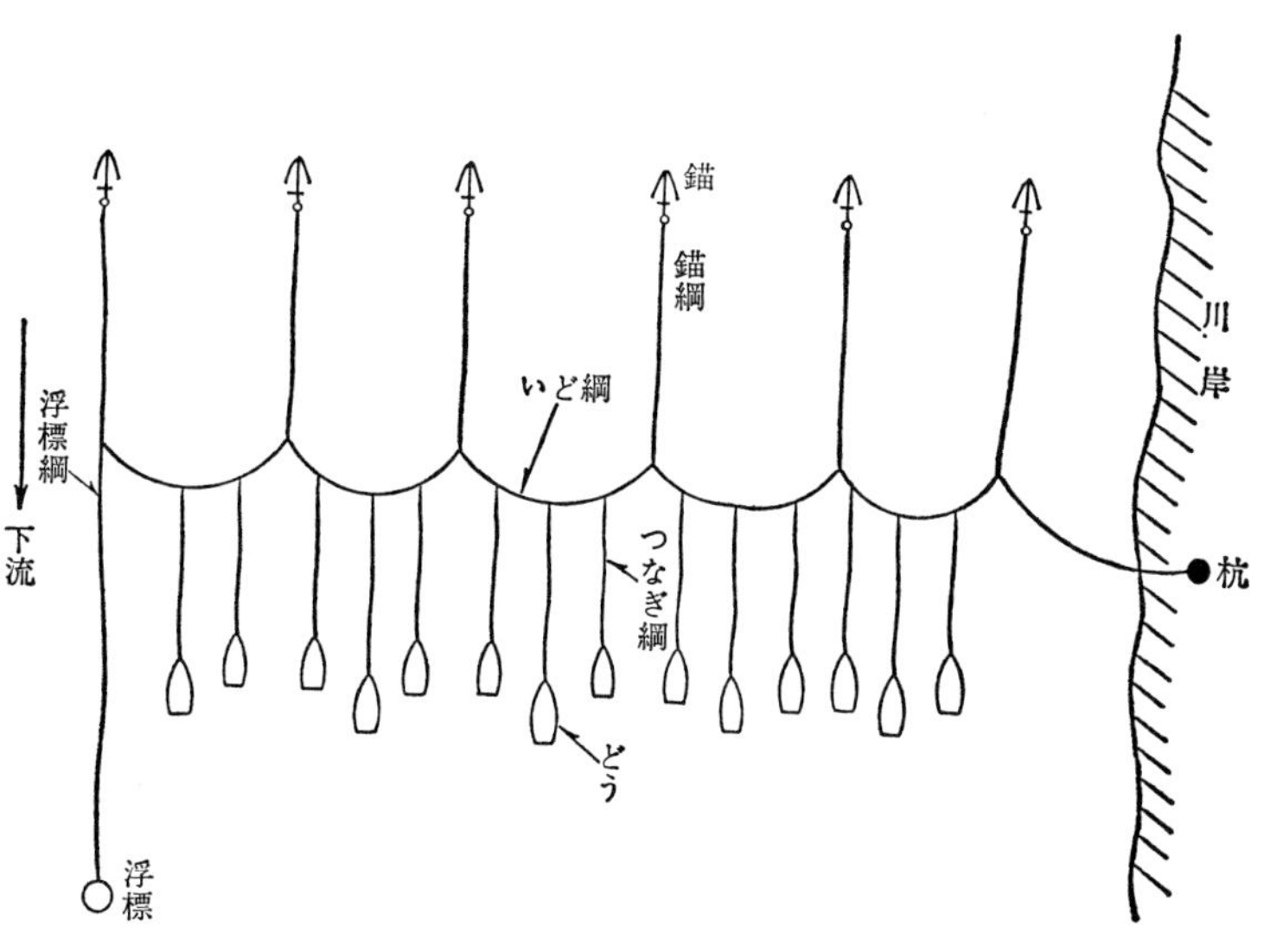

索引

【ア行】

197
・

【カ行】

【タ行】

【ナ行】

【ワ行】

●著者略歴

金田禎之（かねだ・よしゆき）

号を宗禎と称する。一九四八年農林省入省・秋田県水産課長・水産庁漁業調整課長・水産庁沖合漁業課長・瀬戸内海漁業調整事務局長・社団法人日本水産資源保護協会専務理事・社団法人全国遊漁船業協会副会長・全国釣船業協同組合連合会会長等を歴任。

主なる著書等

『江戸前のさかな』『日本漁具漁法図説（増補二訂版）』『和文英文日本の漁業と漁法（改訂版）』『実用漁業法詳解（十訂版）』『新編漁業法詳解（増補三訂版）』『漁業法のここが知りたい（五訂版）』『新編都道府県漁業調整規則詳解（改定版）』『漁業関係判例総覧（改定版）』『漁業関係判例総覧続巻（増補改定版）』『漁業関係判例要旨総覧』『定置漁業者のための漁業制度解説』『総合水産辞典（四訂版）』『漁業紛争の戦後史』

魚《さかな》百《ひゃく》選《せん》
名《な》の由来《ゆらい》から漁法《りょうほう》、食《た》べ方《かた》まで魚文化《さかなぶんか》を語《かた》る

2015年2月6日　第1版第1刷発行

著　者　金田《かねだ》禎之《よしゆき》
発行人　比留川　洋
発行所　株式会社　本の泉社
〒113-0033　東京都文京区本郷2-25-6
電話　03-5800-8494
印　刷　亜細亜印刷株式会社
製　本　株式会社村上製本所

ISBN978-4-7807-1183-7　C2027